中国环境社会学

主编◎胡溢轩

2020—2021

ENVIRONMENTAL SOCIOLOGY IN CHINA

河海大學出版社
HOHAI UNIVERSITY PRESS
·南京·

内容简介

《中国环境社会学 2020—2021》是对 2020—2021 年中国环境社会学领域研究成果的系统回顾，遴选和收录了这期间公开发表的、具有代表性的部分学术论文。本书共收录 18 篇论文，共分为五个单元。第一单元“理论研究与学科建设”，第二单元“环境意识与环境行为”，第三单元“环境治理与绿色发展”，第四单元“环保组织与环境政策”，第五单元“环境风险与环境公平”。所选文章从不同层次和维度探讨了环境社会学学科建设、环境意识与行为、环境治理、环境政策、环境公平等议题，这些研究呈现了环境社会学研究的政策应用性，为我国社会发展中的生态文明建设以及构建人与自然和谐共生机制提供了借鉴作用。

图书在版编目(CIP)数据

中国环境社会学. 2020—2021 / 胡溢轩主编. -- 南京：河海大学出版社，2022.10

ISBN 978-7-5630-7753-3

Ⅰ. ①中… Ⅱ. ①胡… Ⅲ. ①环境社会学－中国－文集 Ⅳ. ①X2－53

中国版本图书馆 CIP 数据核字(2022)第 185468 号

书　　名　中国环境社会学 2020—2021
ZHONGGUO HUANJING SHEHUIXUE 2020—2021
书　　号　ISBN 978-7-5630-7753-3
策划编辑　朱婵玲
责任编辑　张　砾　杨　曦
责任校对　沈　倩　吴　淼
特约校对　张　媛
装帧设计　徐娟娟
出版发行　河海大学出版社
地　　址　南京市西康路 1 号(邮编:210098)
电　　话　(025)83737852(总编室)
(025)83722833(营销部)
经　　销　江苏省新华发行集团有限公司
排　　版　南京布克文化发展有限公司
印　　刷　南京工大印务有限公司
开　　本　787 毫米×1092 毫米　1/16
印　　张　18.25
字　　数　355 千字
版　　次　2022 年 10 月第 1 版
印　　次　2022 年 10 月第 1 次印刷
定　　价　198.00 元

编 委 会

序言

中国环境社会学的教学和科研工作大约起步于20世纪90年代中后期。经过学术同仁的不懈努力，环境社会学在学科界定、西学引介、教材编写和本土研究等诸多领域取得了长足发展，并逐渐形成制度化的交流平台。1992年，中国社会学会下设“人口与环境社会学专业委员会”，2008年专业委员会改组，2009年正式更名为“中国社会学会环境社会学专业委员会”。在专业委员会和会员单位的支持下，第一届中国环境社会学学术研讨会于2006年11月由中国人民大学社会学系承办，第二届于2009年4月由河海大学社会学系承办，第三届于2012年6月由中央民族大学社会学系承办，第四届于2014年10月由中国海洋大学法政学院承办，第五届于2016年12月由厦门大学公共事务学院社会学与社会工作系承办，第六届于2018年10月由西安交通大学人文社会科学学院社会学系承办，第七届于2020年11月由贵州民族大学社会学院承办。第八届将于2022年11月由福州大学人文社会科学学院社会学系举办。

为进一步推动我国环境社会学的制度化建设，中国社会学会环境社会学专业委员会于2012年6月决定，在每两年定期举办“中国环境社会学学术研讨会”的同时，定期出版《中国环境社会学》系列。《中国环境社会学》编委会由环境社会学专业委员会推举，具体工作由中国环境社会学学术研讨会举办单位秘书处负责。自此以后，《中国环境社会学》系列每两年出版一次，用于遴选和收录近年公开发表的、在环境社会学领域具有代表性的学术论文，并将编选期内通过答辩的环境社会学研究议题的博士和硕士学位论文信息作为附录。

《中国环境社会学》第一辑由第三届中国环境社会学学术研讨会承办单位中央民族大学社会学系负责编辑出版，收录了2007—2011年发表的论文。之后，以两年作为编选期分别由第四届、第五届、第六届中国环境社会学学术研讨会承办单位负责编辑出版了《中国环境社会学》第二辑、第三辑、第四辑及第五辑。第六辑将由第八届中国环境社会学学术研讨会承办单位福州大学人文社会科学学院负责编辑出版。经编委会讨论决定，第六辑将以《中国环境社会学 2020—2021》为书名出版，以体现论文收录的年份。

承接任务后，我们迅速收集并反复研读了这期间与环境社会学相关的公开发表的学术论文，欣喜地发现当前中国环境社会学理论探索不断深入，研究领域不断扩展，研究主题愈发丰富，对中国环境社会学本土化的推动能力不断增强。与此同时，面对数量与质量兼具的学术论文，我们面临的论文遴选的难度加大，为了让本书能够尽量反映出这一时期我国环境社会学领域的研究现状，我们的论文选择工作也面临很大的挑战。为此，西安交通大学卢春天教授、河海大学陈涛教授、中央民族大学范叶超博士，多次围绕论文遴选事宜进行了讨论，对他们的辛苦付出表示感谢!

我们遴选论文时追求的总体原则是坚持质量优先。具体准则包括：第一，优先考虑具有更多自身研究成分的论文，特别是理论研究类论文和实证研究类论文。第二，所选论文必须符合学术规范的基本要求，并具有比较明显的新意。第三，所选论文的作者应是社会学专业学者。我们发现有些其他学科的学者也发表了一些颇有社会学特色的学术论文，但鉴于本书具有方便本学科同仁进行学术交流的目的，这些论文被排除在遴选范围之外。第四，遴选时，适当参考文章发表刊物的层次和文章被引用量等学术指标。第五，为纳入更多作者，同一作者（含第一作者和第二作者）所选文章不超过 2 篇。

依据上述原则，并征得编委会和作者同意，我们最终得以收录 18 篇论文，共分为五个单元。第一单元“理论研究与学科建设”，反映了我国环境社会学领域几位有代表性的学者对环境社会学学科性质的思考、对环境社会学在国内外发展历程的梳理，或者对某些理论视角的研究。第二单元“环境意识与环境行为”，主要是分析与探讨了环境关心、环境身份、环境态度、环境行为等概念的操作化测量，并就这些概念之间的复杂互动关系进行了建模分析。第三单元“环境治理与绿色发展”，主要从草原生态治理、水土流失治理等角度，剖析了在绿色发展的背景下，环境治理正在出现的新趋势、新特点。第四单元“环保组织与环境政策”，主要从社会组织参与环境问题的社会建构过程与逻辑等方面，梳理了中国环境政策演进阶段，同时基于政策文本总结出农村环境治理政策演进逻辑。第五单元为“环境风险与环境公平”，主要从环境风险、环境正义等角度指出社会各个阶层在分配主体、分配过程和分配结果等方面所面对的环境风险差异化问题。

根据出版社的格式要求和前面五辑《中国环境社会学》形成的惯例，在不改动内容的前提下，我们对所收录论文进行了格式重排。由于自身能力和部分客观原因的限制，同期发表的很多优秀学术论文没有收录进来，18 篇文章显然无法囊括环境社会学丰富的研究议题，在此谨请相关学者多加谅解。从这个意义上讲，我们希望本书的出版对记录中国环境社会学的发展足迹、对推进同行间的学术交流有所裨益。

《中国环境社会学 2020—2021》的出版得到了福州大学人文社会科学学院、福州大学社会科学研究管理处的资助。对此，我们深表感谢！谨向所有支持和帮助《中国环境社会学 2020—2021》出版工作的学界同仁致以最诚挚的谢意！

编者

2022 年 5 月 16 日

目录

环保组织与环境政策

环境风险与环境公平

附录

理论研究
与学科建设

实践自觉与中国式现代化的社会学研究*

洪大用**

摘　要： 实践自觉是马克思主义实践观点的社会学表达，是在学习反思中国社会学发展经验基础上的一种总结、揭示和强调，是对文化自觉、理论自觉概念的有益补充。当前增强实践自觉，要求中国社会学者直面中国社会的实践巨变，科学分析和总结中国式现代化新道路，创造兼具中国特色和普遍意义的知识体系，在贡献于世界社会学发展的同时不断扩大中国社会学的国际影响力。置身于全面建设社会主义现代化国家的实践新阶段，中国社会学者应发挥社会学学科的比较优势，围绕实践中的重大社会学议题开展深入调查研究，贡献社会学的学科智慧，并在此过程中不断优化学科建设实践，推动学科高质量发展，提升中国社会学持续服务支撑中国式现代化实践的综合能力。

关键词： 实践自觉；中国式现代化；中国社会学；学科建设；学科能力

现代化是一种世界性现象。中国式现代化，是在人口规模巨大、历史传统悠久、资源环境脆弱的国情基础上推进的以人民为中心并致力于全体人民共同富裕的中国特色社会主义实践，是物质文明和精神文明协调发展的现代化，是人与自然和谐共生的现代化，是走和平发展道路的现代化。这条现代化道路是中国共产党领导中国人民把马克思主义基本原理同中国具体实际相结合、同中华优秀传统文化相结合的伟大创造，是世界现代化进程的重要组成部分，体现了鲜明的中国特色。中国特色社会主义实践开辟的中国式现代化新道路推动物质文明、政治文明、精神文明、社会文明、生态文明协调发

* 原文发表于《中国社会科学》2021 年第 12 期。

** 作者简介：洪大用，中国人民大学社会学理论与方法研究中心教授。

展，创造了人类文明新形态，[①] 必将深刻改变现代化的世界版图。社会学产生于现代社会大转型的背景下，对现代性的拷问推动着社会学的建立和发展。中国式现代化的火热实践是中国社会学成长发展的肥沃土壤，直面实践并深入研究这一实践的规律性，分析研判中国式现代化新阶段的重大社会学议题，加快推进中国特色社会学建设，不仅是社会学在中国落地生根、安身立命的客观需要，而且可以增强其服务于社会主义现代化强国建设、实现第二个百年奋斗目标的能力，并在此过程中创造出更具一般意义的新概念、新知识、新范畴、新标准、新模式、新理论，为世界范围内的现代化理论发展作出新贡献，[②] 不断提升中国特色、中国风格、中国气派社会学的国际影响力。这样一个过程就是实践、认识、再实践、再认识的过程，是从现象到本质、从特殊到一般、从知行分离到知行合一的过程，说到底就是中国社会学乃至整个哲学社会科学实践自觉的核心内涵，是“中国式现代化的社会学表达”的一种基本素养。

一、 实践自觉的基本意涵

马克思主义是实践的科学，是在实践中不断发展的活的理论。实践观点是马克思主义开启通向真理道路的钥匙，是马克思主义的基本观点和活的灵魂，也是马克思主义社会学研究乃至整个哲学社会科学研究的出发点和落脚点。马克思主义的唯物史观认为，“全部社会生活在本质上是实践的。凡是把理论引向神秘主义去的神秘东西，都能在人的实践中以及对这种实践的理解中得到合理的解决”。[③] 实践是人所特有的存在方式，是社会关系和社会生活的基本领域，人类的实践活动特别是生产劳动的实践活动创造了人和人类社会。毛泽东在《实践论》中指出，“实践的观点是辩证唯物论的认识论之第一的和基本的观点”，[④] 他区分了物质生产实践、阶级斗争实践（后来也被广义地理解为调整社会关系的实践）和科学研究实践等主要的实践类型，揭示了“通过实践而发现真理，又通过实践而证实真理和发展真理”的“实践、认识、再实践、再认识”的复杂认识过程和知行统一观。实践与认识的复杂互动，在不断修正认识偏差和实践的未预期后果中推动着人类社会的发展变化。

西方社会学在其发展过程中陷入主观主义与客观主义（或者如个体主义与整体主义之类）对立的方法论困境时，试图借鉴马克思“实践”概念，创造一种新的社会研究策略和路径，其中最有影响和代表性的学者之一是法国社会学家皮埃尔·布迪厄。布迪厄

① 参见习近平：《在庆祝中国共产党成立100周年大会上的讲话》，北京：人民出版社，2021年，第14页。

② 参见方军：《开创马克思主义中国化新境界——学习习近平总书记“七一”重要讲话》，《中国社会科学报》2021年7月29日，第1-2版。

③ 《马克思恩格斯选集》第1卷，北京：人民出版社，2012年，第135-136页。

④ 《毛泽东选集》第1卷，北京：人民出版社，1991年，第284页。

认为，主观主义和客观主义的对立是最具破坏性的，[①] 并因此发展出一种“方法论上的关系主义”。[②] 无论主观主义还是客观主义，都“仅仅在抽象的、虚假的、主观的层面上来看待活生生的、流动的、具体的社会现实和社会行动”，[③] 因此，只有采用实践的视角，通过分析相互关联的、处于关系网络中的实践者的行动策略，才能深入准确地把握社会现象的真正逻辑和本质。为此，布迪厄采用了阶层、惯习、场域、实践感等概念，试图解释实践者的实践特征。布迪厄的关系主义方法论虽部分体现了马克思主义社会观的影响，但其“实践”概念并不是马克思主义“实践”概念的全部内涵，更不是根本内涵。

在我国，布迪厄等人对实践的关注也催生了有关实践社会（科）学的讨论，这些讨论富有启发性。例如，有学者针对当时制度和组织层面的市场转型研究，提出要重视市场转型的实践过程，将“实践”定义为“实践的参与者能动地发挥作用的过程”，“是一种链接，一种粘合，是社会现象的再生过程”，“实践状态就是社会因素的实际运作过程”，并认为布迪厄的实践概念虽有启发性，但没有找到一种迈向实践状态的社会现象的途径，而是用一种非实践的精神与方式对待实践，将实践抽象化了，所以“弄死了实践”，需要“在把实践弄死的地方重新激活它”。由此，他倡导“过程—事件分析”的研究策略，将实践状态的社会现象的研究概括为四个环节：过程、机制、技术和逻辑，并提出要发展将实践状态的社会现象作为研究对象的实践社会学。[④] 亦有学者从更为广泛的意义上倡导“从实践出发的社会科学”，[⑤] 对从理论和道德前提出发的社会科学提出批评，强调要借鉴布迪厄的实践理论，“到最基本的事实中去寻找最强有力的分析概念”，而不是从西方经典理论的预期出发。

需要指出的是，上述前者在强调实践的过程性、动态性方面是有价值的，体现了布迪厄实践概念的部分意涵，其主张将社会现象的实践形态作为社会学的研究对象，也有利于把握社会现象之动态、流变本质。但其批评布迪厄把实践抽象化时，似乎也犯了同样的“错误”。另外，他关于实践的定义似乎表明其仍然局限于从个体行动出发，实践仅是个体能动地发挥作用的过程，这种对于个体行动过程的过分强调，客观上忽视了实践的宏观结构背景以及实践结果的客观存在。因而这种对于“实践社会学”的倡导更多是一种方法论的自省，是一种学术实践的反思。上述后者倡导从实践出发的社会科学方

① 参见皮埃尔·布迪厄：《实践感》，蒋梓骅译，南京：译林出版社，2003 年，第 37 页。

② 参见皮埃尔·布迪厄、华康德：《实践与反思：反思社会学导引》，李猛、李康译，北京：中央编译出版社，1998 年，第 15 页。

③ 宋跃飞：《“实践感”与理解个体行动——对布迪厄实践理论的分析》，《武汉科技大学学报》2011 年第 1 期。

④ 参见孙立平：《实践社会学与市场转型过程分析》，《中国社会科学》2002 年第 5 期。

⑤ 参见黄宗智：《认识中国——走向从实践出发的社会科学》，《中国社会科学》2005 年第 1 期。

向无疑是正确的，但其对布迪厄实践理论的马克思主义化解读——从实践出发，进而提高到理论概念，再回到实践去检验，似乎存在着对布迪厄的某种误读。

马克思主义的实践内涵大体包括三个层面。第一个层面是本体论意义上的，也就是唯物史观所强调的由人们两种生产所创造的具有客观物质性的社会基础及其所决定的其他社会现象。这种意义上的实践或可理解为另类的不同于涂尔干所讲的“社会事实”，它对人们的行动具有制约作用，是社会研究的对象和社会认识的源泉，也是检验社会认识真理性的尺度。离开社会实践就谈不上社会研究，更不能正确理解社会生活的本质及其发展规律。第二个层面是方法论意义上的，也就是从人们鲜活的实践过程入手可以更好地揭示社会现象动态的、流变的和生成性、历史性等本质特征，化解结构与行动、主观与客观、个体与整体之间的对立，避免极端视角对社会现象本质的误读，更好地把握社会现象背后的规律性。第三个层面是价值论意义上的，也就是强调社会认识的实践性，主张社会研究不只是为了用不同的方式解释世界，关键在于改变世界，要坚持以人民为中心，为广大人民认识世界、改造世界提供强大理论支撑，并在理论付诸实践中不断丰富和发展它。这种意义上的实践是马克思主义理论区别于其他理论的一个显著特征。

基于以上对实践的分析和理解，同时受费孝通“文化自觉”① 和郑杭生“理论自觉”② 概念的启发，近年来，笔者尝试提出“实践自觉”的概念。③ 实践自觉是马克思主义实践观点的社会学表达，是在学习反思中国社会学发展经验基础上的一种总结、揭示和强调，是面对中国社会实践巨变的一种学术倡导，是对文化自觉、理论自觉概念的有益补充。我们可以说，实践自觉是文化自觉、理论自觉的重要基础和前提，文化自觉和理论自觉又指导、促进着实践自觉，为实践自觉提供正确的立场、观点和方法。虽然文化自觉、理论自觉和实践自觉的概念是由社会学者在研究过程中倡导的，但其对其他哲学社会科学研究也具有一定的方法论意义，可以说是哲学社会科学工作者的基本素养之一。

关于实践自觉概念的核心内涵，我们可以做进一步阐述。第一，实践自觉强调理论

① “文化自觉”是在认识到文化现象兼具一般性和特殊性的基础上提出的概念，强调生活在一定文化中的人要对其文化有“自知之明”，在理解所接触到的多种文化的基础上确立自己的位置。参见费孝通：《反思、对话、文化自觉》，《北京大学学报》1997 年第 3 期。

② “理论自觉”侧重强调中国社会学需要根据中国社会发展和社会转型的实际，结合中国社会历史悠久的丰富学术资源，进行原创性的或有原创意义的理论创新，学习借鉴但是不在西方社会学理论或社会理论的笼子里跳舞。参见郑杭生：《促进中国社会学的“理论自觉”——我们需要什么样的中国社会学?》，《江苏社会科学》2009 年第 5 期。

③ “实践自觉”是一种理性认识和自觉行动，包括社会学者直面社会实践及其变化开展学术研究，并对分析研究社会实践及其变化所使用的概念、理论与方法的内涵和社会影响保持清醒的反思性，同时在科学认识社会实践的基础上积极投身于社会实践之中，为着人民福祉和社会进步而不懈努力。参见洪大用：《增强社会学的实践自觉》，《人民日报》2019 年 5 月 20 日，第 13 版。

源于实践又反作用于实践，社会学产生于现代化转型的社会实践，同时这门学科的发展又以特定的方式影响、建构乃至形塑了现代化进程，我们从社会学与现代社会的互动发展中可以认识到这一点。第二，社会学学科发展和知识建构自身也是一种科学实践，是马克思主义实践的重要内涵之一，反映了一种专业化的社会认识过程，应当遵循“实践、认识、再实践、再认识”的一般认识规律。我们应对此保持自觉，反对各种形式的本本主义、经验主义。第三，按照马克思主义的社会观，我们从抽象的个人或者外在于个体的所谓社会事实出发，都不能深刻全面准确地揭示社会运行发展的本质规律。因此，实践自觉强调要从作为群体性、关系性存在的人们之间具有创造性的相互作用中分析认识社会现象，要深入鲜活的社会实践中揭示社会运行发展规律。第四，与孕育和催生西方社会学的现代化转型不一样，当代中国的现代化转型实践具有不同的时空、主体和任务特征，在具有既往现代化之一般性的同时，更加鲜明地具有中国自身的特色，实践自觉强调中国社会学要关注中国社会实践巨变的现实性、急迫性、特殊性、创造性及其所展示出的新的一般性，要更加积极主动地“从实求知”。第五，从理论与实践的一般关系看，中国社会学需要注重养成知识社会学的素质和视角，对西方学者认识、反映和建构西方社会现象的西方社会学理论、概念与方法进行理性省思和解构，在学习借鉴的同时予以必要的批判和重构。第六，中国社会学教学与研究本身是中国式现代化实践的重要组成部分，社会学者不是社会实践的旁观者、局外人，要自觉其学术行动、社会行动的客观后果，注重学以致用、知行合一，为更好地参与实践创新、增进人民福祉作出有自身学科特点的贡献。

二、 中国式现代化实践的核心社会学议题

基于对快速推进并已取得重大进展的中国式现代化实践的自觉，着眼于更好更快地推进中国式现代化，实现以人民为中心的高质量发展，揭示中国式现代化实践的创造性、特殊性及其所展示的新的一般性，中国社会学在一段时间内需要集中力量关注以下核心议题，深入开展调查研究，产出高水准成果。

一是深入研究中国式现代化新道路取得成就、创造人类文明新形态的核心密码。无疑，这归因于中国共产党领导人民坚持中国特色社会主义制度的伟大创造，不了解中国共产党就无法理解中国式现代化。但中国共产党如何领导、如何创造，其过程和机制的核心内容是什么，在呈现中国特色时，又具有什么样的一般社会学意义？这些都值得继续深究。比如说，使命驱动在中国式现代化的展开中具有重要意义，中国共产党一经成立，就以人民为中心，把实现共产主义作为党的最高理想和最终目标，义无反顾肩负起实现中华民族伟大复兴的历史使命，并努力使不忘初心、牢记使命制度化。实践创新代

表了中国式现代化的基本路径，在中国这样人口众多、历史悠久、文化多样、幅员辽阔的国家推进现代化，没有任何先例可循，只能将普遍原理与中国实际相结合，从实际出发，摸索创新。此外，中国共产党在领导推进中国式现代化的进程中非常注重统筹兼顾。早在 20 世纪 50 年代，毛泽东同志就提出了统筹处理好十大关系的思想。① 进入 21 世纪，党的十六届三中全会总结提出五个统筹，即统筹城乡发展、区域发展、经济社会发展、人与自然和谐发展、国内发展和对外开放。②《中华人民共和国国民经济和社会发展第十四个五年规划和 2035 年远景目标纲要》（以下简称《纲要》）③ 也提出坚持系统观念，统筹两个大局，即中华民族伟大复兴战略全局和世界百年未有之大变局。还有，和合共赢可以说是中国式现代化的基本取向，我们坚持共同富裕、独立自主、和平共处，我们所推进的现代化是以人民福祉为依归的现代化，是在世界整体中谋发展、以发展增进整体福利的现代化，是风险共担、机会共享、命运与共的现代化，不是此消彼长的零和博弈。习近平总书记在庆祝中国共产党成立 100 周年大会上的讲话中指出："中国人民从来没有欺负、压迫、奴役过其他国家人民，过去没有，现在没有，将来也不会有。"④ 有关使命驱动、实践创新、统筹兼顾、和合共赢的系统深入研究，对于现代化和社会发展的理论创新具有十分重要的意义。

二是深入研究中国式现代化新阶段的新形势、新特点、新目标。党的十九大提出中国特色社会主义进入新时代，我国社会主要矛盾已经转化为人民日益增长的美好生活需要和不平衡不充分的发展之间的矛盾。⑤ 十九届五中全会确认我国已经进入高质量发展阶段。习近平总书记在庆祝中国共产党成立 100 周年大会上的讲话中庄严宣告我们实现了第一个百年奋斗目标，在中华大地上全面建成了小康社会，正在向着全面建成社会主义现代化强国迈进。这样，从社会学的角度看，深入研究后小康社会的整体特征，研究并提出基本实现现代化和建成现代化强国的核心指标，特别是有关社会现代化的指标体系，研究社会主要矛盾转化的具体表现、影响以及调适的路径和机制，研究高质量发展在社会领域的体现、要求以及通过更高水平社会进步引领经济高质量发展的具体路径、政策，如此等等，都是非常紧迫的课题，具有十分重要的应用价值。相应地，发展社会政策学科，加强专业人才培养，也就变得更为重要。

三是深入研究促进共同富裕、建设富裕社会议题。坚持走共同富裕的社会主义道

① 参见中共中央文献研究室编：《建国以来重要文献选编》第 8 册，北京：中央文献出版社，1994 年，第 206-226 页。

② 参见《中共中央关于完善社会主义市场经济体制若干问题的决定》，北京：人民出版社，2003 年。

③ 参见《中华人民共和国国民经济和社会发展第十四个五年规划和 2035 年远景目标纲要》，北京：人民出版社，2021 年。

④ 习近平：《在庆祝中国共产党成立 100 周年大会上的讲话》，第 17 页。

⑤ 参见习近平：《决胜全面建成小康社会夺取新时代中国特色社会主义伟大胜利——在中国共产党第十九次全国代表大会上的报告》，北京：人民出版社，2017 年，第 14 页。

路，是中国发展的一面旗帜。这里既有中国历史文化的传统根源，也是经济社会发展过程中人民群众的现实需要，而且体现了社会主义制度的本质特征。邓小平同志指出，社会主义的本质，是解放生产力，发展生产力，消灭剥削，消除两极分化，最终达到共同富裕。① 全面建成小康社会之后，扎实推动共同富裕变得更为迫切。我们需要深入研究新时代共同富裕的内涵、特点和实现机制等。比如说，什么叫共同富裕？它不是平均分配，不仅是指结果意义上的财富共享，也不是追求静态的财富均等。在本质上，共同富裕是指广大人民群众拥有平等的追求富裕的权利、公平的实现富裕的机会、公正的占有财富的结果以及不断提升的创造财富的能力，是一个在社会经济持续发展基础上人人都有希望达到富裕的一个动态社会过程。其中涉及共同富裕观念的确立、相关的社会经济制度建设、实现共同富裕的基础条件创造、广大人民致富能力的提升以及实际占有财富状况的不断优化。推进共同富裕需要着力深化社会经济改革，以促进人的全面发展和社会全面进步为宗旨不断优化社会结构和制度环境。② 其中又包含几个重要议题：如何巩固脱贫攻坚的成果，降低低收入人口的脆弱性；如何有效调节目前仍在高位运行的收入分配差距，减轻社会不平等；如何以高校和职业院校毕业生、技能型劳动者、农民工等为重点，实施扩大中等收入群体行动计划，不断提高中等收入群体比重；如何促进包容性经济增长，实现发展成果共享；如何发展社会政策与社会工作，完善社会保障和福利体系，降低社会生活风险，增强共同富裕的主观感受；如何不断提升社会成员创造财富的能力；等等。

四是深入研究人民美好生活需要的现状、特点、变化规律以及满足方式等。人民日益增长的美好生活需要是当前社会主要矛盾的主要方面。党的十九大报告指出，全面建成小康社会后人民美好生活需要日益广泛，不仅对物质文化生活提出了更高要求，而且在民主、法治、公平、正义、安全、环境等方面的要求日益增长，这里实际上提出了社会建设的新内涵。一方面，我们要继续推进以保障和改善民生为重点的社会建设，不断提升社会建设水平，在幼有所育、学有所教、劳有所得、病有所医、老有所养、住有所居、弱有所扶上不断取得新进展，使人民获得感、幸福感、安全感更加充实、更有保障、更可持续；另一方面，需要全面深化社会改革，更加注重促进人的全面发展和社会全面进步，致力于实现乡村振兴、提升城市品质、防范社会风险、推进生态文明，创造共建共治共享的美好社会。

五是深入研究人口变化对中国经济社会发展和国家安全的影响以及应对之策。目

① 参见中共中央文献研究室编：《十三大以来重要文献选编》（下），北京：人民出版社，1993 年，第 1851-1865 页。
② 参见洪大用：《扎实推动新时代共同富裕的新议题》，《社会治理》2021 年第 2 期。

前，中国人口的数量、质量和结构都在发生重大变化。从趋势看，人口峰值将提前到来，少子化与老龄化趋势发展迅速，老龄社会的到来是不可避免的趋势。当然，与此同时，人口素质也在不断提升。如何进一步提升国民素质，构建高质量的教育体系和全方位全生命周期的健康体系，优化人口结构，拓展人口质量红利，提升人力资本水平和人的全面发展能力，这些需要更加系统地研究。老龄社会的到来，不仅是养老问题，而且在很大程度上涉及社会经济重构和社会治理问题，包括在基础设施建设、产业结构、社会服务体系、生育政策等方面，都要适应老龄社会运行及其治理的需求，教育、就业、医疗卫生、社会保障、社会工作等方面，也要因应老龄社会更好地提前规划，作出政策调整。

六是深入研究信息技术发展的社会影响以及社会对技术发展的治理，适应数字社会建设的迫切需要。党的十九大提出了“智慧社会”概念，《纲要》中 35 次提到“智能”，3 次提到“数字社会”。在信息技术发展基础上的人工智能运用，已经广泛深入社会生产和生活的各个方面，在此意义上我们正在经历着新的社会革命。我们需要适应数字技术全面融入社会交往和日常生活的新趋势，研究促进公共服务和社会运行方式创新，构筑全民畅享的数字生活。比如说，《纲要》中已提到，要聚焦教育、医疗、养老、抚幼、就业、文体、助残等重点领域，推动数字化服务普惠应用，提供智慧便捷的公共服务；推进智慧城市和数字乡村建设，以数字化助推城乡发展和治理模式创新，全面提高运行效率和宜居度，不断构筑美好数字生活新图景；推进信息无障碍建设，帮助老年人、残疾人等共享数字生活，并加强对数字社会的法治治理，增进人的主体性，切实保障人民权利。

七是深入研究创新社会治理，促进发展与治理的良性互动。当前快速城镇化背景下的社会治理面临着社会流动加剧、社会利益分化、社会价值多元、制度创新滞后、社会自组织力量薄弱以及信息技术不断发展等多重挑战。《纲要》指出，要围绕健全党组织领导的自治、法治、德治相结合的城乡基层社会治理体系，完善基层民主协商制度，建设人人有责、人人尽责、人人享有的社会治理共同体。要不断深化社会学的相关研究，就要重视中国社会治理的时空特征、文化传统、制度基础和任务特点。特别要重视寓管理于服务之中，构建网格化管理、精细化服务、信息化支撑、开放共享的基层管理服务平台，构建专职化、专业化的城乡社区工作者队伍，提高城乡社区精准化、精细化服务管理能力。与此同时，要积极引导社会力量参与基层治理，全面激发基层社会治理活力，推进社会治理体系和治理能力现代化。

八是深入研究绿色社会转型的相关议题。中国式现代化的一大特色就是自觉自主地在考虑生态约束的基础上推进现代化，倡导地球生命共同体思想，促进人与自然和谐共生地发展，推动生态文明建设。党的十八大以来，以制度建设推进生态文明的力度前所未有，驱动了生产生活方式的深层变革，绿色转型成效初现。进入高质量发展阶段，推动绿色转型的力度将更大，单位国内生产总值能源消耗和二氧化碳排放、主要污染物排放总量持续减少，生态环境持续改善的约束将更强。与此同时，我们还要落实应对全球气候变化国家自主贡献目标，实现 2030 年前碳排放达峰、2060 年前实现碳中和的自主承诺。这些绿色转型的重大举措不可避免地涉及技术创新、经济发展和社会民生的各个方面，研究新阶段、新形势下经济效益、社会效益和生态效益的统一，大力推进环境社会学的发展，是非常迫切的课题，中国社会学应当而且能够作出自己的贡献。

九是深入推进社会比较与文明互鉴的相关研究。党的十九大报告指出，新时代全球治理体系和国际秩序变革加速推进，我国日益走近世界舞台中央，要积极参与全球治理体系改革和建设，促进全球治理体系变革，努力构建人类命运共同体，不断为全人类作出更大贡献。《纲要》中设立了专章部署“积极参与全球治理体系改革和建设”。有效参与全球治理离不开深入的国际理解，离不开对全球多样文化与社会的深入研究。相比西方社会学而言，中国社会学在研究的国际视野上偏窄，在研究议题的国际性上较弱，在跨文化比较研究的广度上存在不足，在区域和国别文化社会研究的深度上偏浅。同时，相比中国深度融入世界经济体系、不断深化全球治理，中国社会学所能提供的有效支撑并不充分。目前，进一步扩展国际视野，深度开展海外社会文化研究，增进文化自觉，促进文明互鉴，是十分紧迫的重大课题，这对发展中国社会学（包括人类学）、提升中国社会学的国际影响力，对推动人类命运共同体建设，具有重要意义。

十是深入推进统筹发展与安全的相关议题研究。发展与安全都是人民美好生活需要的重要内容。党的十九大报告指出，要坚持总体国家安全观，统筹发展和安全，坚持国家利益至上，以人民安全为宗旨，以政治安全为根本，统筹外部安全和内部安全、国土安全和国民安全、传统安全和非传统安全、自身安全和共同安全，完善国家安全制度体系，加强国家安全能力建设，坚决维护国家主权、安全、发展利益。《纲要》设立了专篇，强调把安全发展贯穿国家发展各领域和全过程，防范和化解影响我国现代化进程的各种风险，筑牢国家安全屏障，建设更高水平的平安中国。从社会学的角度看，现代社会是一个风险日益聚集变异的社会，脆弱性更强，不确定性更高，席卷全球的新冠肺炎疫情就是鲜活的案例。一方面，国内国际的形势表明，我们仍然处在发展的重要战略机遇期；另一方面，机遇与挑战都有新的发展变化，我们发展起来后又面临着新的风险。社会学需要深入分析人口发展、公共卫生、社会矛盾、社会秩序、民族宗教、多元文化、社会心理以及技术进步等方面的社会安全议题，并有在全球化时代将国内与国际联系起来的自觉意识和分析视角，立足于正确处理新形势下的人民内部矛盾，编织全方位、立体化、智能化社会安全网，努力防范社会安全影响和演变为经济安全、政治安全、文化安全、生态安全和国防安全等方面的问题。

以上议题反映了实践自觉视野中的主要社会现象，体现了社会学学科的特色关怀。对于这些议题的深入研究可以发挥社会学学科的综合优势。首先是坚持马克思主义社会学的立场、观点和方法，以唯物史观为指导，遵循马克思主义社会学方法论中个体与整体相统一、结构与过程相统一、理论与实践相统一、历史与逻辑相统一等原则，[①] 彰显马克思主义社会学坚持实践原则、坚持科学分析视角、坚持辩证思维方式、坚持研究方式批判性、坚持理论视野开放性等特点，[②] 特别是深入发掘中国化马克思主义中的社会学思想。其次，批判性地借鉴西方社会学的理论与方法，吸收其合理成分，弘扬实证精神，科学使用其社会分析概念，特别是结构/机制分析、[③] 实践分析以及比较制度分析、现代化、风险社会、全球化等研究成果。再次，深入分析总结中国社会学发展史和中国社会思想史，汲取前辈思想家、社会学家的智慧和贡献，发扬中国社会学从实求知的优良传统，不断拓展社区分析、历史分析、比较制度分析、社会运行分析、社会转型分析和社会互构分析等理论传统，充分彰显社会学注重综合性、整体性分析和开展科学社会调查的学科特色与优势。其中，最为关键的还是直面中国实践的理论建构和思想创新，为此提供有效支撑的是不断改进中国社会学的学术实践，推动中国社会学学科健康发展。

三、不断提升中国社会学服务支撑现代化新实践的能力

如前所述，深化以上议题的社会学研究，一个重要方面就是要反思和总结中国社会学学科自身的实践，加快发展中国特色社会学，不断提升中国社会学的综合能力，更好发挥其服务支撑中国式现代化实践创新的重要作用，促进中国式现代化实践与中国特色社会学发展之间的良性互动。

一是增强中国社会学的主体意识，坚定学科自信。中国社会学是世界社会学的组成部分，近代以来的社会学是从西方引进的，但是中国社会学的发展是中国学者在对中国文化与实践的研究中不断推进的。增强主体意识，强化主体自觉，是文化自觉、理论自觉和实践自觉的题中之义，是中国社会学摆脱依附地位、更好地贡献世界社会学的基础保证。一百多年来，特别是改革开放以来，中国社会学在学科建设、科学研究、人才培养和社会服务等方面取得了显著进展，已成为影响广泛并日益制度化的学科，这种发展

① 参见《社会学概论》编写组：《社会学概论》，北京：人民出版社、高等教育出版社，2020 年，第 387-390 页。

② 参见《社会学概论》编写组：《社会学概论》，第 12-13 页。

③ 参见赵鼎新：《什么是社会学》，北京：三联书店，2021 年。

增进了学科自信，激发了主体意识。具体而言，中国社会学的学科自信源于我们对于西方社会学的“祛魅”，这是长期文化和学术交流的一个客观结果；源于我们对西方社会学自身不足的不断认识；源于中国社会学的不断积累和快速发展；源于中华优秀传统文化的博大精深和持续坚韧的生命力；源于中国人民在社会变革实践中的伟大创造；在本质上源于我们始终坚持马克思主义指导，特别是坚持以马克思主义中国化最新成果为指导。立足新时代，我们要在坚定自信的基础上避免自大，在强化主体的基础上深化合作，使中国社会学在保持清醒的反思性的基础上沿着正确的方向健康发展。

二是坚定正确的学科发展导向，致力于发展中国特色和普遍意义兼具的社会学。在中国社会学的发展历程中，一代又一代学者运用中国人的思维，汲取中国文化的营养，以开放的视野研究中国社会的现象，不断地推进社会学中国化，形成了中国社会学发展的主流。但目前中国社会学知识体系的主要架构仍是西方的，中国化与西方化之争也一直存在。立足于当代中国与世界的巨变，中国社会学需要在增强主体意识，坚定学科自信的基础上，努力超越中国化与西方化之争，引领社会学认识社会、分析社会和发展社会的新方向，在创造具有普遍意义的国际影响中彰显中国声音，塑造中国特色。这就要求我们坚持科学的方法论，把握马克思主义的立场观点和方法，学习掌握毛泽东思想、邓小平理论、“三个代表”重要思想、科学发展观中蕴含的丰富的社会学思想，特别是以马克思主义中国化最新成果——习近平新时代中国特色社会主义思想为指导。在借鉴国外社会学合理成分的同时，我们要洞察其文化与实践的背景，深究其理论的基本意涵，特别是要深入省思其对立式的社会观①以及行动与结构、传统与现代等流行的分析范畴，自觉跳出国外社会学理论的笼子。这也要求我们以人民为中心，始终着眼于最广大人民的现实利益、整体利益和长远利益，深入人民的实践，注意倾听人民的声音、了解人民的思想、满足人民的需要，增进最广大人民的福祉，把学问写进群众心坎里，自觉承担为人民做学问的使命与责任，发展人民的社会学。这还要求我们致力于扎根中国实践，自觉中国式现代化实践的文化背景以及其对中国文化的拓展，同时拓展国际视野，着眼于世界巨变中的中国和中国影响下的世界，充分借鉴世界社会学发展的优秀成果，更具创造性地分析区域社会与全球社会的复杂互动，深入揭示社会运行和发展的新条件、新特点、新机制、新规律，不断完善学科体系、学术体系和话语体系，在坚持科学中发展科学，在聚焦特殊中发现一般，在作出贡献中创造品牌。

三是深入学习总结中国社会学史，传承弘扬中国社会学的实践品格。当前在发展中

① 西方社会学的社会观充满着事实与价值、行动与结构、传统与现代、西方与非西方、精英与大众、环境与社会等多重的对立和分裂，这不利于对社会的科学认识和对社会运行发展规律的揭示。

国社会学的学术实践中，我们不仅要对西方社会学保持反思性审视，也要对中国社会学的百年历程认真检视，把握其发展主流和优秀品格，这就是从实求知、学以致用，就是实践意识。从严复将英国社会学家斯宾塞的《社会学研究》翻译为《群学肄言》开始，就体现了中国人对社会学的特殊理解和期待，社会学是被当作遵天演而推变革、操正德利用厚生之业的学问引进中国的，郑杭生就曾自述其关于社会学对象问题的理解受到了严复“群学者，将以明治乱、盛衰之由”的影响。① 费孝通曾经指出自己学习社会学的目的是“认识社会，然后改革社会，免除人们的痛苦”，“用科学知识来为人民服务”，② 志在富民是他一生的追求。在恢复重建中国社会学的过程中，费孝通强调，“我们的目的是清楚的，概括地说就是要把自身的社会生活作为客观存在的事物加以科学的观察和分析，以取得对它正确如实的认识，然后根据这种认识来推动社会的发展”。③ 为了达成解决中国社会问题、服务现代化实践、把论文写在中国大地上的目的，一些著名社会学家主张“中国社会学必须植根于转型中的中国社会”，④ “在中国泥土里培植中国的社会学”，⑤ 要坚持“做实地调查，到生活中去观察体验”，⑥ 从实求知，理论联系实际。事实上，围绕人口、婚姻家庭、教育、劳工、收入、贫困、社会分层、农民农业、乡村建设、城镇发展、民族团结、社会治理、社会心态和文化等众多社会议题，中国社会学者开展了大量的实地调查研究，不断完善社会调查研究方法，不仅积累了历时性的、丰富的研究资料，而且为深化社会领域认识、推动社会发展和现代化、促进经济社会协调发展作出了重要贡献，同时也不断推进着社会学的中国化，创造着中国特色社会学的发展道路。相对而言，在哲学社会科学中，社会学是最重视调查研究、最讲理论联系实际、最强调基础理论与应用对策研究有效互动交叉融合协同创新的学科之一，表现出很强的实践感，这是社会学发展过程中累积起来的需要传承弘扬的一个重要比较优势，也是我们强调社会学实践自觉的历史依据。在新的历史条件下，面对中国社会实践快速的、历史性的巨变以及当下中国社会学的发展状况，我们需要更加鲜明地突出社会学的实践品格，丰富、发展实践自觉的内涵，增强实践自觉的主动性、科学性、系统性和紧迫感。

四是坚持问题导向，直面当代中国社会学发展实践中的不足与短板。在看到中国社会学不断发展并日益凸显其重要性的同时，也要把握好一些值得关注的重要现象：中国社会学的学科分化比较迅速；中国特色的社会学话语体系建设还有短板；中国社会学的

---

① 参见郑杭生：《社会学对象问题新探》，北京：中国人民大学出版社，1987 年，第 26 页。

② 费孝通：《关于人类学在中国》，《费孝通文集》第 13 卷，北京：群言出版社，1999 年，第 25 页。

③ 费孝通：《重建社会学与人类学的回顾和体会》，《中国社会科学》2000 年第 1 期。

④ 郑杭生：《转型中的中国社会和成长中的中国社会学》，中国社会科学院社会学研究所编：《中国社会学年鉴（1979—1989）》，北京：中国大百科全书出版社，1989 年，第 25 页。

⑤ 费孝通：《重建社会学的又一阶段》，《社会》1986 年第 2 期。

⑥ 费孝通：《重建社会学与人类学的回顾和体会》，《中国社会科学》2000 年第 1 期。

一些经验研究存在一定的局限性；中国社会学对中国特色社会主义实践创新的理论总结和提炼还有很大不足。[①] 我们可以看到，中国社会学在其一百多年的发展历程中，涌现出了一批又一批杰出学者，提出了一些具有原创性的概念、观点和理论，为社会学的知识创新和发展作出了贡献。但整体上看，输入性知识仍是中国社会学知识的主体，重复性研究仍是社会学研究中的多数，验证性发现仍然是知识发现的常例，真正原创性成果对于中国特色和普遍意义兼具的社会学的支撑作用还不足。与此相关联，在服务实践方面，从表象上看，大量社会学研究都是应用性的，直接与实际工作关联，但其对实际工作的支撑仍存在滞后性、碎片化和错位等现象。还有一种倾向就是习惯用国外的知识与实践作为参照，对中国实践进行评论、指导或设计，这样往往又不接地气、隔靴搔痒，甚至产生误判误导。知识创新与服务实践的能力不足，反映了学界文化自觉、理论自觉和实践自觉还不够自主、不够充分，特别是实践自觉的观念还存在一定的偏差，究其根源乃在于人才培养能力不足，这特别体现在学科布局与建设、教师队伍自身素质、对人才培养的重视程度以及人才培养理念、培养模式、培养评价等各个方面。概言之，中国社会学目前还没有很好地实现充分的高质量发展，知识创新、服务实践和人才培养等综合能力仍然有待进一步提升。

五是抓好学科专业优化调整这一关键点，为不断提升中国社会学的综合能力创造基础条件。据统计，2020 年，全国已有社会学各类本科专业点 496 个，学术学位硕士点 69 个，专业学位硕士点 153 个，博士点 29 个，总招生规模超过 2.6 万人。可以说，目前支撑社会学人才培养、科学研究和社会服务的体系不断健全，但是为何还没有迅速转化为综合能力的提升呢？这里有建设时间依然较短的原因，也有学科专业设置不够合理、学科认同过于分化、学术研究畸轻畸重、人才培养创新不足等方面的原因。目前中国社会学是法学门类下设的一级学科，二级学科由各培养单位自主建设。2011 年，社会学学科评议组建议的指导性二级学科方向包括理论社会学、应用社会学、人口学、人类学、民俗学、社会管理与社会政策、社会工作。这里不仅缺失社会思想史、社会心理学和社会学方法等重要内容，而且在事实上一些二级学科方向对于“社会学”一级学科的认同并不充分，其在学术组织、学术活动、项目开展等方面各自独立。此外，也存在一些培养单位滥设二级学科方向的现象，目前已知的二级学科名目超过 30 个，有些是名不副实的。着眼于优化调整学科专业，首先要关注近年来新增的学科专业点，加强质量建设，促进规模与质量的统一；其次要研究优化二级学科方向设置，增强学科设置的指导性；再次要坚持问题导向、目标导向，用好学科交叉融合这一“催化剂”，在凝聚二级学科

① 参见洪大用：《加快发展中国特色社会主义社会学》，《社会治理》2020 年第 10 期。

方向力量、促进社会学学科认同、发展更加整合的社会学学科的同时，主动拓展社会学与统计学、传播学、公共管理乃至公共卫生、信息科学等学科的交流合作，借鉴其研究成果与方法，提升社会学学科的综合能力；最后要正视当前学术研究中基础研究与应用研究、国内研究与国际研究之间的不平衡，优化资源配置，大力支持和加强作为学科基础的历史、理论与方法研究，同时引导学科拓展国际视野，重视全球、区域和国别的社会文化研究，这既是适应中国发展和全球格局演变、加快构建人类命运共同体的需要，也是提升社会学发展质量、拓展中国社会学普遍意义的需要。

六是大力推进学科建设机制创新，不断完善中国社会学高质量发展的制度保障。首先是建立健全特色建设机制。目前很多培养单位的社会学学科建设存在着大而全、趋同化的现象，结合自身、区域实际的特色和优势渐趋模糊，这不是高质量发展的表征，甚至造成资源配置低效和学科能力退化。其中，外部的评价机制不够合理、改革尚不到位是重要原因，也有内部的学科规划自主性、科学性不强的原因，急需调整改进。其次是不断完善内涵建设机制。把人才培养放在更加突出的位置，以学生成长成才为中心，更加科学、合理地安排教学环节，加强课程教材建设，创新人才培养模式，促进理论与实践相结合、教书与育人相结合、学生发展与教师发展相结合。更加重视完善知识生产的科学机制，强化实践自觉，回归知识源于实践的常识，处理好中国与外国、传统与现代、理论与实践的关系，注重从实求知，特别要加强社会调查研究基地和社会研究资料数据库等学科基础设施建设，充分适应并主动利用现代信息技术开展社会学研究，增强知识生产的科学性、专业性、先进性。注重教学科研与社会实践相联系的机制，加强社会服务平台建设，完善相关激励，不断提升社会服务能力和水平。再次是强化质量观念，坚定高质量发展的信念，保持战略定力，谨防各种过于形式化的学术交流活动和炒作现象，拒绝浮躁，挤压泡沫，切实建立起全员全过程全方位的学科发展质量保证机制，涵育学科发展的质量文化，持续激发学科高质量发展的内生动力。

七是努力为社会学参与和服务中国式现代化新实践创造更好条件。社会学无疑是哲学社会科学体系中兼具基础性和应用性的重要学科之一。2016 年 5 月，习近平总书记在哲学社会科学工作座谈会上指出，要加快完善对哲学社会科学具有支撑作用的学科，其中就包括了社会学以及与之密切相关的民族学、人口学、宗教学、心理学等学科。2020 年 8 月，习近平总书记在经济社会领域专家座谈会上再次指出要“不断发展中国特色社会主义政治经济学、社会学”。[①] 这充分体现了以习近平同志为核心的党中央对社会学发展的高度重视，反映了中国式现代化的快速推进对于社会学学科的迫切需求。前文已

① 习近平：《在经济社会领域专家座谈会上的讲话》，北京：人民出版社，2020 年，第 12 页。

述，中国式现代化面临着若干重大社会学议题，这就需要进一步发挥好中国社会学会等学术团体和国家哲学社会科学基金等基金组织的作用，加强相关议题的研究和支持。同时，各级党委和政府都应切实贯彻落实习近平总书记的讲话要求，为社会学学科密切联系实际培养专业人才提供更多更好的支持，加强研究、实习基地等平台建设，完善政策激励，大力支持教师和学生的科研、实习实践活动，更多设置社会学类专业岗位和使用社会学专业人才，不断扩大社会学服务实践创新的空间。此外，在政策研究、储备和决策中，应不断完善社会学家有效参与的制度化机制，同时依法推进相关的社会统计信息更加公开，促进社会研究信息更好共享。

总之，为了深化认识和加快推进中国式现代化，创造中国社会学更加美好的未来，中国社会学者需要进一步强化实践自觉。习近平总书记指出，“新时代改革开放和社会主义现代化建设的丰富实践是理论和政策研究的‘富矿’”，[①]“当代中国正经历着我国历史上最为广泛而深刻的社会变革，也正在进行着人类历史上最为宏大而独特的实践创新”，这种变革“不是简单延续我国历史文化的母版，不是简单套用马克思主义经典作家设想的模板，不是其他国家社会主义实践的再版，也不是国外现代化发展的翻版，不可能找到现成的教科书。我国哲学社会科学应该以我们正在做的事情为中心，从我国改革发展的实践中挖掘新材料、发现新问题、提出新观点、构建新理论”，“这是构建中国特色哲学社会科学的着力点、着重点”。[②] 身处中国式现代化的火热实践中，中国社会学者应不断深入学习领会习近平总书记的讲话精神，不断深化文化自觉、理论自觉和实践自觉，加强对中国式现代化实践创新的系统总结，提炼出更有学理性的新理论，概括出更有规律性的新实践，致力于发展以人民为中心的实践社会学，在更好地服务于中国的实践创新中彰显中国社会学的地位与价值，在面向世界社会学社区创造具有一般意义的概念、理论与方法中体现中国社会学的贡献与特色，不断丰富和改造世界社会学的话语体系，扩大中国社会学的国际影响力。

① 习近平：《在经济社会领域专家座谈会上的讲话》，第12页。
② 习近平：《在哲学社会科学工作座谈会上的讲话》，北京：人民出版社，2016年，第8、21、22页。

环境社会工作论纲*

陈阿江　张婷婷　刘怡君**

摘　要： 发展环境社会工作既是现实的需要，也是环境社会工作自身学科发展的内在必然。作为社会工作的一个重要分支，环境社会工作以国家生态文明建设基本方针为指导，以社会工作专业理念与方法为支撑，以生态环境保护为工作核心，致力于推动环境问题的解决。环境社会工作秉承社会工作的传统，旨在帮助弱势群体解决因环境损害而产生的健康问题、心理问题和贫困问题以及调解环境损害引发的社会冲突；通过培育大众环境意识、引导民众绿色环保行为，推动生态自觉；通过推动环境社会组织发展、影响企业环境行为、积极参与政府环境治理，服务政府环保政策的决策和实施。

关键词： 环境社会工作；社会问题；环境认知；环境行为

一、导论

自 20 世纪 60 年代以来，伴随全球经济快速增长，环境问题逐渐由局部性发展为全球性，世界环境污染问题日益严重，能源危机不断加剧。伦敦烟雾事件、日本水俣病事件、苏联切尔诺贝利核事故以及近年的日本福岛核泄漏事故等重大环境污染事件带给人类的灾难是难以估计的，环境问题已成为广受社会大众关注的重要社会问题。

为了应对持续产生的环境问题，许多学科不断做出新的回应。在社会科学领域，法学、经济学、政治学、社会学等都已在环境领域发展了相应的分支学科，建立了相应的学科范式。就社会学而言，自 1978 年美国社会学家卡顿和邓拉普发表《环境社会学：

* 原文发表于《中州学刊》2021 年第 1 期。
** 作者简介：陈阿江，男，河海大学环境与社会研究中心、社会学系教授。
张婷婷，女，河海大学社会学系博士生。
刘怡君，女，河海大学社会学系博士生。
基金项目：江苏省社会科学基金重点项目“‘耿车模式’的绿色转型研究”（19SHA002）。

一个新的范式》① 正式倡导环境社会学以来，欧美、日韩的环境社会学取得了长足进步。自21世纪以来，特别是在最近十余年时间里，中国环境社会学同样实现了快速发展。具体而言，关于环境问题产生的社会影响研究，日本学者饭岛伸子提出“受害结构论”②，舩桥晴俊等人提出“受益圈、受苦圈”理论③，德国学者乌尔里希·贝克在其《风险社会》一书中警示性地提出“风险社会”的概念。在环境问题的社会成因方面，美国环境社会学家史奈伯格等人提出了“生产跑步机”（the production of treadmill）理论④，美国科学史家林恩·怀特则从文化层面探讨生态危机的社会历史根源⑤。中国学者从中国社会自身特点出发，尝试以社会转型⑥、“政经一体化开发机制”⑦、“次生焦虑”⑧ 等理论框架解释中国社会的环境问题。针对环境问题的治理问题，摩尔等人提出通过“生态现代化（ecological modernization theory）”⑨ 以解决环境问题，鸟越皓之等人倡导生活环境主义⑩，陈阿江则发现农业共生模式对常规农业生产中出现的外部性问题能够起到“无治而治”⑪ 的效果。

较之环境社会学的发展，环境社会工作的发展相对滞后，但近些年也呈现出较快的发展势头。关于环境社会工作的讨论，西方学者主要围绕两个方面展开。一是关于环境社会工作的理论建设方面，梅尔·格雷等人根据可持续发展的标准，反思社会工作伦理中的人类中心主义思维方式，率先使用环境社会工作（environmental social work）的概念并提出环境社会工作的六项原则。⑫ 莉娜·多米内利引入绿色社会工作（green social work）的概念来探讨环境与社会工作之间的内在关系，并认为社会工作有必要将人类、社会文化、经济和自然环境整合到一个框架内，以促进环境保护和人类福祉提升的目标实现。⑬ 卡蒂·纳利（Kati Närhi）和艾拉莱娜·马蒂斯（Aila-Leena Matthies）则通过

---

① See Catton Jr，William R.，Riley E. Dunlap. Environmental sociology：A new paradigm. *The American Sociologist*，1978，Vol. 13，No. 1，pp. 41-49.

②③ 参见［日］鸟越皓之：《环境社会学——站在生活者的角度思考》，宋金文译，北京：中国环境科学出版社，2009年，第48-49页。

④ See Schnaiberg，Allan，David N. Pellow，Adam Weinberg. *The envi-ronmental state under pressure*，Elsevier North-Holland，2000，pp. 15-32.

⑤ See White Lynn. The Historical Roots of Our Ecologic Crisis. *Science*. 1967，Vol. 155，No. 3767，pp. 1203-1207.

⑥ 参见洪大用：《社会变迁与环境问题——当代中国环境问题的社会学阐释》，北京：首都师范大学出版社，2001年，第265-272页。

⑦ 参见张玉林：《政经一体化开发机制与中国农村的环境冲突》，《探索与争鸣》2006年第5期。

⑧ 参见陈阿江：《次生焦虑——太湖流域水污染的社会解读》，北京：中国社会科学出版社，2012年，第1-17页。

⑨ See Mol Arthur P. J.，David Allan Sonnenfeld，eds. *Ecological Modernisation Around the World*：*Perspectives and Critical Debates*. Psychology Press，2000，pp. 6-7.

⑩ 参见［日］鸟越皓之：《日本的环境社会学与生活环境主义》，闫美芳译，《学海》2013年第3期。

⑪ 参见陈阿江：《无治而治：复合共生农业的探索及其效果》，《学海》2019年第5期。

⑫ See Gray Mel，John Coates，Tiani Hetherington（Eds.），*Environmental Social Work*，London and New York：Routledge，2013，pp. 29-102，119-193.

⑬ See Dominelli Lena. *Green social work*：*From environmental crises to environmental justice*. Cambridge：Polity Press，2012，pp. 193-207.

发展生态批判的方法来建构生态社会工作（ecological social work）的概念。[①] 二是在环境社会工作的实践探索方面，约翰·科茨和梅尔·格雷对环境社会工作参与现代环境运动的概况进行了系统梳理和深入分析[②]，其中，梅尔·格雷提供了五种典型的环境社会工作实践案例，如环保组织的花园社区项目、为受干旱影响的家庭提供服务等。近年来，中国学者也在尝试建构环境社会工作的学科框架。屈振辉最早使用环保社会工作的概念讨论有关环境社会工作的一些基础性理论问题[③]，陈星星和徐选国借用绿色社会工作概念倡导传统社会工作的范式转型[④]，罗桥则对已有的环境社会工作概念和价值观进行了综合分析[⑤]。总体而言，国内外环境社会工作都处于一个重要的发展机遇期，如何根据环境问题的现实情况来进一步规划和发展环境社会工作这门学科，仍有待学界更为深入的研究和探讨。

考虑到目前环境社会工作领域存在的环境社会工作、绿色社会工作、环保社会工作等概念的含义基本相同，只是称谓有别，本文统一用环境社会工作的概念来表述其他类似称谓。环境社会工作主要利用社会工作的专业理念与方法来推动环境问题的解决。具体而言，环境社会工作主要通过应用社会工作的理念、理论、方法和技术为环境受害群体提供服务，引导、改变大众的环境行为，倡导生态自觉，推动组织的绿色环境行为。作为社会工作的一个重要分支学科，环境社会工作的价值、理念与社会工作在根本上是一致的，并具有成为生态文明建设的重要力量和组成部分的社会应用价值。本文试从学科发展的角度进一步厘清环境社会工作的基本范畴，在中观层面明确环境社会工作的实践研究范围，进而为构建中国特色环境社会工作体系提供理论框架。

二、 环境社会工作以帮助受环境损害影响的弱势群体为己任

关注弱势群体利益，促进社会公正，是社会工作的一项主要任务。相应地，环境社会工作也以受环境损害影响的弱势群体为基本服务对象，积极发挥自身对环境问题及其所引发的社会问题的治疗和补救功能。根据环境损害的特点及其所带来的后果和影响，本文认为环境社会工作可从以下四个方面为弱势群体开展服务。

---

① See Närhi, Kati, Aila-Leena Matthies. Conceptual and historical analysis of ecological social work. In McKinnon Jennifer, Margaret Alston (Eds.), *Ecological social work: Towards sustainability*, Macmillan International Higher Education, 2016, pp. 21-38.

② See John Coates, Gray Mel. The environment and social work: An overview and introduction. *International Journal of Social Welfare*, 2012, Vol. 21, No. 3, pp. 230-238.

③ 参见屈振辉：《论我国环保社会工作的基础理论问题》，《鄱阳湖学刊》2017 年第 5 期。

④ 参见陈星星、徐选国：《绿色社会工作：迈向生态环境关怀的社会工作新论述》，《华东理工大学学报》2018 年第 3 期。

⑤ 参见罗桥：《环境社会工作：概念、价值观与实践路径》，《学习与探索》2020 年第 2 期。

1. 为因环境损害导致健康受损的弱势人群提供服务

环境污染直接影响个体的生理健康，降低其生活质量。如广为人知的八大公害事件、切尔诺贝利核泄漏事件等环境灾难给当地人带来诸多问题。从以往环境污染事件的处理情况可以发现，遭遇环境损害的人群主要面临两大难题。一是缺乏必要的医疗救助和社会福利资源。部分因环境污染致健康损害人群因信息闭塞或资金限制等，缺乏获得医疗、社会福利等资源的有效渠道。二是追讨健康赔偿的难度较大。因污染与健康之间的因果关系不明晰等，事故责任方与受害民众在健康损失的认定与赔偿金额等问题上往往难以达成一致意见，加之事故责任方借故拖延推诿，时常引发事故责任方与受害民众之间的各种矛盾和冲突。

针对因环境损害导致健康受损的人群所面临的上述两大难题，环境社会工作应发挥专业优势为健康受损的弱势群体开展服务，帮助受害群体获得必要的医疗资源。鉴于受害群体因经济能力、信息获取能力不足而不能及时获得必要的医疗帮助，环境社会工作者应通过开展社会福利资源的评估、链接和整合等服务，帮助受害者获得必要的医疗救助和福利待遇。根据环境灾害的救援发展阶段，环境社会工作者可根据不同阶段受害群体的医疗需求评估标准，协助相关部门对其提供相应的医疗资源服务。在应急救援阶段，重在参与临时医疗救助服务，帮助受灾群众及时应对紧急健康风险；在过渡安置阶段，重在提供专项医疗救助基金申请服务，帮助受害群众做好长期应对环境灾害影响的准备；在灾后重建阶段，重在提供预防性医疗干预服务，帮助受害群体应对健康受损可能产生的滞后性健康问题。

除此之外，帮助因环境损害导致健康受损的弱势人群解决健康赔偿纠纷是环境社会工作者的一项重要工作内容。因环境损害导致健康受损的事实认定及其程度计量比较困难，故确定环境损害与健康损害之间的事实关联常常有赖于政府和专业人士的重视和界定。鉴于因环境损害导致健康受损的弱势人群法律素养有限、社会关系网络单一、仅靠自身力量难以追讨健康赔偿，环境社会工作者可作为弱势群体的利益代言人，及时向相关部门及研究机构反映损害事实，提供可操作性经验和方案帮助其合法合规地维护基本权益。

2. 为受环境损害影响人群提供心理干预服务

环境污染等环境损害的发生还会引起受环境损害影响群体出现不同程度的心理问题。已有研究发现，严重的环境损害作为危机性压力事件会导致受害群体出现焦虑、抑郁、狂躁、创伤性应激障碍甚至自杀等情况。对此，环境社会工作需为受害群体提供及时有效的心理干预服务，协助此类受害群体尽快适应新的环境，回归正常生活。

针对环境损害给受环境损害影响群体带来的心理问题，环境社会工作应从以下四个方面开展服务。一是及时发现并评估受环境损害影响群体的心理问题与精神诉求。与心理学不同，社会工作提倡非病理性的优势视角，从关注受环境损害影响群体的现实需要着手，更容易与受害群体建立信任关系并走进他们的心理世界。这有助于环境社会工作者及时发现受环境损害影响群体真实的心理问题。在此基础上，环境社会工作者可以运用访谈、问卷和量表等评估工具评估受环境损害群体的心理状态，为后续服务提供依据。二是通过多元化的干预方法解决受环境损害影响群体出现的一般性心理问题。目前我国具有代表性的此类实践案例是汶川大地震后由中国社会工作教育协会举办的抗震希望学校社工志愿服务项目。在该项目中，社会工作者以震后心理需求评估为基础，综合运用个案工作、小组工作、社区工作以及其他活动方法开展多元化的心理干预服务。① 三是发展转介服务或组建跨专业合作团队，借助不同专业的力量处理受环境损害影响群体的心理创伤和心理危机。四是加强受环境损害影响群体及其家属心理问题的预防服务体系建设。由于环境损害所带来的心理影响具有联动效应和累积效应，加上心理问题的隐藏性和潜伏性，所以环境社会工作者不仅需要关注受环境损害影响群体，也需要重视其家属心理问题的预防服务。

3. 为因环境灾害致贫人群提供服务

在环境损害发生后，因劳动能力不足和劳动场所缺失等，部分受害人群面临贫困风险。环境社会工作者可发挥专业能力，将扶贫与扶志、扶智相结合，将提供直接的物质救助与实现受助人员自助的就业帮助相结合，为因环境灾害致贫人群提供各种综合性服务。在应急期，环境社会工作者主要为因环境灾害致贫人群提供直接的、临时性的救援和帮助。对于因灾致贫人群，环境社会工作者可帮助他们联系民政救助体系和相关社会组织，使其能够获得临时性的基本生活物资以及以物质救助为主的扶贫项目资助。

为因环境灾害致贫人群提供就业服务是环境社会工作的另一项较为长期的任务，也是帮助弱势群体走出困境的关键。环境社会工作者可发挥资源链接优势，为相关人群提供多种脱贫路径。具体包括：链接企业资源，提供就业信息；链接政府资源，协助推动产业扶贫；链接社会资源，促进有关扶贫的专业社会组织与因环境灾害致贫人群实现对接，积极参与各类扶贫行动。实践中，环境社会工作者参与帮助因环境灾害而致贫人群和社区成立经济互助组织，培育社区共同脱贫的内生力量等活动，取得了一定成效。②

① 参见史柏年：《学校社会工作：从项目试点到制度建设——以四川希望学校社会工作实践为例》，《学海》2012 年第 1 期。

② 参见尚静、张和清：《贫困、环境退化与绿色减贫：一个华南村庄的社会工作实践案例研究》，《开放时代》2020 年第 6 期。

4. 积极参与调解环境事件引发的矛盾和冲突

严重的环境污染事件有时会引发社会冲突，并威胁社会稳定。相关研究从社会运动、政治过程等视角揭示专业社会工作者对预防和化解环境冲突的作用①，并支持社会组织和环境社会工作者作为第三方参与对环境冲突方的矛盾调解。

环境社会工作者可以帮助弱势群体进行适当的利益表达。鉴于权力及资源存在分配不均衡的现实，在环境冲突事件中弱势群体的话语权常常被压制，其利益诉求难以得到适时表达。相较于社会资源丰富的企业，普通民众显然处于弱势。当话语权受限且诉求表达渠道不畅时，普通民众容易产生相对剥夺感，进而引发环境冲突事件。环境社会工作者可以帮助普通民众梳理诉求、整合观点、树立自信，使其能够有效地表达利益诉求。

另外，社会工作者可以协助利益相关群体开展沟通与协调工作。在环境冲突事件中，环境社会工作者通过建立协同调解平台，运用专业调解技术（如同理心、澄清、对焦等），可以促进环境冲突相关群体实现有效的对话、谈判和沟通，促进冲突化解和共识达成。而且，环境社会组织以及环境社会工作者的第三方身份有助于其参与政府、企业与群众之间的沟通和协调，促进多方利益实现平衡以及环境冲突事件的最终解决。

三、环境社会工作以培育“生态自觉”为价值导向

环境社会工作不仅要关注和致力于解决环境问题及其所引发的社会问题，而且以从根本上预防环境问题发生为宗旨。要解决环境问题，从本质上讲就要以培育社会全员的“生态自觉”为基本导向，使社会成员不断增强环境保护意识，逐渐改变不良环境行为。本文以认知理论中“认知—行动论”的基本假设，框定环境社会工作者引导、改变人的环境行为的主要服务内容。

1. 培育大众的环境保护意识

随着国家对生态文明建设的重视，近年来环境保护议题得到了较为广泛的传播和认同。但由于环境议题涉及较复杂的专业知识，如臭氧层破坏、河流污染、生物多样性减少等全球性环境议题，因此，现实情况往往是人们的环境意识滞后于社会发展和生态文明建设的需要。而且，在有关环境议题的实践研究中，常常可以发现人们环境意识与自身环境行为相悖的情形。比如，对于随手扔垃圾，被调查者一般都会承认这是不恰当的，不利于环境保护，但回到现实生活中还是会以方便等理由继续以前的行为方式。鉴于生态文明建设已经融入社会的方方面面，如何对待生态环境已经成为现代人的重要价

① 参见赵鼎新：《社会与政治运动理论：框架与反思》，《学海》2006年第2期。

值命题。因此，倡导“生态自觉”，推动居民自觉自愿地履行环境保护的职责和义务，是环境社会工作的重要工作导向。

依据认知理论的干预原理，环境社会工作者对人们环境行为的干预应从改变个体认知的角度出发，通过学习、示范、宣传等不同形式的教育和培训来培育大众的环境意识，发展环境友好型行为。对于群体而言，可以优先干预儿童和青少年群体。① 就方式方法而言，可以强调“体验”和“引导”的工作技巧，即环境社会工作者以专业的方式带领人们分享环保知识，引导服务对象亲身参与环保行动。有学者认为，实践中还应调动地方社区的积极性，结合地方优势，运用社区既有人力、物力资源与特色经验发展在地行动。

2. 引导民众的绿色环保行为

根据行为学原理，奖励和惩罚是改变人们行为的两种最主要的方式。就探索制定环境友好行为的激励机制而言，环境社会工作者可作为环境激励方案的设计参与者和执行者，通过调研确定激励最优的力度区间，形成激励方案，指导相应的执行部门开展活动。奖励内容要依据不同行动主体的需求、偏好和实际状况而有所侧重，体现多元化的价值激励（包含经济利益、社会荣誉等）；制定激励方案不能单纯根据“经济理性人”的假定，而应从居民实际情况出发，从经济、社会、文化、精神等多个维度加以权衡。就探索建立环境破坏行为的惩罚机制而言，环境社会工作者可在充分调研的基础上，明确惩罚最具效力的强度范围，设计有效的实施方案，通过建议、倡导等方式，推动政府以及社区等组织探索建立符合其权力职责的惩罚机制，以规范个人的环境行为。环境社会工作者可充分发挥自身优势，在征求居民、社区、政府、企业等相关方的意见和建议后，积极搭建交流商谈平台，促进各方达成共识并建立制度。基于共识的环境规范机制，不仅可以保证规范手段的可执行性和有效性，也可以确保环境监管机制长效运行。

四、环境社会工作以推动各类组织绿色发展为路径

环境问题是一个复杂的系统工程，因此，环境社会工作既要关注微观层面的个体环境行为，也要重视中观层面和宏观层面各类组织的环境行为。社会组织、企业和基层政府是社会工作者经常面对的三类重要组织，也是环境社会工作在中、宏观层面开展实践研究的三条主要路径。

① See United Church of Christ. *Toxic Wastes and Race in the United States: A National Report on the Racial and Socioeconomic Characteristics of Communities Surrounding Hazardous Waste Sites*. United Church of Christ, 1987, pp. 43.

1. 推动环境社会组织发展

近年来，我国环境社会组织数量逐渐增加，并积极投身于各地的生态文明建设。但是，由于我国环境社会组织起步晚，所以不可避免地存在着许多发展短板，例如环境社会组织在登记、注册以及资源供给等方面受到限制，社会组织自身缺乏活力且对政府行政体制的依附性比较强。基于上述原因，有必要从以下两方面入手推动我国环境社会组织进一步发展。

一是规范环境社会组织的框架体系。我国环境社会组织面临着与其他社会组织相似的发展问题，即需要规范现有的组织框架体系，从法律制度、组织能力建设、人才架构等方面着手加强社会组织的组织建设。具体包括：尽快完善和落实有关环境社会组织的法律法规和地方性政策，并积极推动将法律规范转化为法律事实；在坚持政府支持和指导的基础上，着重培养环境社会组织的筹资能力、服务能力、管理能力和研究能力；积极推动环境社会组织与地方院校合作机制的构建和完善，重视培养环境社会工作方向的专业社会工作人才，并加强对已有环保工作人员的继续教育培训，鼓励其参加社会工作者资格考试，逐步形成环境社会工作领域的助理级、中级和高级人才梯队，努力保障与我国环保事业发展相匹配的专业环境社会工作的人才数量和质量。

二是建立多组织间的协同机制，促进学科与学科、组织与组织、组织与政府之间的交流沟通。鉴于环境社会组织的特殊性，需要加强跨专业合作机制建设，尤其需要重视自然科学与社会科学的合作机制建设；建立不同类型的社会组织之间的合作、转介机制，以更好地开发、整合社会资源和志愿者服务资源。同时，环境社会组织还需要与地方政府保持有效沟通渠道和合作方式，服务政府有关环境问题的政策决策和治理行动，促进相关工作有序开展。

2. 努力影响企业环境行为

“经济理性人”的假设认为，企业往往会追求利益最大化，也倾向于将污染处置成本转嫁到企业外部。但随着环境保护法规逐步完善，环境保护执法力度不断强化，一些地区将环境因素纳入地方行政体制考核，对于企业而言，环境污染的外部性问题也随之逐渐转为内部性问题。在此背景下，企业开始考虑长远的发展目标，并妥善考虑环境因素，被迫或主动地关注环境保护问题。这为环境社会工作影响企业环境行为提供了可能。当环境保护与企业发展具有较高的契合度时，环境社会工作者可以走进企业，运用社会工作的理念和方法开展与企业的合作，促进企业经营理念的改变、企业员工和周边社区居民生活福祉的提高以及企业环境污染行为的减少。具体而言，目前主要有两种影响方式。

一是通过三面宣传教育，提高企业的环境关切度。首先，企业的决策管理者作为社会中的一员，一般而言都具有一定的社会责任感。其次，企业与其所在的社区有紧密联系，二者相互影响，共同成就。当企业生产对所在社区造成环境负面效应时，就会受到一定的社区压力，这会让企业考虑其环境行为的社会影响。最后，为树立企业形象和提高产品市场知名度，部分企业致力于向绿色企业及公益性企业靠拢。在这样的契机下，环境社会工作者需要以企业社会责任为核心内容，通过进入企业开展环境宣传教育和公益项目等方式，培养企业及其管理层对人和环境的价值关注，实现经济效益与环境保护的双赢效应。

二是充分利用政府关于环境保护的政策压力，说服企业修正环境行为。近年来，我国环境保护政策愈发完善，环境治理力度也不断加大，甚至出现了环保事件“一票否决”的情况，这给企业运行带来了较大压力。实践证明，较之被动改善环境行为，污染企业在政府采取强制措施之前自发地进行产业升级、转化更有利于企业存续与发展。因此，环境社会工作者应加强与政府环境部门的合作，深入企业宣传、解读环境政策，鼓励企业加强生产无害化处理，进行产业升级，这对于保障企业、政府、民众乃至整个社会的共同利益都是十分有利的。

3. 积极参与政府环境治理

环境社会工作者应不断提升自身服务和参与政府政策决策及环境治理的能力和素养，将环境社会工作专业知识运用于我国生态文明建设事业。无论是社会组织中的环境社会工作者，还是在政府、事业单位中从事环境保护的社会工作专业毕业生，都应成为推动政府环保行为的重要实践者与推动者。具体而言，环境社会工作对政府环境治理的能动性主要体现在两个方面。

一是环境社会工作有助于促进政府在环保领域科学决策。政府决策是一个高度复杂的过程，对信息的处理以及决策者的行政技能、沟通技能和协同整合技能等都有较高要求。然而，现实中由于信息鸿沟的存在、政府透明性不足、快速反应的需要、政治方面的考虑，一些地方性政策往往很难做到完全以证据为基础，因此造成决策与实际情况的偏差。环境保护问题具有跨学科、跨领域的特点，决策时更需要信息的多样性和措施的专业性，因此，环境社会工作可积极服务和参与政府在环境领域的治理，推进循证决策。从信息到证据的转换不能完全依靠政府行政人员，还需要相关学科或领域的研究者深度介入，运用科学、专业的研究方法和工具对相关信息进行系统搜集、梳理和甄选。基于科学研究的证据可以大大提高决策质量，提高政府服务的有效性，减少公共资源浪费，使政府所选择的环境决策干预产生最佳效果。例如，某市在具有很大“社会试验”特点的垃圾分类治理过程中，前期曾因决策的证据基础不足而造成较大的无效公共支出。在该市垃圾分类方案初始规划阶段，决策者过于依赖技术手段，导致垃圾分类推行方案很难在基层展开和操作。由于垃圾分类关键性指标缺失、考核体系失效等问题频现，所以前期工作举步维艰。于是，政府有关部门聘请环境社会工作者探寻问题症结。环境社会工作者在检索相关项目文献证据基础上，深入社区，与基层工作人员、普通居民等行动主体进行充分沟通，了解具体情境，探讨问题解决的可行办法，并根据社区实践反馈，修正垃圾分类激励方案，取得了较好的垃圾分类工作成效。

二是环境社会工作有助于推动政府环境政策的有效实施。环境政策的有效实施往往与沟通机制的有效性密切关联，现实中因缺乏有效沟通而导致环境政策实施存在偏差的例子不在少数。中国各地情况复杂多样，环境政策有时与地方实际情况可能存在一定的偏差，如果再缺乏有效的自下而上的表达机制和沟通渠道，可能会使政策的有效性和权威性在落实中被消解。环境社会工作者可以利用传统社会工作的方法优势和环境社会工作的专业知识，促进基层政府与民众之间的沟通和理解，确保政策的上传下达，提高政策执行力。如某地要依据淡水湖生态保护区功能进行环境治理，为此要取缔沿湖大型养殖场，对此，部分养殖户基于自身经济考虑产生抵触情绪，不配合治理工作。在这样的情况下，环境社会工作者可以运用专业知识与技能，与村民建立良好的沟通关系，讲解养殖业与生态环境之间的互动关系，努力争取村民的理解和支持，做好政策实施过程中的“润滑剂”。

而且，环境社会工作的普及可以促进民众意见真实、全面地向上反馈。政策执行并非单一的自上而下的落实过程，自下而上的反馈机制对于提升政策执行力不可或缺。良好的自下而上的反馈机制有助于政策执行方式的调试和完善，增强政策实施效果。同时，完善的自下而上的反馈机制有利于汇集民众智慧，更有针对性地开展相关工作。

五、结语

在环境议题日显重要的大背景下，社会工作如何融入国家生态文明建设，已是一个紧迫的话题。本文通过对环境社会工作发展的梳理发现，无论从社会工作学科自身发展的需要而言，还是从我国生态文明建设实践的需要来看，加快推进环境社会工作发展都是十分必要的。

从社会工作学科发展来看，社会工作应在重大环境议题方面发出自己的声音，凸显自身的作用。当前，涉及环境议题的环境社会科学，如环境经济学、环境政治学、环境社会学等，都已得到一定程度的发展。尤其是与社会工作密切关联的环境社会学最近十余年在我国得到了显著的发展，很多高校开设了环境社会学课程，设置了环境社会学硕士生、博士生培养方向，学科研究成果对政府决策、民众环境认知与行为改变等都起到较好的正向促进作用。相比之下，环境社会工作只是零星地开展一些实务工作，对国家生态文明建设的关切还比较有限。

环境社会工作的发展既是现实的需要，也是环境社会工作学科自身发展的内在必然。环境社会工作的发展有助于更新传统社会工作的理念，拓展社会工作的研究领域。通过将生态环境作为实践的核心领域，环境社会工作将进一步完善传统社会工作的理论、实践和价值导向，进而推动社会工作学科的发展。基于国家环境保护和可持续发展的需要，大量有关环境的实务工作有待环境社会工作者去完成。因环境问题而产生的环境影响人群，特别是其中的弱势人群，需要环境社会工作者提供服务和帮助。借助于环境社会工作者的动员、干预，提高民众的环保意识和环保行动能力，是环境社会工作的重要方向。环保类社会组织既是一支推动生态文明建设的重要力量，也是环境社会工作实践开展的重要载体；与此同时，借助于环保类社会组织的专业特点和平台，还可以推动企业和政府的环境社会工作。

西方环境社会学的主要理论
——以环境问题社会成因的解释为中心*

肖晨阳　陈　涛**

摘　要： 理论对于学科发展和学术交流具有重要价值，对于快速发展中的中国环境社会学而言，其意义更加突出。学界对西方环境社会学理论开展了多维度梳理，但往往忽略了理论间的关联。围绕环境问题的机制解释维度，梳理西方环境社会学的主要理论，以突显理论间的逻辑脉络。与此相关的环境社会学理论，主要包括本体论层面的围绕环境问题本质之争的真实主义与建构主义，环境问题归因于解释层面的反思现代性理论、生态现代化理论、生态马克思主义理论以及规范行为解释。这些理论主张虽然不同甚至存在严重分歧，但在对理性化主导的现代化的反思以及扩大公众在决策过程中的参与方面，具有理论共识。

关键词： 环境社会学；真实主义；建构主义；反思现代性；生态现代化；生态马克思主义

一、导言

对于一个学科或研究领域来说，理论的作用主要体现在以下几个方面。第一，承载该领域的主要研究成果和共识；第二，标识该领域的主要研究方向和争议；第三，提供学术交流平台，并使该领域的知识生产和知识积累成为可能。因此，对于初入一个研究领域的研究者来说，熟悉该领域的主要理论是必须的。本文主要目的是为环境社会学的研究者理解和熟悉这一社会学分支学科的主要理论提供一个思路。

* 原文发表于《社会学评论》2020 年第 1 期。

** 作者简介：肖晨阳，美利坚大学社会学系副教授，中国人民大学社会学系兼职副教授。
陈涛，河海大学社会学系、环境与社会研究中心副教授。

基金项目：2018 年国家社科基金“机制创新背景下环境治理的地方实践研究”（项目编号：18BSH066）。

环境社会学是西方社会在20世纪70年代为响应公众高涨的环境保护意识和行为而生的社会学分支学科。20世纪90年代中后期以来，中国环境社会学实现了稳步发展。特别是，在2007年首届中国环境社会学国际学术研讨会后，中国环境社会学实现了快速发展。在学科发展、学术研究、学术交流以及人才培养过程中，西方环境社会学理论研究显得至关重要。洪大用（1999）对西方环境社会学理论做了整体性分析和素描，成为这一领域的奠基性文献。随着环境社会学的学科发展，学界对西方环境社会学理论展开了比较深入的梳理和分析，涉及环境社会学理论起源与发展（陈阿江，2015；陈涛，2011；程鹏立、钟军，2013；范叶超，2018；林兵，2007；秦华等，2019）、具体理论的阐释与分析（马国栋，2013；王芳，2006；赵万里、蔡萍，2009）以及环境社会学理论比较（卢春天，2017；卢春天、马溯川，2017）等。这些理论梳理具有重要价值，但理论梳理的系统性特别是理论间的内在关联分析依然不足。陈阿江（2017）主编的《环境社会学是什么——中外学者访谈录》通过对主要环境社会学家的深度访谈，以“人物传记”的形式，深刻地呈现了相关理论思潮产生的时代背景与社会环境，为研究者深入理解其理论内涵提供了重要基础。但是，囿于对具体环境社会学家的访谈，该书也没有勾勒理论之间的逻辑脉络。

在梳理和阐释一个学科领域的主要理论时，通常的做法是逐一介绍主要的人物和理论。这一做法有明显的好处和用意：全面介绍，方便参考。但是，这难免会在无意中忽视理论间的联系，从而造成各个理论之间是相互独立的印象。这对初入领域的研究者会有误导的可能。美国环境社会学家Luiz Barbosa在《环境社会学二十讲》一书的第二章采取了一种更有启发性的梳理方法。Barbosa把环境社会学主要理论按照核心理论逻辑分为新马克思主义理论和新自由主义现代化理论两大类。受其启发，本文采取聚焦环境问题理论解释的梳理策略，注重勾勒各个理论对共同议题的回答，尝试由此来突显理论间的逻辑脉络，以方便理解环境社会学相关理论的来龙去脉。

洪大用（1999，2001）把环境社会学定义为研究环境问题之社会原因、社会影响和社会反应的一门分支学科。这一界定指出了环境社会学的三大研究议题。限于篇幅，本文主要围绕环境问题之社会原因①这一主要议题梳理西方环境社会学的主要理论，并据此呈现理论间的逻辑脉络。

二、环境问题的本体论争议

环境问题在环境社会学中具有鲜明的双重属性，即生态学意义上的生物物理属性和

① 这里的社会原因是泛指，包括政治、经济、文化等社会的各个方面，与它相对应的是生物物理或自然的原因。

社会学意义上的社会文化属性。对这两个属性强调侧重点的不同，以及两者间关系的不同看法形成了两个有着深刻分歧的理论阵营，即真实主义（realism）和建构主义（constructivism）。这一分歧深刻影响了环境社会学界对环境问题成因和有效应对的研究，在一定程度上可以看作是环境社会学重要理论的共同背景。

首先需要澄清，真实主义和建构主义本身并不直接指称具体的环境社会学理论，而是属于更抽象的哲学范畴。真实主义在本体论上坚持认为有客观的外在于人类观察者的现实存在，因此有时也被称为客观主义（objectivism）。这种本体论上的先验性论述也是科学及其实证主义范式的哲学基石。伴随这一本体论的先验论述是认识论上的可知论，即客观的外在现实是可以通过系统的考察而被人类逐步认知。建构主义可以看作是真实主义在本体论上的反面，即不认为有客观的外在现实，任何现实都不能外在于人们的解读，主客观无法清楚分割。这同样是一种先验性论述，它源自现象学注重解读的哲学传统。在认识论上，建构主义不认为有现实的终极解读，也就谈不上逐步认知，带有不可知论色彩。当然，这里对真实主义和建构主义哲学根源的概述只是概括了两个极端，学界中的实际应用往往是两者在某种程度上的混合，比如在本体论上坚持真实主义，而在认识论上持建构主义（Rosa，1998）。本文主旨不是探究二者所涉及的哲学问题，而是关注它们在环境社会学中的体现，核心在于如何看待环境问题的两种属性。

环境社会学中的真实主义（环境真实主义）强调环境问题的生物物理属性以及将此属性直接纳入社会学考察的必要性。这一强调有其深刻的理论缘由和学科背景，其基本着眼点在于凸显生态环境的有限性。40多年前，卡顿和邓拉普基于自然科学学科的研究，特别是生态学对全球生态系统危机的研究发现，警告我们社会生产的无限增长可能带来的突破地球生态承载量的危害。这一警告深刻影响了环境社会学的发展（Catton and Dunlap，1978）。邓拉普在部分与卡顿合作、部分独自发表的一系列文章（Catton and Dunlap，1978；Dunlap and Catton，1979；Dunlap，1979；Dunlap，1980）中指出，社会学的学科主体秉承他们称之为“人类例外主义范式”（human exceptionalism paradigm，简称HEP）的世界观，其要义包括人类因为有文化而有别于其他生物物种，文化的演化速度远超生物特性的演化并且没有边际，人与人之间的不同主要是社会生成的，文化演进意味着进步无极限，所有社会问题因此终将得到解决。这一世界观，配合迪尔凯姆的社会现象必须由社会事实来解释的经典论断，导致了社会学对正在发生的严重生态危机的无视，以及对人类社会依赖生态系统这一事实的无视。为了有效应对生态危机，社会学必须扬弃迪尔凯姆的经典论断，正视人类社会与生态环境的互动。而这就需要有世界观的根本变革，从人类例外主义范式向“新生态范式”（new ecological paradigm，简称 NEP[①]）转变。

新生态范式的要义包括认为人类是众多相互依存的生物物种中的一员，生态环境深刻影响社会生活并且导致人类行为的意外后果，世界是有限的，因此经济增长和社会进步存在生物物理极限。邓拉普与卡顿由此认为，环境社会学必须考察生物物理环境与人类社会相互的直接影响，而不仅仅是环境议题的社会学（sociology of environmental issues），只把环境看作是一种外在因素（Dunlap and Catton，1979）。真实主义由此成为美国环境社会学主要理论的基石，这事实上延续了美国社会学的实证主义传统。其代表人物除了邓拉普与卡顿，还包括施耐伯格（Allan Schnaiberg）、罗莎（Eugene Rosa）和迪茨（Thomas Dietz）等人。

如上所述，环境真实主义直接批判的是人类例外主义宣扬的无限增长的可能。Dunlap（1980）认为主要原因是 20 世纪 70 年代之前，西方社会经历了史无前例的生产大发展，整个社会对无限进步充满信心，认为无限增长可以解决所有社会和生态问题。这种对无限增长的迷恋和追求正是眼下通行全球的新自由主义（neoliberalism）思想的主要观点之一。就环境问题之社会原因而言，环境真实主义的基本观点是，资本主义经济政治背景下无节制的快速经济增长是环境问题的源头。正因为生态环境的有限性，环境真实主义质疑经济增长的可持续性，同时强调环境问题的紧迫性和严重性。

建构主义强调环境问题的社会文化属性，重视环境问题的区域和文化差异性以及伴随的相冲突的各方利益。环境社会学中的建构主义（环境建构主义）秉承的是主流社会学中的社会建构论传统，认为环境问题如同其他社会问题一样都是经由社会建构的，主要不是基于科学证据，而是代表各利益相关者的社会力量之间博弈的结果。环境建构主义的另外一个重要理论渊源是社会学中的文化理论（Rosa，1998），其基本要义是认为环境问题之所以成为问题，是社会集体认定其有危害的结果。因此，环境问题主要是文化现象（一种文化中的认定过程——问题化），而不是简单的生物物理现象。需要说明的是，环境建构主义并不一定走向否定环境问题的生物物理属性的极端。事实上，Burningham 和 Cooper（1999）就认为有极端建构主义和温和建构主义的区别，而在实际的经验研究中大多数建构主义研究者都不走极端。也就是说，他们一般不在本体论上挑战环境问题的客观存在。比如，对包括全球气候变化这样的问题，建构主义并没有持怀疑态度，其侧重点在于分析人们确信全球环境变化背后的社会因素（Buttel et al.，1990）。在 Burningham 和 Cooper（1999）看来，环境建构主义与真实主义之争主要落在

① 必须说明的是，邓拉普与其合作者最早在 1978 年提出 NEP 这个名词时指的是 New Enviromental Paradigm。邓拉普等人在 2000 年将这一概念修改为 New Ecological Paradigm，仍然缩写为 NEP（Dunlap et al.，2000）。虽然本文所引用的邓拉普等人的早期文献所用的是 New Environmental Paradigm，为保持与目前文献一致，我们一律采用“新生态范式”这一翻译。

两个问题上。一是自然的或非社会的现象是否能够在社会中拥有因果效力。环境建构主义坚持认为与环境或生态相关的社会问题，其主要影响因素在于社会现实的建构方式和过程，而不必然是客观物理环境的变化造成的。二是对这些非社会的现象是否有可能做出客观的陈述。环境建构主义关注有关非社会现象的各种陈述的生成过程。由此，它把客观陈述看作是许多可能陈述的一种，并对其产生原因和过程进行分析，质疑其声称的科学客观性。

一般而言，环境建构主义虽然不否定环境问题的客观存在，但是并不注重分析环境问题的生物物理变化对人类社会的直接影响，而是关注社会对这些变化的陈述及其形成过程。环境建构主义也不太关注人类社会对生态环境的直接影响，因此也不会加入有关生态问题是否严重或急迫的争议。环境建构主义在美国广受批评，但在其他地区，特别是欧洲，颇有影响力。主要代表人物有巴特尔（Frederick Buttel）、汉尼根（John Hannigan）和耶利（Steven Yearley）等人。特别是，汉尼根因为从建构主义视角写作了《环境社会学》这本教材，几乎成为环境建构主义的代名词（Hannigan，2006）。具体到环境问题之社会原因而言，环境建构主义并不认为资本主义必然是环境问题的源头，强调环境问题成因的复杂性，拒绝各种形式的还原论。同时，建构主义质疑科学的确定性。它认为真实主义过于倚重科学判断，从而有可能夸大环境问题的严重性和迫切性，并因此合理化了自上而下的国家强制性措施。这种国家主导的环境治理模式可能导致专家意见占据压倒性地位，从而形成对民众自下而上的意见表达和决策参与的阻碍，进而危及环境决策的民主化。它还认为，忽视环境问题的区域和文化差异会带来对第三世界国家的不公平对待与环境保护成本和后果的不平等分配，而这会危及为解决环境问题而形成的全球合作。

整体上看，环境真实主义对建构主义的批评主要集中在以下几个方面。首先，建构主义在否定环境问题的严重性和迫切性方面存在矫枉过正的可能。环境真实主义认为，科学的不确定性并不必然导向夸大环境问题的严重性和迫切性，也有可能是低估。其次，低估环境问题的严重性和迫切性会造成因未能及时应对而导致的巨大成本。最后，强调文化地域差异，可能导致忽视政治经济因素的巨大影响。具体来说，政治经济因素中包含了已有的不平等的权力关系，占据统治地位的群体会在社会文化层面形成优势地位，从而主导环境问题的社会建构，使之形成有利于该群体的解读。在这种情况下，即使自下而上的决策过程也无法保证环境决策的民主化。

真实主义与建构主义之间有深刻的分歧。但是部分人士（Rosa and Dietz，1998）认为存在缩小分歧与增进合作的可能性，其路径主要包括以下几个方面。一是建构主义把科学当作一个社会制度，关注其所受到的社会文化、经济和政治的影响，从而质疑科学结论的客观性。这种质疑不等于否定科学结论的有效性，它可以帮助真实主义有效规避滑入生物物理还原论的风险，重视环境问题同时拥有的社会文化属性，从而能够更有效地反驳环境怀疑论，即认为环境问题仅仅是一种社会建构并片面强调其文化属性。同时，达成对科学的全面认识也可促使其更好地发挥功能。二是真实主义对资本主义政治经济系统的重视，可以帮助建构主义注意环境问题建构的社会经济政治背景。而建构主义也能够揭示资本主义逐利本性对社会政治和文化的渗透。三是它们都有对社会和环境不平等的关注以及对环境政策决策过程的民主化的坚持。建构主义能够揭示环境政策推行中的社会文化和政治障碍，而真实主义所倡导的对资本主义经济政治结构的根本性变革则需要有广泛的社会同盟，这种同盟要求有效应对各种不平等以及广泛的社会动员。

综上所述，真实主义与建构主义的直接分歧体现在如何看待环境问题的生物物理属性。两者都不否认环境问题的生物物理属性，但是，真实主义倾向于采纳科学的研究结论，而建构主义则质疑科学的确定性。对于环境问题之本质的不同认识，导向了二者对其社会原因的不同认定。

三、环境问题产生机制的理论解释

（一）反思现代性理论

建构主义对科学确定性的质疑源自西方学术界对西方社会现代化进程的反思，体现在贝克和吉登斯的二次现代性和晚期现代性概念（Beck，1992；吉登斯，2000；吉登斯，2016），或统称为反思现代性。必须说明的是，对西方社会现代化进程的反思是个非常宏大，历史悠久，而且仍在进行之中的讨论议题。在一定意义上，现代社会学的诞生都可以看作是这一进程的产物。本文无意也不可能对这一进程进行详细的描述，仅仅围绕环境问题的社会原因这一议题做相关阐释。

对吉登斯（2000：40-46）来说，现有的全球化之实质是现代化的延续（而不是后现代化），是西方社会的政治文化价值体系向全球的持续扩散。这一现代化进程以韦伯意义上的理性化趋势为主要内容。理性化描绘的是西方社会的宏观上的长期趋势，在其中，传统价值体系和意识形态逐渐被替换成以科学和实用主义为主要内容的价值体系。这种理性化的价值体系强调效率，即如何用最少的时间完成从起点到目标的过程，在效率观念里的是对可计算性、可预测性和可控制性的强调（Barbosa，1992）。这一理性化过程不仅体现在价值体系的变化，同时也体现在社会制度安排上，即社会关系的正式组织化。美国社会学家乔治·里茨尔的社会麦当劳化理论对此作了很好的注释。起源于美国的著名快餐连锁店麦当劳，其管理方式以高效率、可计算性、标准化以及自动化控制为主要特点。他认为，当代社会出现了整体社会的麦当劳化，即使是不以营利为目的的机构也以麦当劳的管理原则和逻辑进行了再组，对数量的追求弱化了对质量的重视（里茨尔，1999）。这一进程体现出一种标准化和同质化的过程，也是一个价值观多样性的降低过程。

贝克和吉登斯都认为，以理性化为内涵的现代化给人类社会带来了巨大的危机和风险。其中，近期以全球化的生态风险（例如全球气候变化）最为显著（Barbosa，1992）。在实践层面上，已有的社会制度安排、政治经济文化以及科学等，是现代化进程的主要推手。吉登斯认为，对包括生态风险在内的各种危机的反思导致了社会对现有社会制度的不信任。这里可以把吉登斯的时空伸延（time-space distanciation）或者称之为远距化（distanciation）和脱域（disembedding）概念作为具体例证。这两个概念出自吉登斯（2000：1-25）关于晚期现代性的时间与空间的讨论。远距化指的是现代通信和计算机技术的大规模应用使得与不在现场的人们联系成为可能，也就是社会关系的远距化。这种远距化的直接后果是人们的社会关系从原有在地的传统关系网络中脱离出来——是为脱域。远距化的社会关系的维持，需要高度依赖对陌生的无法掌控的专家（比如互联网专家）系统的信任。社会关系的脱域同时带来的是人们在认知上从在地生态环境中的脱嵌，但又没有在生物物理意义上的脱嵌。这种认知与现实的不连续的直接后果就是人们的现实生活与在地生态环境形成了割裂，社会的日常运行不考虑可能的生态影响，而全球化的商品流动进一步淡化了对在地生态环境的依赖的认知。这是生态问题产生的一个重要原因。

贝克（Beck，1992）的风险社会理论同样体现了反思现代性。他仔细考察了现代社会风险，将之定义为人类社会为应对现代化产生的不确定性而创造的系统性方法。这种系统的风险应对方法体现了理性化原则。理性化的现代社会制度安排和运作带来了大量人为制造的不确定性。一个著名例子就是利用核能发电。现代社会运作需要大量的能源，这使得即便是有高风险的核电都进入了决策考虑的选项中。在理性化原则主导下，应对类似核电带来的不确定性的主要方式是基于概率和科学给出的研究成果计算成本收益，风险就成了一个个概率，可以通过比较进行权衡。其后果就是现代社会越来越习惯于接受带有风险的决策，也就不得不面对越来越多的风险。现代人为创造的风险极为复杂——比如核能发电和生物基因工程这样的技术风险。这揭示了现代社会的困局——应对风险，我们对专家系统（科学）无比依赖；同时，因为专家系统直接催生了风险，让我们又不再信任他们。因此，贝克和吉登斯一样，认为现代社会进入了一个不停地反思现有制度安排和运作的阶段。现代性往往意味着传统社会意义的丧失，后者也无法就如何应对现代风险提供指引，这就需要建构新的社会意义来填补空白，这也是反思的目的。

需要说明的是，虽然生态环境问题与风险在反思现代性理论中占有重要地位，但是，反思现代性理论的核心目标并不是解释环境问题，而是解释社会变迁—现代化进程的。因此，它不是严格意义上的环境社会学理论，但为社会学理解环境问题提供了理论启发。如果聚焦环境问题的社会原因，反思现代性理论的解释就是环境问题是理性化的现代社会制度安排和运作的结果。具体而言，就是理性化原则对效率的极致追求超过了对生态环境风险的担忧；现代化进程对环境的破坏性影响让位于其他被看作是现代化带来的积极后果，比如说经济发展。既然这样，那么环境问题的解决途径就落在了对现代化进程的反思和调整上了。这在逻辑上引出了生态现代化理论。

（二）生态现代化理论

生态现代化理论不仅是应对环境问题或曰关于环境问题解决方案的理论，同样涉及环境问题的归因解释。生态现代化理论的源头来自约瑟夫·胡伯、马丁·耶内克、亚瑟·摩尔和格特·斯帕加伦等欧洲学者的论述（Huber，2000；Jänicke，2008；Mol，1996，2006；Mol and Sonnenfeld，2000；Spaargaren，2003；Spaargaren and Mol，1992）。如上所述，生态现代化理论受反思现代性理论的影响颇深，认为环境问题的发生是人类在现代化进程中对生态环境风险的忽视造成的。那么解决方案就是对现代化进行调整。具体来说，就是发挥我们拥有的关于自然环境的知识，发展和应用环境友好的工业生产技术对现有的生产过程进行技术改造，即“超工业化”。

这一超工业化过程仰赖持续地反思和调整现有的生产过程，要求把环境保护纳入生产过程。反思现代性理论逻辑，对生态环境风险的忽视源自理性化原则对效率的追求。换言之，考虑这种风险会降低生产效率。因此，超工业化必然不可能在工业生产内部自发地实现。对此，生态现代化理论（特别是强生态现代化）给出的解决方案是，通过强有力的政府主导的环境保护政策以使超工业化变得有利可图（Christoff，1996）。与此同时，生态现代化理论强调调动市场力量，认为不可过度依赖政府的政策规划而形成过度干预。当超工业化可以带来收益时，市场的调节功能配合企业的营利动机，可推动经济部门的生态现代化改造。此外，因为政府政策制定与推行涉及资源与环保责任的分配和其中政治力量的博弈，生态现代化理论强调在决策过程中需要更多的公众参与以及对社会不平等的关注和纠正，以此来提升公众的政治博弈和参政议政的能力，达到决策过程中的各方力量平衡，而这有助于环境政策的制定与推行。

生态现代化理论的主要逻辑不仅受到反思现代性理论的影响，还与环境建构主义颇有渊源。首先，生态现代化理论虽然承认环境问题的危害，但将产生原因归结于以资本主义自由市场经济为主的社会制度的运行忽视了生态环境。换言之，这是一个失误，可以通过技术改造和制度调适解决，而不是同环境真实主义所强调的那样，它是一个结构性矛盾，是资本主义无限增长突破生态环境的极限所致。其次，生态现代化理论虽然强调政府环境政策的重要性，但其作用前提是市场机制的运行无碍。这种对市场力量的倚重通常被看作是对政府自上而下的干预的警惕以及对自下而上的公共参与的重视，而这与环境建构主义的主张一致。综合来说，它与环境建构主义一样，不认为资本主义制度是环境问题发生的主因。相反，资本主义经济制度被认为是比政府主导的制度安排更有效率，是值得倚重的重要力量。

生态现代化理论对资本主义经济制度优越性的倚重，受到新自由主义理论影响。新自由主义理论是现代化理论的核心组成部分，追溯思想根源，其核心要点起源于亚当·斯密的“看不见的手”学说，强调自由竞争、自由市场、自由贸易和弱政府干预。对于政府干预，生态现代化理论内部存在争议。早期的生态现代化理论只强调生产技术革新和市场的调节力量，被称为弱生态现代化。后期的生态现代化理论加入了对政府主导的环境保护政策的重视以及对市场的生态转型的探讨，是强生态现代化（Christoff，1996）。

可见，在资本主义经济制度以及政治文化等社会制度是否具有足够的灵活性和适应能力，从而能够进行生态友好的再次现代化这一问题上，生态现代化理论以及对之有理论影响的环境建构主义和新自由主义，与环境真实主义等理论有深刻的分歧。与此理论争锋阵营相关联，以新马克思主义为基础的生态马克思主义理论，旗帜鲜明地对这个问题做了否定回答。

（三）生态马克思主义理论

生态马克思主义，顾名思义，借鉴了马克思主义关于资本主义经济系统的考察探究环境问题的产生机制。其基本观点是资本主义经济系统的健康运行依靠资本主义生产的持续扩张，以及为保证这一扩张而发展出来的政治文化等社会制度安排。而资本主义生产之持续扩张即资本主义的增长本性，带来了对自然资源的无节制索取和生产生活废弃物的无节制排放，这是现代环境问题的根源。生态马克思主义理论是个理论流派，主要包括代谢断裂/生态断裂、资本主义第二矛盾、生产的跑步机理论以及世界体系理论。

福斯特（Foster，1999；福斯特，2006）的生态断裂理论源自马克思的代谢断裂这一经典概念。资本主义生产以工业化的大规模生产为主要特点。这种工业化生产催生了现代工业城市。随着工业化生产规模的扩大，现代社会的城市化日益扩大，带来大量人口集中在城市地区。其直接后果就是农产品在农村产出后被输送到城市，消费后形成的废弃物进入垃圾填埋场。在此过程中，土壤有机养分未能循环返回，导致了土壤退化。为保持农业产量，就必须使用人工合成的化肥，这就造成了农业面源污染。工业生产的持续扩大，带来了对生态系统中的物质和能源的大量提取，而生产及消费造成的大量废弃物又是生态系统难以收纳的异质物，这导致了各种生态循环（土壤养分、水、能源等）被打破。一个突出的例证就是碳循环出现问题。大规模工业生产排放了大量以碳为基准物的各种温室气体，远超生态系统循环所能容纳的量级，从而造成温室气体在大气中的聚集，带来全球气候变化。这就是生态断裂导致了环境问题。

奥康纳（O'Connor，1988；奥康纳，2003）关于资本主义第二内在矛盾的理论源头是马克思关于资本主义经济系统的第一内在矛盾的论断。基于劳动创造价值和剩余价值理论，马克思指出资本主义经济运行中的一个内在矛盾是资本家对工人剩余价值的剥削带来购买力的下降，从而打断市场中产品向利润的转变，进而导致整个经济运行的危机。这一危机也叫作生产过剩危机，反映了生产力与生产关系的矛盾。奥康纳的第二矛盾聚焦在资本主义生产所需的外部条件上，即外部自然物理条件，包括劳工的劳动能力或个人生产条件和社会生产的公共条件（比如通信交通网络）。其中，各条件由于其非私有的特性而得不到足够的投入，相反会遭受过度使用而被破坏（公地悲剧），从而导致生产的中断和不足，这同样会走向经济危机。这是生产不足的危机。根据彭学农的梳理，第二矛盾以生产关系（生产力）和生产条件间的矛盾为出发点，主要包括以下议题：资本、国家与市民社会的利害争夺会破坏生态条件；生态危机与经济危机相互交织，后者会诱发生态危机；不平衡的发展会导致各种生态灾害；对技术的使用导致生态遭受日趋严重的损害（彭学农，2007）。整体而言，第二矛盾理论主要试图阐释资本主义经济危机的第二种途径，内含了对环境问题的解释。外部自然物理条件作为生产条件之一，在资本主义生产的持续推进中陷入使用过度而维护投入不足困境。比如，我国大面积霾问题主要是工业排放造成的。当工业排放到达一定程度后，空气质量的显著下降带来环境问题。而环境问题反过来会对工业生产形成限制。

艾伦·施耐伯格的生产的跑步机理论，其核心论述围绕劳动生产率的增长展开。生产率是指单位劳动力的产出。施耐伯格及其研究团队（Schnaiberg，1980；Schnaiberg and Gould，1994；Gould et al.，2008）指出，资本主义经济生产总是追求更高的利润率，这在操作层面上表现为对更高生产率的持续追求。更高的生产率能够带来更高的边际利润（单位产品的销售额－成本）和利润比（总销售额/总成本）。由于资本竞争的存在，维持和提高利润率成为必需，扩大生产也成为必然。生产率的增长可以从如下角度来实现。其一是从劳动力出发，就是增加劳动强度，减少人力，或两者并行。其二是从原材料出发，通过科学技术的应用增进生产效率。在科技进步过程中，对人力的依赖持续降低。故而，为了维持甚至扩大就业面，必须扩大生产。因此，无论是资本家还是劳工，都追求扩大生产。生产率增长有严重的环境后果。首先，作为原材料的物资投入增大。科技应用带来的效率提高并没有使物资投入的绝对数量下降，反而会因为单位物资的价格下降而导致绝对使用数量上升（即杰文斯悖论）。其次，现代科技的应用主要体现在化石能源和人工合成物质（如化肥）的使用，带来大规模的污染。最后，是工业规模的增大带来了作为废料的垃圾量增大以及消费后的生活垃圾量增大。

伊曼纽尔·沃勒斯坦的世界体系理论为上述理论增加了全球化视角。世界体系理论本身不是专注环境问题的理论，而是关注发展原因的解释，其用意在于反驳新自由主义发展理论，特别是现代化理论对欠发达国家和地区经济落后的解释（Wallerstein，1974）。现代化理论认为欠发达国家和地区经济落后的主要原因是缺乏现代化的科学和社会知识，也没有发展自由市场资本主义必需的政治制度和文化精神（Barbosa，1992）。世界体系理论则认为，欠发达国家和地区经济落后的主要原因是欧洲国家的全球殖民史以及前者对后者所形成的不平等的依附关系结构。全球殖民的后果是资本主义全球分工系统的形成，欧美等地区的主要发达国家形成了核心国家，欠发达的是边缘国家。核心国家控制了边缘国家的经济体系，使之成为资源产出地和商品倾销地。世界体系理论在发展过程中不断完善，后来在核心国家与边缘国家中增加了半边缘国家这一圈层。将世界体系理论与生态马克思主义理论相结合，产生了环境问题的全球视角。发达国家对其他国家的资源掠夺和商品倾销，一方面加重了当地的生态断裂（比如，巴西的去森林化就是因为木材对发达国家的大量出口造成的），另一方面倾倒了大量本不属于当地的各种垃圾废弃物（比如，菲律宾进口的电子垃圾）。同时，通过产业输出，发达国家向其他国家和地区转移了生产过程中产生的污染（比如，东南亚的重污染纺织加工产业）。由此，一国内部的环境问题就不光有其自身的内在原因，还有全球化的外部原因。因此，世界体系理论是全球性环境问题（比如气候变化）以及环境问题的全球化的重要理论视角。另外，值得一提的是，世界体系理论还对生态现代化理论的经验基础提出了尖锐的批评。生态现代化理论大多基于西方，特别是北欧发达国家经济与环境共赢的经验观察得出。世界体系理论则认为发达国家主要是通过转移高污染产业和进口自然资源实现本国经济与环境共赢的，而这在全球化背景下并没有切实减少对生态环境的破坏。

综上，生态马克思主义理论的主要论点在于指出资本主义经济的增长本性是全球环境问题的根源。这与生态现代化和建构主义的论点针锋相对。当然，生态马克思主义理论也遭到了不少批评。除了不同理论之间的论争，主要在于其视野过于宏观，特别是世界体系理论。过于宏观的理论视野容易强调结构对个体的制约而忽视个体的主观能动性。同时，生态马克思主义理论也被批评为过于重视经济因素的决定作用而忽视文化价值观等其他社会因素的影响。这就引出了微观层面的研究。

（四）规范行为解释

在微观层面，环境社会学有大量的经验研究。具体到环境问题的产生，就是这些研究大体上具有共同的研究逻辑，即环境问题是众多个体的环境不友好行为的结果。而环境行为（友好或不友好）受多方面的因素影响，包括价值观、世界观、信念和个人社会位置（社会经济地位等）。个体的价值观、世界观和信念等深受社会主流价值观和世界观的影响，由此，我们将这一理论逻辑称为规范行为解释。其中，价值信念规范理论和后物质主义理论最负盛名。

迪茨团队（Dietz et al.，1999）提出的价值信念规范（value-belief-norm，VBN）理论借鉴了心理学中的计划行为理论（the theory of planned behavior）和规范激活理论（norm activationttheory），认为个人的环境行为受因果关系链的影响。这个因果关系链从基础价值观开始，到环境世界观（比如新生态范式），再到环境后果认知和环境责任归属等信念，进而到个体的行为规范，最后到实际的环境行为。具体来说，价值信念规范理论认为，与利己主义相比，利他主义和包容性价值观能够增进对新生态范式等环境友好的世界观的培养和接纳，而环境友好的世界观又会促使个体认识环境问题的危害和接受环境改善的个人责任，这会导致环境友好的个人行为规范的养成，从而推动个体进行亲环境行为。反过来，利己主义和排他性价值观会导致环境意识的缺位以及环境有害行为，最终导致环境问题。价值信念规范理论在西方环境社会学的微观经验研究中有大量的应用和验证，当然主要的研究对象是环境意识与环境行为。

英格尔哈特的后物质主义理论借鉴了马斯洛的需求层次理论和社会学的代际理论，认为由于西方社会经济大发展，第二次世界大战之后几代人的物质需求得到满足，从而开始更多地关注非物质层面的需求，对健康的自然环境的要求便是其中之一。他认为，这种后物质主义价值观的形成是20世纪60—70年代规模宏大的新社会运动的主要原因，其中包括环境运动，这对社会大众的亲环境意识和行为产生了深刻促进作用。该理论的主要逻辑在于认为个人的环境意识和行为是社会普遍富裕后基本价值观念发生了根本改变的结果（Inglehart，1990；英格尔哈特，2013）。这一论述遭到了诸多学者的反驳，经验研究发现亲环境意识和行为并不局限于富裕人群或国家，发展中国家的环境意识同样高涨（Dunlap and York，2008）。于是，英格尔哈特对后物质主义理论做了一定修正，同时考虑主观价值与客观环境经历对环境意识和行为的影响（Inglehart，1995）。经验研究大多发现后物质主义价值观或富裕程度的解释力或者不显著，或者偏弱。尽管如此，后物质主义理论因为与主流社会学的代际理论的结合以及对社会运动的关注，其影响力保持了下来。

上述理论的共同点是对价值观和意识或信念的重视。这里有明显的符号互动论的影响。符号互动论的基本要义认为社会中人们时时刻刻在互动中形成各种社会意义并建构社会现实。具体到人与自然的关系上，现代社会中建构的现实是人与自然的分离以及人类对自然的支配关系。卡顿和邓拉普把这种人与自然的关系称为人类例外主义范式，并认为这种人类例外主义是环境问题发生的重要原因。人类例外主义作为主流社会范式对个体的价值观和意识有很强的规范作用。因此，卡顿和邓拉普认为有必要改造主流社会范式，促成其从人类例外主义向新生态范式转变（Catton and Dunlap，1978）。

环境问题的规范行为解释，也面临着学术批评和反思。一是规范行为解释具有唯心论嫌疑。意识—行为的因果关系解释，较少关注行为的其他影响因素（比如环境危害直接经历等）。同时，社会规范本身也会受到其他社会因素（比如社会权力关系结构）影响，而这同样是社会建构的，所以不能机械地看待意识—行为关系。二是意识—行为关系假说在一定意义上隐含有信息匮乏假说，即认为亲环境行为的缺失是由于环境知识和信息的缺少造成的。信息匮乏假说虽然有一定的经验研究支持，但是信息对意识和行为的影响比较复杂，有学者（Xiao，2013）认为信息对行为的影响存在，但其影响在逻辑上既不是充分的，也不是必要的。三是认为个人微观视角较少关注规范形成中的结构因素，对群体层次的变化缺少解释力。这需要与宏观的视角进行结合来解决。

四、结论

本文梳理和阐释了西方环境社会学有关环境问题之社会原因的主要理论，致力于揭示不同的、有着深刻分歧的理论之间的联结。我们可以在两个维度看到各个理论之间的联结。一是对理性化主导的现代化的反思角度，借用贝克和吉登斯的概念，就是反思现代性。在建构主义、生态现代化以及风险社会理论中，反思现代性的影响是不言而喻的。在真实主义和生态马克思主义理论中，可以把对资本主义增长本性的关注和批判看作反思现代性的一个具体表现。这是因为资本主义经济系统对增长的极致追求，同样是理性化趋势的表现，社会进步在理性化的过程中被简约成国内生产总值的上升。在微观层面上，对主流社会范式的批判同样是反思现代性的体现，代表着对现有社会文化制度安排的不信任。二是扩大公众在社会决策过程中的参与是各个理论的共识。这与各理论都可视为反思现代性的不同表现是相关的。生态现代化理论反思自由资本主义经济制度对生态环境的忽视，进而强调政府环境政策的重要性，这导出了公众参与环境政策决策过程的必要性。而生态马克思主义理论则呼吁对资本主义政治经济制度进行结构性改革。当代生态马克思主义理论由此强调在更广泛意义上（不仅仅是环境政策意义上）的公众参与，以期对资本财团的政治经济主导地位形成制衡。在微观层面上对社会主流范式反思带来的就是移风易俗的需要，这正是环境运动的主要目标。具体到个体行为上，公众在公共政策的决策过程中针对生态环境问题的发声和参与是现代环境运动（特别是环境公正运动）的重要组成部分。

简而言之，环境社会学理论反映了人们针对生态环境问题的社会起源，以及对当代人类社会在文化政治经济等各个侧面所进行的不同程度（抽象与具体）和不同层面（宏观与微观）的思考。由于我们面临的生态环境问题极其复杂，就需要有多样化的理论解释。这提醒我们在考察这些理论时不能简单地判断正确与谬误，而要充分注意各个理论在解释层次、角度和对象上的差异性和互补性。本文在阐述各个理论之间的争议的同时试图呈现不同理论之间的联结，正是出于这一方面的考虑。

最后要说明的是，本文涉及的理论没有也不可能涵盖全部理论。比如，本文没有讨论有关人口规模的理论争议，包括新马尔萨斯主义理论（neo-malthusianism）和 IPAT 模型等。这主要是因为环境社会学关于人口讨论的主要论点要义是，自然与社会资源的不平等分配是造成人口增长和环境问题的共因。如此，这方面论述可以归入生态马克思主义范畴。我们也需要说明，本文不可避免地具有个人解读特点。

参考文献

安东尼·吉登斯，2000，《现代性的后果》，田禾译，南京：译林出版社。

安东尼·吉登斯，2016，《现代性与自我认同，晚期现代中的自我与社会》，夏璐译，北京：中国人民大学出版社。

陈阿江，2015，《环境社会学的由来与发展》，《河海大学学报（哲学社会科学版）》第 5 期。

陈阿江，2017，《环境社会学是什么——中外学者访谈录》，北京：中国社会科学出版社。

陈涛，2011，《美国环境社会学最新研究进展》，《河海大学学报（哲学社会科学版）》第 4 期。

程鹏立、钟军，2013，《环境社会学的理论起源与发展》，《生态经济》第 4 期。

范叶超，2018，《环境流动：全球化时代的环境社会学议程》，《社会学评论》第 1 期。

洪大用，1999，《西方环境社会学研究》，《社会学研究》第 2 期。

洪大用，2001，《社会变迁与环境问题》，北京：首都师范大学出版社。

里茨尔，1999，《社会的麦当劳化》，上海：上海译文出版社。

罗纳德·英格尔哈特，2013，《发达工业社会的文化转型》，张秀琴译，北京：社会科学文献出版社。

林兵，2007，《西方环境社会学的理论发展及其借鉴》，《吉林大学社会科学学报》第 3 期。

卢春天，2017，《美欧环境社会学理论比较分析与展望》，《学习与探索》第 7 期。

卢春天、马溯川，2017，《中日环境社会学理论综述及其比较》，《南京工业大学学报（社会科学版）》第 3 期。

马国栋，2013，《批判与回应：生态现代化理论的演进》，《生态经济》第 1 期。

彭学农，2007，《生产条件与第二重矛盾——论奥康纳的生态学马克思主义理论》，《自然辩证法研究》第 2 期。

秦华、卢春天、江沛、高新宇，2019，《美国环境与自然资源社会学综述：兼论环境与资源社会学的社会学分析》，《社会学评论》第 3 期。

王芳，2006，《文化、自然界与现代性批判——环境社会学理论的经典基础与当代视野》，《南京社会科学》第 12 期。

约翰·贝拉米·福斯特，2006，《生态危机与资本主义》，耿建新、宋兴无译，上海：上海译文出版社。

詹姆斯·奥康纳，2003，《自然的理由：生态学马克思主义研究》，唐正东、藏佩洪译，南京：南京大学出版社。

赵万里、蔡萍，2009，《建构论视角下的环境与社会——西方环境社会学的发展走向》，《国外社会科学》第 2 期。

Barbosa , Luiz. 1992. "Theories in Environmental Sociology." in *Twenty Lessons in Environmental Sociology* (*2nd Edition*), edited by Gould, Kenneth A. , Tammy L. Lewis (eds.) , pp. 28-50. New York: Oxford University Press.

Beck, Ulrich. 1992. *The Risk Society*: *Towards a New Modernity*. London: Sage.

Buttel, Frederick H. , A. P. Hawkins, A. G. Power. 1990. "From limits to growth to global change." *Global Environmental Change* 1 (1): 57-66.

Burningham Kate , Geoff Cooper. 1999. "Being Constructive: Social Constructionism and the Environment." *Sociology* 33 (2): 297-316.

Christoff, Peter. 1996. "Ecological Modernization, Ecological Modernities." *Evironmental Politics* 5 (3): 476-500.

Gould, Kenneth. A. , David N. Pellow , Alan Schnaiberg. 2008. *the Treadmill of Production*: *Injustice and Unsustainability in the Global Economy*. Boulder: Paradigm Publishers.

Foster, John Bellamy. 1999. "Marx's Theory of Metabolic Rift: Classical Foundations for Environmental Sociology." *American Journal of Sociology* 105 (2): 366-405.

Hannigan, J. A. 2006. *Environmental Sociology*: *A Social Constructionist Perspective*. London and New York: Routledge.

Huber, Joseph. 2000. "Towards Industrial Ecology: Sustainable Development as a Concept of Ecological Modernization." *Journal of Environmental Policy & Planning* 2 (4): 269-285.

Inglehart , Ronald. 1990. *Culture Shift in Advanced Industrial Society*. Princeton: Princeton University Press.

Inglehart , Ronald. 1995. "Public Support for Environmental Protection: Objective Problems and Subjective Values in 43 Societies." *PS*: *Political Science & Politics* 28 (1): 57-72.

O'Connor, James. 1988. "Capitalism, Nature, Socialism: a Theoretical Introduction." *Capitalism Nature Socialism* 1 (1): 11-38.

Jänicke , M. 2008. "Ecological Modernisation: New Perspectives." *Journal of Cleaner Production* 16: 557-565.

Mol , Arthur P. J. 1996. "Ecological Modernisation and Institutional Reflexivity: Environmental Reform in the Late Modern Age." *Environmental Politics* 5 (2): 302-323.

Mol , Arthur P. J. 2006. "Environment and Modernity in Transitional China: Frontiers of Ecological modernization." *Development and Change* 37 (1): 29-56.

Mol, Arthur P. J. , David. A. Sonnenfeld. 2000. *Ecological Modernisation around the World: Perspectives and Critical Debates*. London: Frank Cass.

Riley E. Dunlap, 1979. "Environmental Sociology: a Framework for Analysis." In *Progress in Resource Management and Environmental Planning* (Vol. 1) , edited by O'Riordam T. , and R. C. D' Arge (eds) , pp. 57-85. Chichester, England: John Wiley & Sons.

Riley E. Dunlap, 1980. "Paradigmatic Change in Social Science: From Human Exemptions to an Ecological Paradigm." *American Behavioral Scientist* 24 (1): 5-14.

Riley E. Dunlap, Kent D. van Liere, Angela G. Mertig , Robert Emmet Jones. 2000. "Measuring Endorsement of the New Ecological Paradigm: A Revised NEP Scale." *Journal of Social Issues*, 56: 425-442.

Riley E. Dunlap, Richard York. 2008. "The Globalization of Environmental Concern and the Limits of the Post-Materialist Values Explanation: Evidence from Four Cross-National Surveys." *The Sociological Quarterly* 49 (3): 529-563.

Riley E. Dunlap , William R. Catton. 1979. "Environmental Sociology." *Annual Review of Sociology* 5 (1): 243-273.

Rosa, Eugene A. 1998. "Metatheoretical Foundations for Post-normal Risk." *Journal of Risk Research* 1 (1): 15-44.

Rosa, E. A. , T. Dietz. 1998. "Climate Change and Society: Speculation, Construction and Scientific Investigation." *International Sociology* 13 (4): 421-455.

Schnaiberg , Alan. 1980. *The Environment: from Surplus to Scarcity*. New York: Oxford University Press.

Schnaiberg, Alan. , Gould Kenneth. A. 1994. *Environment and Society: the Enduring Conflict*. New York: St. Martin's Press.

Spaargaren , Gert. 2003. "Sustainable Consumption: A Theoretical and Environmental Policy Perspective." *Society & Natural Resources* 16 (8): 687-701.

Spaargaren, Gert , Arthur P. J. Mol. 1992. "Society, Environment, and Modernity: Ecological

Modernization as a Theory of Social Change." *Society and Natural Resources* 5: 323-344.

Stern, Paul C., Thomas Dietz, Troy D. Abel, Gregory A. Guagnano, Linda Kalof. 1999. "A Value Belief Norm Theory of Support for Social Movements: the Case of Environmental Concern." *Human Ecology Review* 6 (8): 81-97.

Wallerstein, Immanuel. 1974. *The Modern World System Capitalist Agriculture and the Origins of the European World Economy in the Sixteenth Century*. New York: Academic Press.

William R. Catton, Riley E. Dunlap. 1978. "Environmental Sociology: a New Paradigm." *The American Sociologist* 13 (1): 41-49.

Xiao, Chenyang. 2013. "Public Attitudes toward Science and Technology and Concern for the Environment: Testing a Model of Indirect Feedback Effects." *Environment and Behavior* 45 (1): 113-137.

环境意识
与环境行为

环境身份、环境态度对大学生环境行为的影响分析*

彭远春**

摘　要： 结合认同理论和环境行为理论模式，利用大学生环境素养调查数据，侧重探究环境身份、环境态度对大学生绿色消费行为和环境参与行为的可能影响。研究发现，环境态度假设未获支持，环境身份假设得到部分验证。具体而言，整体环境身份对大学生环境行为的影响有限，而环境态度对大学生环境行为并无显著影响。大学生环境身份显著性和环境身份突出性越强，其实施的绿色消费行为和环境参与行为越多。环境身份承诺广度对大学生环境行为有着显著的正向影响，而环境身份承诺深度对其并无显著影响。环境行为意向对大学生绿色消费行为有着显著的直接影响和一定的中介作用，而环境行为意向对大学生环境参与行为并无显著影响。

关键词： 环境行为；环境身份；环境态度；大学生

我国坚持政府主导型环境治理模式，突出政府部门在环境保护与环境治理中的责任与作用，无形之中致使公众自我避责倾向严重、参与水平不高，进而影响到环境状况的改善与环境治理能力的提升。实际上，环境污染与公众日常行为密切相关，环境保护与环境治理需要公众广泛、持续的参与。而大学生作为特殊的社会群体，正接受系统教育，价值观念与行为方式具有较强的可塑性。同时，大学生是环境保护工作的重要参与者，不仅塑造着自身环境行为，亦对其他社会群体了解和参与环境保护产生影响。此外，大学生是社会建设的生力军，有相当一部分人将来会成为决策者，是环境保护和可

* 原文发表于《求索》2020 年第 4 期。
** 作者简介：彭远春，中南大学社会学系副教授、中国人民大学环境社会学研究所研究员。
基金项目：国家社科基金项目“公众环境健康风险感知与应对研究”（项目编号：19BSH076）。

持续发展的重要推动力。因此，注重培育大学生环境素养，提升其环境关心与环境行为水平，对我国生态文明建设、践行可持续发展战略与实现现代化建设目标都有着重要意义。

一、文献回顾

国外学者往往预设环境态度是环境行为的主要影响因素，并设计许多环境态度量表来预测环境行为，如生态态度和知识量表、新环境范式量表（NEP）、环境意识量表等①。但诸多研究发现一般环境态度对特定环境行为的预测力有限，如海因斯（Hines）等人对128项经验研究进行分析发现，一般环境态度同特定环境行为之间的相关系数平均为0.35②；另有学者对17项经验研究的元分析表明，其平均相关系数仅为0.26③。进而有学者将环境态度区分为对自然环境的一般环境态度和针对某一具体环境行为的特定环境态度④。相比具体环境态度而言，一般环境态度不易受情境改变的影响，较具稳定性，因而能够超越具体情境预测多种行为，而具体环境态度则不具推广功能。我国学者亦遵循环境态度—环境行为这一研究路径，侧重探讨一般环境态度对大学生环境行为的约束作用。如环境态度与环境行为之间有着较为显著的正向关系⑤，但因环境行为类型而异，环境态度是大学生私域环境行为的最有力预测因素，但对公域环境行为并无显著影响⑥；大学生环境态度与环境行为基本一致，但牵涉到自身生活时，环境态度与环境行为则产生背离现象⑦。

可见，环境态度和环境行为之间关系的探讨多从个体微观层面的心理性视角出发，强调环境行为的实施是个体在心理机制作用下的自主选择过程，相对忽视社会结构、社会制度等宏观因素的制约作用。即既有研究侧重将环境态度界定为个体对环境这一客体以及个体对环境行为的态度，其遗漏了一项重要成分，即个体对自我的态度。于是，环境身份（environmental identity）逐渐引起环境社会学者的重视，成为研究环境行为的崭新理论视角。

---

① 周志家：《环境意识研究：现状、困境与出路》，《厦门大学学报（哲学社会科学版）》2008年第4期。

② Hines J. M. , Hungerford H. R. , Tomera A. N. , "Analysis and Synthesis of Research on Responsible Environ-mental Behavior: A Meta—Analysis", *The Journal of Environmental Education*, 1987, vol. 18, no. 2, pp. 1-8.

③ Bamberg S. , "How Does Environmental Concern Influence Specific Environmentally Related Behaviors? A New Answer to an Old Question", *Journal of Environmental Psychology*, 2003, vol. 23, no. 1, pp. 21-32.

④ Kaiser F. G. , Wlfing S. , Fuhrer U. , "Environmental Attitude and Ecological Behavior", *Journal of Environ-mental Psychology*, 1999, vol. 19, no. 1, pp. 1-19.

⑤ 钟毅平等：《大学生环境意识与环境行为的调查研究》，《心理科学》2003年第3期。

⑥ 李莉、范叶超：《环境意识对大学生环境行为的影响研究》，《当代青年研究》2011年第9期。

⑦ 徐永荣等：《十年间武汉市大学生环境意识的变化及环境意识与环境行为的比较研究》，《教育教学论坛》2012年第31期。

魏格特（Weigert）认为，环境身份是个体与自然环境关联并互动的过程中，所形成的动态性自我概念[①]；斯代特（Stets）等人则指出环境身份是人与自然环境相关联时，所赋予自我的一系列意义；与性别、职业等身份一样，环境身份是个体多重身份体系的一种类型，并将其置于多重社会层级结构之中，提出凸显社会性的“11 项环境身份量表”，包含整体环境身份以及环境身份的显著性（salience）、突出性（prominence）和承诺性（commitment）等特性的测量，且证实整体环境身份以及环境身份的显著性、突出性、承诺性对环境行为有着直接的影响，亦通过环境态度间接影响环境行为[②]。另有研究发现环境身份对不同类型的环境行为有着不同的解释力，如环保主义者等身份变量对环境参与行为有 27%的解释力，而对日常环境行为只有 6%的解释力[③]；环境身份对环境运动有 60%的解释力，相比消费行为和环境支付行为而言，环境身份对环境参与行为的解释力更大[④]。但国内关于环境身份的研究仍处于翻译引介阶段，尚无系统的实证研究[⑤]。

综上所述，国内外诸多研究发现环境态度对环境行为的解释力较弱，原因可能在于其仅仅关注个体对环境这一客体的态度，并没有涉及个体对自我的态度。而认同理论侧重研究个体的自我态度，环境社会学则基于认同理论提出了环境身份的概念，认为环境规制、激励与监督更有利于行为主体与自然环境建立正向的互动关系，形成强环境身份，促使行为主体实施环境行为[⑥]。即环境身份凸显社会关系、社会结构因素的重要地位[⑦]，能有效联结结构制约与主体能动之间的关系，进而能较好地弥补既有环境行为研究仅仅关注环境态度等心理性因素而忽视结构性因素之不足。本研究结合认同理论，引入环境身份概念，将心理性因素与结构性因素相结合，以分析环境身份、环境态度对大学生不同类型环境行为的可能影响，以推进相关研究。

① Andrew J. Weigert. , *Self*, *Interaction*, *and Natural Environment*: *Refocusing Our Eyesight*, New York: State University of New York Press, 1997, pp. 159-175.

② Stets J. E. , Biga C. F. , “Bringing Identity Theory into Environmental Sociology”, *Sociology Theory*, vol. 21, no. 4, 2003, pp. 398-423.

③ Kempton W. Holland D C. , “Identity and Sustained Environmental Practice ”; In Clayton S, Opotow S (Eds) . , *Identity and the Natural Environment*: *The Psychological Significance of Nature*, Massachusetts: MIT Press, 2003.

④ Dono J. , Webb J. , Richardson B. , “The Relationship Between Environmental Activism, Pro-environmental Behavior and Social Identity”, *Journal of Environmental Psychology*, vol. 30, no. 2, 2010, pp. 178-186.

⑤⑦ 林兵、刘立波：《环境身份：国外环境社会学研究的新视角》，《吉林师范大学学报（人文社会科学版）》2014 年第 5 期。

⑥ 刘立波：《环境身份理论视域下的青年群体环境行为研究》，《中国青年研究》2017 年第 6 期。

二、研究设计

（一）研究假设

理性行为理论认为态度和主观规范影响个体的行为意向，而行为实施受制于行为意向，故态度是行为的主要影响因素。计划行为理论则认为，行为意向影响行为实施，行为意向受态度、主观规范和感知到的行为控制的影响，故态度对行为实施有着重要影响。负责任的环境行为模式和多因素整合模式亦强调环境态度借助行为意向对环境行为产生影响，并且在大多数环境行为研究模式中，环境态度/环境关心常被视为关键性变量[①]。由此，本研究提出环境态度假设：环境态度对环境行为有着显著的正向影响（H_1）；环境态度直接影响环境行为的同时，亦通过环境行为意向对环境行为产生间接影响（H_2）。

认同理论认为自我是个体将自身视为客体的能力，经由社会建构而成，个体在社会中扮演不同角色而塑造多样自我，进而社会通过自我来影响个体的社会行为[②]。认同则是个体对其所占据的位置、层级身份类型的自我觉察、认可与赞同，其联结着社会结构和个体行动，故可以通过理解个体的身份认同来解释其社会行为。而环境身份具有显著性、突出性和承诺性等特性，其对环境行为实施产生影响：显著性侧重呈现环境身份的外在认可程度，即环境身份是否得到他人的承认，能否从他人处得到帮助与奖赏；突出性侧重呈现环境身份的内在认可程度，在多层身份体系中凸显环境身份的可能性；而承诺性则是个体对环境身份的承诺程度，即依托环境身份指引自身交往和情感投入的程度[③]。由此，本研究提出环境身份假设：整体环境身份对环境行为有着显著的正向影响（H_3）；环境身份的显著性越强，实施的环境行为（H_4）越多；环境身份的突出性越强，实施的环境行为（H_5）越多；环境身份的承诺性越强，实施的环境行为（H_6）越多。

此外，斯代特等人认为环境身份直接影响环境行为的同时，亦通过环境态度对环境行为产生间接影响，进而构筑环境身份模型，提出研究环境行为的两条路径：环境身份—环境态度—环境行为、环境身份—环境行为[④]。如前所述，在心理学取向的环境行为研究中，环境行为意向往往是环境行为实施的关键变量。由此，本研究亦将环境态度、环境行为意向作为影响环境行为的中介变量，进而提出如下假设：环境身份通过环境态度对环境行为产生间接影响（H_7）；环境身份通过环境行为意向对环境行为产生间接影响（H_8）。

① 彭远春：《国外环境行为影响因素研究述评》，《中国人口·资源与环境》2013年第8期。

② 周晓虹：《认同理论：社会学与心理学的分析路径》，《社会科学》2008年第4期。

③④ Stets J. E. , Biga. C. F. , "Bringing Identity Theory into Environmental Sociology", *Sociology Theory*, 2003, vol. 21, no. 4, pp. 398-423.

综上得到本文的研究框架，见图 1。

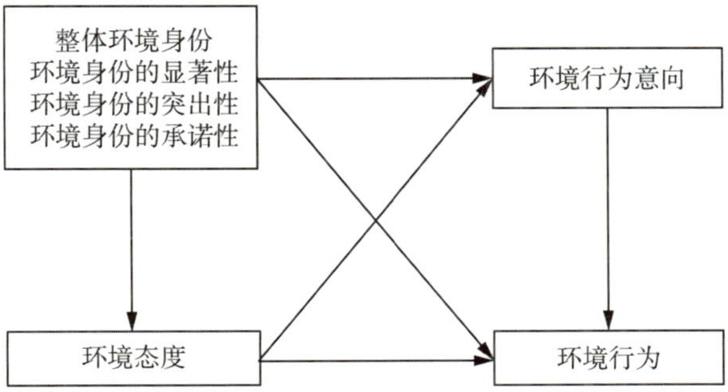

图 1　大学生环境行为影响因素模型

（二）数据与变量测量

2020 年 4 月初，课题组依托问卷星平台组织了大学生环境素养调查。依据“省份—学校—专业—年级”尽量多样的原则推送问卷，并将回答时间低于 3 分钟、环境行为量表/环境关心量表答项全部一致的答卷删除，最终获得有效问卷 1 328 份，由来自我国的 31 个省份（未包括香港特别行政区、澳门特别行政区和台湾地区）116 所高等院校的大学生填答。其中男性占 48.3%，女性占 51.7%；大一、大二、大三、大四及以上比例分别为 39.0%、27.5%、19.7%、13.8%；生源地为农村、城市的分别占 47.7%、52.3%；人文社科类、理工类、医学类、其他类专业学生分别占 43.4%、41.6%、13.9%、1.1%。

1. 因变量及其测量

借鉴斯特恩（Stern）等人对环境行为的界定、私域环境行为与公域环境行为的类型划分及其设计的环境行为量表①，结合本研究侧重“日常生活实践中积极环境行为”的理解，环境行为包含绿色消费行为、环境参与行为两个方面。绿色消费行为量表包括“购买有机水果或蔬菜、购买可降解塑料产品、抵制购买高污染企业的产品、购买无磷洗涤剂”4 题项，回答选项分别为“总是”“经常”“有时”“从不”，相应赋值为 3、2、1、0。统计分析结果表明其信度较好且聚集在一个因子之上，故将 4 题项直接相加生成绿色消费行为变量。环境参与行为则通过“参加环境保护活动、成为环保组织的成员或志愿者、给环保组织或环保活动捐款、参加解决环境问题的投诉”4 题项来测量，“有”“没有”两个回答选项相应赋值为 1、0，故将上述 4 题项相加生成环境参与行为变量。

2. 自变量及其测量

本研究采用斯代特的“11 项环境身份量表”来测量整体环境身份，包含“我与自然

① Stern P. C.，“Toward a Coherent Theory of Environmentally Significant Behavior”，*Journal of Social Issues*，vol. 56，no. 3，2000，pp. 407-424.

环境是竞争关系/我与自然环境是合作关系、我的生活与自然环境脱离/我的生活与自然环境息息相关、我非常关心自然环境/我对自然环境漠不关心、我努力保护自然环境/我完全没有保护自然环境、人类比自然优越/自然优于人类、我对自然环境充满热情/我对自然环境毫无热情、我一点儿都不敬畏自然/我非常敬畏自然、我的生活不依赖于自然环境/我的生活依赖于自然环境、我拥护自然环境的利益/我不在乎自然环境的利益、我想保护自然环境/我想利用自然环境、我对自然环境充满感情/我对自然环境毫无感情”等11个题项，每个项目中有左右两栏对立的观点，以1～5分测量被调查者接近左右栏观点的程度，第3、4、6、9、10、11项与其他题项方向相反，将其方向调整后，相应赋值为5、4、3、2、1。统计分析结果表明其信度较好且适合做探索性因子分析，提取两个因子，二者共解释了60.62%的变异量。公因子相应聚集在第3、4、6、9、10、11题项以及第1、2、5、7、8题项之上，故将相应题项直接相加生成对待自然环境的方式和自我与自然环境的联结变量。

环境身份的显著性则通过对“环境保护主义者身份被大家承认”“因环境保护主义者身份，曾得到他人的帮助”“因环境保护主义者身份，曾受到奖励”3项问题的回答来测量，“非常符合”“比较符合”“不太符合”“完全不符合”4个答项相应赋值为3、2、1、0。统计分析结果表明其信度较好且聚集在一个因子之上，故将3题项直接相加生成环境身份显著性变量。环境身份的突出性则通过询问被访者对“在与大学同学第一次见面、聚会时与人第一次见面、与新朋友第一次见面这3种情形下，最先介绍给对方的身份”的回答来测量，将最先介绍环境保护主义者的回答赋值为1，其他回答赋值为0，将3种情境下相应赋值相加生成环境身份突出性变量。环境身份的承诺性包含承诺广度和承诺深度两方面的指标，承诺广度以“是否在环保活动中认识了朋友”来测量，“是”赋值为1，“否”赋值为0。承诺深度则通过对“朋友将我看作环保人士对我很重要”“父母将我看作环保人士对我很重要”这两个问题的回答来测量，“非常符合”“比较符合”“不太符合”“完全不符合”4个答项相应赋值为3、2、1、0，将二者直接相加生成环境身份承诺深度变量。

本研究探讨的是一般意义的环境态度，等同于国内外学者普遍使用的环境关心概念，用CNEP量表①加以测量。由于第5、7项是负向问题，故对其进行反向赋值，将答

① 分别是：(1) 目前的人口总量正在接近地球能够承受的极限；(2) 人类对于自然的破坏常常导致灾难性后果；(3) 目前人类正在滥用和破坏环境；(4) 动植物与人类有着一样的生存权；(5) 自然界的自我平衡能力足够强，完全可以应付现代工业社会的冲击；(6) 尽管人类有着特殊能力，但是仍然受自然规律的支配；(7) 所谓人类正在面临“环境危机”，是一种过分夸大的说法；(8) 地球就像宇宙飞船，只有很有限的空间和资源；(9) 自然界的平衡是很脆弱的，很容易被打乱；(10) 如果一切按照目前的样子继续，我们很快将遭受严重的环境灾难。参见洪大用等：《检验环境关心量表的中国版（CNEP）——基于CGSS2010数据的再分析》，《社会学研究》2014年第4期。

项“完全不同意”“比较不同意”“无所谓同意不同意”“比较同意”“完全同意”分别赋值为5、4、3、2、1，最终使整个量表10题项的方向保持一致。统计分析表明，CNEP量表的信度和内部一致性均较好，且验证性因子分析表明其为单一维度，模型拟合程度较好①，故本研究根据其因子负载进行加权累加，形成环境态度变量。

此外，环境行为意向是本研究的中介变量，通过被访者对“为了保护环境，我愿意放弃便利的产品或服务”“为了保护环境，我愿意购买环境产品而支付更高的价格”的回答来测量，答项“非常愿意”“比较愿意”“无所谓愿意不愿意”“不太愿意”“完全不愿意”，相应赋值为5、4、3、2、1，并将其直接相加生成环境行为意向变量。另引入性别、专业、年级、生源地作为控制变量。各变量的描述详见表1。

表1 大学生环境行为研究变量一览表

变量	性质	说明
绿色消费行为	定距变量	分值越高，绿色消费行为水平越高；最小值为0，最大值为12，均值为6.16，标准差为2.34
环境参与行为	定距变量	分值越高，环境参与行为水平越高；最小值为0，最大值为4，均值为1.25，标准差为1.21
对待自然环境的方式	定距变量	分值越高，对待自然环境越友好；最小值为6，最大值为30，均值为25.54，标准差4.64
自我与自然环境的联结	定距变量	分值越高，自我与自然环境的联结程度越强；最小值为9，最大值为25，均值为21.15，标准差2.84
环境身份显著性	定距变量	分值越高，环境身份越显著；最小值为0，最大值为9，均值为4.40，标准差为1.98
环境身份突出性	定距变量	分值越高，环境身份越突出；最小值为0，最大值为3，均值为0.15，标准差为0.54
环境身份承诺广度	定类变量	否=0　1=是
环境身份承诺深度	定距变量	分值越高，环境身份承诺越深；最小值为0，最大值为6，均值为3.02，标准差为1.53
环境态度	定距变量	分值越高，环境关心水平越高；最小值为7.43，最大值为26.15，均值为21.83，标准差为2.86
环境行为意向	定距变量	分值越高，实施环境行为的意愿越强烈；最小值为3，最大值为10，均值为8.14，标准差为1.41
性别	定类变量	女=0　男=1
专业	定类变量	人文社科类=1　理工类=2　医学类=3　其他=4
年级	定序变量	大一=1　大二=2　大三=3　大四及以上=4
生源地	定类变量	城镇=0　农村=1

① 卡方值=82.549、df=22、p=0.000、GFI=0.988、IFI=0.980、CFI=0.979、RMSEA=0.046。相应题项的因子负载为0.54、0.66、0.72、0.56、0.24、0.51、0.31、0.42、0.56、0.71。

三、数据分析

（一）大学生环境行为影响因素的多元线性回归分析

逐步纳入环境身份、环境态度、环境行为意向等自变量，分别以大学生绿色消费行为、环境参与行为为因变量进行多元线性回归分析，相应结果详见表2。首先，所有模型均通过了显著性检验，可被接受。对大学生绿色消费行为而言，对待自然环境的方式、环境身份显著性、环境身份突出性、环境身份承诺广度、环境行为意向、性别、医学类专业、生源地对其有着显著影响，环境态度对其并无显著影响。在纳入环境行为意向这一因素之后，模型解释力稍有增强，解释绿色消费行为的变异量由11.6%增至13.1%。而环境态度、环境行为意向对大学生环境参与行为并无显著影响，将其纳入模型之后，模型解释力并未提升，而环境身份变量对环境参与行为有着较为复杂的影响。可见，环境态度对大学生环境行为并无显著影响，故H_1、H_7在本研究中并未获得支持。

其次，在控制其他变量的情形下，环境行为意向、环境身份承诺广度、对待自然环境的方式、生源地、医学类专业、性别、环境身份显著性、环境身份突出性由大到小影响着大学生绿色消费行为，即环境行为意向越强烈、在环保活动中认识朋友越多、对待自然环境越友好、环境身份认可度越高、来自城镇、医学类专业的女大学生，实施绿色消费行为越多。而自我与自然环境的联结、环境身份承诺深度、环境态度、年级对大学生绿色消费行为并无显著影响。需要注意的是，纳入环境行为意向变量之后，自我与自然环境的联结对绿色消费行为的显著作用消失，其是否通过环境行为意向间接影响大学生绿色消费行为，有待在后文分析中加以检验。

最后，在控制其他变量的情形下，环境身份显著性、环境身份承诺广度、环境身份突出性、性别由大到小影响着大学生环境参与行为，即外界越认可环境身份、在环保活动中认识朋友越多、在人际交往中越突出环境身份的男大学生，实施的环境参与行为越多。而整体环境身份、环境身份承诺深度、环境态度、环境行为意向、年级、专业、生源地对大学生环境参与行为并无显著影响。环境身份不同特性对环境参与行为有着更大的影响，环境行为意向则对大学生绿色消费行为有着显著的影响。整体而言，H_3、H_4、H_5、H_6在本研究得到部分支持，需结合环境行为的具体类型加以修正。

（二）环境身份、环境态度与大学生绿色消费行为的路径分析

本研究依据大学生环境行为影响因素模型（详见图1），结合多元线性回归分析结

果①，并删除了未通过显著性检验的自变量之间的相关关系，构筑出大学生绿色消费行为影响因素路径分析图进行直接效应与间接效应分析，结果详见表 3。首先，模型具较好的拟合度，模型的拟合系数分别为：卡方值＝355.917、df＝87、p＝0.000、GFI＝0.969、IFI＝0.934、CFI＝0.933、RMSEA＝0.048。

表 2 大学生环境行为的多元线性回归（OLS）之标准回归系数

	绿色消费行为			环境参与行为		
	模型 1	模型 2	模型 3	模型 4	模型 5	模型 6
对待自然环境的方式	0.118*** (0.016)	0.111*** (0.016)	0.096** (0.016)	−0.006 (0.007)	−0.001 (0.007)	−0.004 (0.008)
自我与自然环境的联结	0.079* (0.025)	0.064* (0.026)	0.059 (0.026)	−0.013 (0.012)	0.000 (0.012)	−0.001 (0.012)
环境身份显著性	0.087* (0.041)	0.092** (0.041)	0.066* (0.041)	0.309*** (0.019)	0.305*** (0.020)	0.299*** (0.020)
环境身份突出性	0.059* (0.116)	0.060* (0.116)	0.055* (0.115)	0.064** (0.055)	0.064* (0.055)	0.062* (0.055)
环境身份承诺广度	0.103** (0.140)	0.103** (0.140)	0.101** (0.139)	0.218*** (0.067)	0.218*** (0.067)	0.218*** (0.067)
环境身份承诺深度	0.037 (0.052)	0.035 (0.052)	0.018 (0.052)	0.002 (0.025)	0.004 (0.025)	0.000 (0.025)
环境态度	—	0.047 (0.023)	0.030 (0.023)	—	−0.042 (0.011)	−0.046 (0.011)
环境行为意向	—	—	0.137*** (0.046)	—	—	0.030 (0.022)
性别	−0.083** (0.128)	−0.083** (0.128)	−0.073** (0.127)	0.052* (0.061)	0.051* (0.061)	0.053* (0.061)
人文社科类专业	−0.043 (0.143)	−0.044 (0.143)	−0.043 (0.142)	−0.040 (0.068)	−0.039 (0.068)	−0.039 (0.068)
医学类专业	0.073* (0.196)	0.074* (0.196)	0.075** (0.194)	0.044 (0.093)	0.043 (0.093)	0.043 (0.093)
其他专业	−0.031 (0.601)	−0.031 (0.601)	−0.035 (0.596)	0.011 (0.287)	0.012 (0.287)	0.011 (0.287)
大一	0.087* (0.196)	0.085* (0.196)	0.074 (0.195)	0.057 (0.094)	0.059 (0.094)	0.057 (0.094)
大二	0.049 (0.207)	0.046 (0.207)	0.043 (0.205)	0.025 (0.099)	0.028 (0.099)	0.027 (0.099)

① 鉴于环境态度、环境行为意向对环境参与行为并无显著影响，即二者并未发挥中介作用，故未将大学生环境参与行为纳入路径分析，后续研究中需要努力挖掘关键性中介变量。

（续表）

	绿色消费行为			环境参与行为		
	模型 1	模型 2	模型 3	模型 4	模型 5	模型 6
大三	0.009 (0.215)	0.009 (0.215)	0.008 (0.213)	0.019 (0.103)	0.019 (0.103)	0.019 (0.103)
生源地	−0.081** (0.123)	−0.081** (0.123)	−0.077** (0.122)	−0.041 (0.059)	−0.040 (0.059)	−0.039 (0.059)
调整后的 R^2	0.114	0.116	0.131	0.242	0.243	0.243
F	13.245	12.566	13.470	31.316	29.443	27.679
P	0.000	0.000	0.000	0.000	0.000	0.000

注：括号内的数字为标准差；* $p<0.05$、** $p<0.01$、*** $p<0.001$。专业：以理工类为参照组；年级：以大四及以上为参照组。

其次，对待自然环境的方式、环境身份显著性、环境身份承诺深度、环境态度、性别通过环境行为意向这一中介变量对大学生绿色消费行为产生显著的间接影响，而自我与自然环境的联结、环境身份突出性、环境身份承诺广度等其他变量对环境行为意向并无显著影响。具体而言，自我与自然环境的联结对大学生绿色消费行为并无显著影响；对待自然环境的方式、环境身份显著性不仅直接影响大学生绿色消费行为，亦通过环境行为意向间接影响大学生绿色消费行为；环境身份突出性、环境身份承诺广度等对大学生绿色消费行为有着显著的直接影响，但并未通过环境行为意向对大学生绿色消费行为产生显著的间接影响；环境身份承诺深度、环境态度虽通过环境行为意向对大学生绿色消费行为产生显著的间接影响，但总效应仍不显著。故 H_2、H_8 在本研究只得到部分验证，需结合环境身份的不同特性、环境行为的不同类型进行分析。

表 3　大学生绿色消费行为模型之标准化直接效应、间接效应与总效应

	环境行为意向	绿色消费行为		
	直接效应	直接效应	间接效应	总效应
对待自然环境的方式	0.116***	0.096**	0.016***	0.112**
自我与自然环境的联结	0.038	0.060	0.005	0.065
环境身份显著性	0.186***	0.067*	0.025***	0.093*
环境身份突出性	0.039	0.055*	0.005	0.061*
环境身份承诺广度	0.016	0.102**	0.002	0.104**
环境身份承诺深度	0.125***	0.018	0.017***	0.035
环境态度	0.131***	0.030	0.018***	0.048
环境行为意向	—	0.137***	—	0.137***
性别	−0.067*	−0.073**	−0.009**	−0.083**

（续表）

	环境行为意向	绿色消费行为		
	直接效应	直接效应	间接效应	总效应
人文社科类专业	−0.013	−0.043	−0.002	−0.045
医学类专业	−0.011	0.076**	−0.002	0.075*
其他专业	0.025	−0.035	0.003	−0.032
大一	0.083*	0.075	0.011*	0.086
大二	0.027	0.043	0.004	0.047
大三	0.007	0.008	0.001	0.009
生源地	−0.032	−0.078**	−0.004	−0.082**

注：* $p<0.05$；** $p<0.01$；*** $p<0.001$。专业：以理工类为参照组；年级：以大四及以上为参照组。基于 Bootstrap 法，抽取 5 000 次进行间接效应的显著性检验。

四、结论与讨论

整体而言，环境态度对大学生绿色消费行为与环境参与行为并无显著影响，而涵括对待自然环境的方式、自我与自然环境的联结两方面意涵的整体环境身份对大学生环境行为影响有限，仅对待自然环境的方式对大学生绿色消费行为存在显著影响。可能的原因在于，环境态度是一较为复杂的观念体系，除开新环境范式，还隐含交织着自然功利主义、经济发展、科技进步等诸多观念，即新环境范式的持有者未必准确理解自然平衡、生态危机、增长极限、人类中心主义等理念，从而并不一定实施环境行为①。而大学生正处于预期社会化阶段，其观念具较强的可塑性，观念体系处于建构与变动之中，进而可能对其环境行为产生影响。

整体环境身份实乃个体与自然环境相关联时所赋予自我的一系列意义，即个体对自我与自然环境之间关系的根本看法。可见环境态度与整体环境身份具有某种共通之处②，环境态度侧重揭示个体与自然环境之间关系的客观属性，环境身份则强调其主观面向，两者都具有抽象特质，而诸多研究发现一般层面的环境态度或理念对具体环境行为尤其是公域环境行为的影响较弱，甚至没有关联③。而对待自然环境的方式对大学生绿色消费行为存在显著影响，可能与其表述相对具体且蕴含日常环境行为倾向有关。另外，整体环境身份的公因子提取与正负向表述有关，其是否会影响到统计结果，这需要更多研

① Dunlap R. E., Van Liere K. D., "The 'New Environmental Paradigm': a Proposed Instrument and Preliminary Results", *Journal of Environmental Education*, vol. 9, no. 4, 1978, pp. 10-19.

② 刘立波：《环境身份与环境意识：异同辨析与启示》，《生态经济》2017 年第 6 期。

③ Axelrod L. J., Lehman D. R., "Responding to Environmental Concern: What Factors Guide Individual Action?", *Journal of Environmental Psychology*, vol. 13, no. 2, 1993, pp. 149−159. Grob A., "A Structural Model of Environmental Attitudes and Behaviour", *Journal of Environmental Psychology*, vol. 15, no. 3, 1995, pp. 209−220.

究加以检验。

相比整体环境身份而言，环境身份显著性、环境身份突出性和环境身份承诺性对大学生环境行为有着更大的影响。具体而言，环境身份显著性对大学生绿色消费行为和环境参与行为皆有显著的直接影响，且环境身份显著性通过环境行为意向间接影响大学生绿色消费行为，环境身份显著性对大学生环境参与行为的影响相对更大。环境身份突出性对大学生绿色消费行为有着显著的直接影响和总影响，亦对大学生环境参与行为产生显著影响。环境身份承诺广度对大学生环境行为有着显著的正向影响，而环境身份承诺深度对其并无显著影响。

这可能与环境身份特性的不同内涵以及环境行为所属的领域有关：一是绿色消费行为隶属于私人领域，与大学生日常生活实践关联更为紧密，绿色购买、使用与处置等行为的实施更多与自我的内在属性关联，同时消费实践中他人尤其是同辈群体的认可起着外在支持的作用，进而环境身份在大学生认同体系中位置越高，越得到他人的承认，即环境身份越突出、越显著，就越倾向于实施绿色消费行为。二是环境参与行为发生在公共领域，公共领域行为的实施更需要他人的支持与配合，而环境参与通常以维护环境权益、缓解环境问题和提升环境质量为目标，受诸多因素的制约，需要动用和整合更多的资源①，社会网络的扩大、环境身份的自我认同与他人认可及支持，有利于环境参与行为的实施，故环境身份承诺广度、环境身份显著性与环境身份突出性对环境参与行为有正向影响。大学生处于预期社会化阶段，为顺利进入社会做准备，其参与活动的目的更多在于短时间之内锻炼能力与完善自我，而日常环境保护活动收效较缓慢且成效不太明显，环境参与活动则涉及诸多利益相关者且错综复杂，故父母、朋友等重要他人对其环境身份的不太关注或者忽视，可能更有利于环境行为的实施。

本研究发现整体环境身份对环境行为的解释力有限，而环境身份的显著性、突出性和承诺广度对大学生环境行为有着显著的正向影响，可能与其侧重心理特质或结构意涵有关。环境身份最早源自心理学的认同理论，魏格特将其定义为人与自然环境互动过程中，个体形成的一系列有关自然环境和身份的自我观念。尔后斯代特等人利用社会认同理论对其进行拓展，增加了环境身份的身份类型化特征和多重身份的结构层级性。整体环境身份实则对应心理学的环境身份界定，环境身份的显著性、突出性和承诺性与社会认同理论内在关联，凸显结构意涵。

环境行为意向对大学生绿色消费行为有着显著的正向影响，而对大学生环境参与行为并无显著作用。可能的原因在于，一方面本研究的环境行为意向的测量主要涉及放弃

① 冯仕政：《沉默的大多数：差序格局与环境抗争》，《中国人民大学学报》2007年第1期。

便利的产品和服务、承担更高的价格等内容，其距离绿色消费行为相对较近，而与环境参与行为的距离相对较远；另一方面，环境行为意向仅仅是环境行为的影响因素之一，并非其最为关键的因素①。实际上，环境行为的实施往往需要克服一定障碍或者承担相应代价，故条件是否具备、制度是否完善、规范是否明确、重要他人是否期待、金钱与时间成本是否适宜等因素都可能对环境行为产生影响，故后续研究应深度挖掘关键中介变量。

① Stern P. C., "Toward a Coherent Theory of Environmentally Significant Behavior", *Journal of Social Issues*, vol. 56, no. 3, 2000, pp. 407-424.

不同类型流动人口的环境友好行为差异

——论生活方式的中介作用*

方 芗 周玉娇**

摘 要： 随着中国流动人口的数量激增和类型多样化，研究其环境友好行为对生态文明建设和美丽中国建设具有重要的现实意义。本文使用 CGSS 2013 数据，探讨 3 类流动人口（农业户籍乡城流动、非农户籍乡城流动和城城流动）的环境友好行为差异，分析两类生活方式（消费和闲暇）的中介作用，并运用倾向值匹配法做稳健性检验。结果表明：①乡城流动人口的两类（私人和公共）环境友好行为均显著好于农村本地人口，城城流动人口的两类环境友好行为与城市本地居民没有显著差异。②流动人口对私人环境友好行为的影响部分存在两类生活方式的中介作用，对公共环境友好行为的影响则完全通过两类生活方式的中介作用产生。③在考虑了流动人口的样本选择性偏差问题后，农村人口的迁移决策依然会使得私人环境友好行为更好。总之，流动使人们脱离原有环境价值体系，通过生活方式改变，环境友好行为得到提升，这对中国生态环境优化有积极意义。

关键词： 环境友好行为；生活方式；人口流动；倾向值匹配；中介效应

一、引言

随着城镇化进程和户籍制度改革，中国已经进入“大流动时代”。第七次人口普查

* 原文发表于《资源科学》2021 年第 11 期。

** 作者简介：方芗，中山大学社会学与人类学学院副教授。
周玉娇，中山大学社会学与人类学博士研究生。

基金项目：国家社会科学基金项目（16CSH021）。

公报结果显示，中国流动人口已达 3.76 亿；人口流动趋势不仅体现在乡城流动中，城市间流动的增长速度亦不容小觑。大量流动人口从乡村涌入城市，从落后地区流向发达地区以及在城市间的水平流动，客观上对城市环境带来了压力和影响（孙伟增、张晓楠、郑思齐，2019）。为消解城市压力，更好地建设生态文明城市，需要流动人口发挥主观能动性，提升其自身的环境理念和环境友好行为。现有研究发现，随着来自不发达地区的移民接受迁入地区文化规范，他们的环境友好行为会逐渐提高（Lele S，2020）。促进流动人口成为城市生态建设的行动者，不但有利于减轻城市发展中的生态环境压力，还对于农村和落后地区的生态文明建设有积极的意义。因此厘清不同类型的流动人口形成环境友好行为的影响因素，分析流动人口环境友好行为的影响机制，成为落实生态文明建设的重要议题。

相较于本地居民，流动人口在城市的工作和生活存在“本地化”过程，生活方式的城市化是否会形塑其环境友好行为？这需要我们进一步探讨。国内现有研究显示学者已经开始关注人口流动与环境友好行为之间的关系，对如何提升流动人口的环境友好行为进行了有价值的探索。但是关注的主体仅限于乡城流动人口，研究问题局限在挖掘提升环境友好行为的个别影响因素。例如乡城流动群体住房条件改善和城市融合程度提升对环境友好行为的影响（李宝礼、邵帅、裴延峰，2019），城市融入对农民工环保行为的影响（聂伟、梁婷婷，2019）。但对于占比越来越高的城城流动人口关注较少，且忽视了生活方式改变所带来的环境友好行为变化。基于此，本文在人口流动的大背景下，根据 CGSS 2013 调查数据测量流动人口指标内在的异质性，拓展人口流动与居民环境友好行为之间的关系，并深入探究这一路径实现的过程和影响机制。

本文的创新点体现在以下两个方面：①首次将城城流动人口的环境友好行为纳入考量。并区分乡城流动人口内部异质性，按照户口是否发生变动划分为农业户籍的乡城流动人口和非农户籍的乡城流动人口。这有利于系统地把握流动人口环境友好行为的内在差异，为城市生态文明建设提供针对性方案。②将流动人口城市融入的测量细化到其日常生活当中，从闲暇和消费的角度考察了导致流动群体环境友好行为差异的原因。

二、文献综述与问题提出

（一）人口流动与环境友好行为

环境友好行为（pro-environmental behavior）指个体有意识地通过降低能源消耗、有毒物质的使用和废物产生等方式来减少对自然和人造世界的负面影响（Poortinga W，Steg L，and Vlek C，2016）。它是一种人类将环境意识付诸行为层面，并对生态环境产生影响的行动（郭清卉、李世平、南灵，2020），大部分学者将其界定在积极正面的意义上，例如垃圾分类、低碳出行和废物利用等，强调行动者去解决和预防环境问题的责任感和主动性。环境友好行为可划分为"公共"和"私人"两个领域，前者指个人的一些日常环保习惯行为（赵敏燕 等，2020），后者指个人作为责任公民需履行的社会公共环保行为（黄艳敏、柴明月，2020）。

目前针对流动人口的环境行为差异研究还比较少，国外研究者按照迁移目的区分了经济性迁移和舒适性迁移（amenity migration），研究这两类迁移者环境友好行为和当地居民的区别。来自环境友好行为不发达地区的移民表现出比当地居民更差的环境行为（JA et al.，2020），但随着移民接受迁入地区文化规范，这种差异会逐渐消失。Stocks等（2015）比较了在环境舒适乡村的迁入人口与本地居民的环境行为，前者注重大规模的环境过程，如重建自然生态系统，后者主要从事如垃圾回收等较小规模的活动。

由于中国长期处在城乡户籍二元分割的社会结构中，乡城流动仍是最重要的流动方式。因此国内学者对流动人口环境友好行为的研究仍集中于乡城流动人口上，尤其是城市融入对进城农民工环境行为（或环保行为、绿色消费行为）的影响。总体来说，城镇化对农民工的环保行为有正向作用，城市融合程度越高，农民工的环境友好行为也越积极（张航、邢敏慧，2020）。何兴邦等（2018）进一步将环境友好行为细分为私领域和公共领域，结果表明，进城农民工的私领域环境友好行为有很大提升，但公共领域环境友好行为提升较小。也有学者用身份认同这个指标来测量乡城流动者的环境友好行为（聂伟、梁婷婷，2019），发现"农转非"流动人口的环境友好行为优于农村户籍流动人口。

综上所述，以往研究在探讨流动与环境友好行为的关系时，将研究主体限制在乡城流动的范围内，而忽略了城城流动人口。而实际上，2010年城城流动人口占总流动人口的21%，2016年这一占比提高到了30%，其重要性不容忽视。并且相较于乡城流动人口，城城流动人口文化程度高，职业较为高端（段成荣、程梦瑶、冯乐安，2018）。我们认为，由于生活环境、环保理念以及文化价值的差异，乡城流动人口与城城流动人口的环境友好行为变化很有可能存在较大差异。

（二）生活方式与环境友好行为

生活方式指在一定的社会条件制约下和价值观念指导下，人们所形成的满足自身生活需要的全部活动形式与行为特征体系。可分为广义和狭义两个方面，从广义上看，其研究内容包括劳动生活、政治生活、物质消费生活、闲暇和精神文化生活、宗教生活等广阔领域；而从狭义上则把生活方式限定在日常生活领域，包括物质消费、闲暇、家庭生活和精神文化方面（王雅林，1995）。在此基础上有学者进一步探讨了城市生活方式，把狭义上的城市生活方式缩小在闲暇和消费方式上（李培志，2010）。由于本文研究的流动人口的现居地均为城市，且环境友好行为与其日常生活关系密切，因此将生活方式定位在狭义城市生活方式上，主要关注流动人口的闲暇和消费方式如何影响其环境友好行为的变化。

以往研究概括了狭义城市生活的主要特点：①中国城市消费方式由生活性转向精神性和享受性，炫耀性消费增多。消费水平趋向高质量、高品位，突显出对“个性”和“风格”的追求。特定群体的生活方式与消费选择之间存在关系（凡勃伦，2011），用经济资本转化为文化资本的方式来获取社会地位。例如为了体现精英的品味，消费者会选择购买绿色环保产品（彭皓玥、赵国浩，2019），炫耀性消费转向炫耀性绿色消费（戚海峰 等，2019）。②闲暇生活具有自主性、活跃性的特点，呈现出多元、精彩、富有活力的景象。市民生活从“静态”走向“动态”。休闲成为大众的普遍需求，而非上层阶级的特权，其方式更加多样化（塔娜、柴彦威，2019）。既包括对商业休闲设施和服务的消费如看电影、逛街购物、观看比赛等，也包括对旅游、登山、徒步等连接人与生态环境的绿色休闲方式的选择，很好地将自然环境融合到日常生活之中。

现有研究分析了乡城流动人口的消费方式、休闲方式变化及其原因。从乡城流动人口的生活方式总变化趋势上看，农村人口流向城市后闲暇、消费方式和社会交往都会发生“城市化”转变，他们闲暇时间的活动形式日益多样化，活动方式日益文明化，从满足基本生存的消费迈向关注精神文化和娱乐服务方面的消费，并逐步向开放型的社会交往生活方式转变（林巧明、杨宜音，2021）。细分其内部差异，则发现农业户籍人口与农转非人口、城市人口在消费和闲暇方式上都存在显著不同。探究乡城流动人口生活方式变化的原因，从直接原因上看，这种变化是经济地位和社会地位的改变带来的（梁晨，2012）；而受教育水平是影响农民工生活方式转变的重要间接因素，研究者认为拥有较高文化水平的乡城流动人口更容易消除生活陋习和提高审美层次，最终影响消费和闲暇生活方式的转变。

因此在现代工业社会的背景下我们可以总结出：生产方式带来生活方式的变化，流动人口的生活方式则随着生产方式变化有了很大改变，而生活方式的变化更多地通过与日常生活相关的衣食住行等消费行为和休闲方式得以表现。流动人口在进入城市后更多地适应和融入城市的生活方式，环境友好行为也趋向与主流城市人群保持一致（聂伟、梁婷婷，2019）。在城市之间流动的人口生活方式在本身已有的城市生活方式的基础上，因教育程度、工作能力、收入等因素的提升而获得了更多消费上的选择自由和对“个性”和“风格”的追求。他们更有可能把绿色友好的环境行为作为一种文化上的生活追求，甚至形成与发达国家城市居民相类似的把环境友好的消费行为作为一种生活选择、价值观和生活理念。

但目前关于流动人口对环境行为的影响因素仍主要集中在社会融入方面，而测量社会融入的指标仍然局限于社会经济层面，尚未深入个人的日常生活变化。本文认为流动人口休闲生活方式以及消费生活方式的转变将会促进其环境友好行为的提升（图 1）。

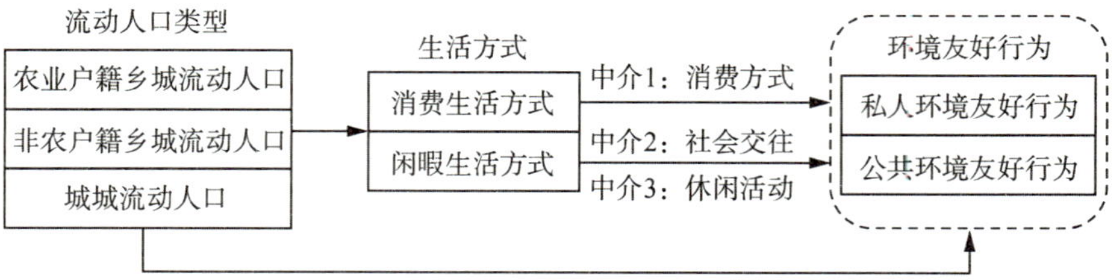

图 1　流动人口环境友好行为分析框架

基于以上的文献综述和概念梳理，本文提出两个研究问题：①在“人口大流动”的背景下不同类型的流动人口（乡城流动人口、城城流动人口）的环境友好行为相对于本地居民（农村本地居民、城市本地居民）呈现出的特征与区别。②狭义上的城市生活方式作为区别不同群体行为特征的概念对流动人口和本地居民的环境友好行为的影响。

三、数据说明、变量和研究方法

（一）数据说明

本文选取了 2013 年中国综合社会调查（CGSS）数据进行实证分析，该数据始于 2003 年，由中国人民大学中国调查与数据中心负责执行。它系统、全面地收集社会、社区、家庭、个人多个层次的数据，覆盖我国的 28 个省份（因数据缺失，不包括海南、新疆、西藏和港澳台地区）的 478 个村居。该数据选用了严密的分层三阶段概率抽样以确保样本的代表性和科学性，其调查对象为 16 岁及以上的人群，得到 11 438 个有效样本。针对所选取的变量对缺失值进行处理后本文的总样本个数为 9 040 个。

（二）变量设置

1. 因变量

本文测量的因变量为私人环境友好行为和公共环境友好行为，我们在 CGSS 2013 年的问卷中选取了对“我们想了解一下，在最近的一年里，您是否从事过下列活动或行为?”这一问题的回答作为测量指标，该问题是由 10 个子问题组成的量表。参照以往研究的因子分析结果（赵敏燕 等，2020），本文将 1—4 项和第 6 项作为私人环境友好行为的指标，这 5 个子问题分别是“垃圾分类投放”“与自己的亲戚朋友讨论环保问题”“采购日常用品时自己带购物篮或购物袋”“对塑料包装袋进行重复利用”“主动关注广播、电视和报刊中报道的环境问题和环保信息”。第 5 项和 7—10 项则作为公共环境友好行为的指标，5 个子问题分别为“为环境保护捐款”“积极参加政府和单位组织的环境宣传教育活动”“积极参加民间环保团体举办的环保活动”“自费养护树林或绿地”“积极参加要求解决环境问题的投诉、上诉”。对每一个子问题的回答进行赋值，“从不参加”取值为0，“偶尔参加”取值为1，“经常参加”取值为2。将指标分别进行累加得到私人环境友好行为和公共环境友好行为得分，取值范围均为［0，10］。得分越高，代表越践行环境友好行为。

为了测量这两个指标的内部一致性，本文计算了克朗巴哈系数，*Alpha* 值分别为0.67和0.76，前者在可接受的范围内，而后者的分量表具有较好的内部一致性。结果显示，私人环境友好行为的样本平均得分比公共环境友好行为高得多，前者为4.30，比后者的0.94高出3.36。

2. 自变量

本文的自变量为人口流动类别，我们将人口划分为本地户籍人口和流动人口，前者指户口在农村（城市）且本人也留在农村（城市）的人口，可以细分为农村本地居民和城市本地居民；后者包括3类：迁出地和迁入地都在农村的人口（乡乡流动人口），迁出地为农村、迁入地为城市的人口（乡城流动人口），迁出地、迁入地都在城市的人口（城城流动人口）。但由于在CGSS 2013年数据中乡乡流动样本较小（180个），可能会得到有偏估计，因而本文并未纳入。

乡城流动人口是中国人口流动的主力军，这部分人口在CGSS 2013调查数据的总流动人口中占比高达78%。当这部分人口流入城市使其生产方式变化的同时生活方式也发生了变化，在这一过程中不可避免地存在城市认同问题。本文将户口作为城市认同的指标，相较于户口没有迁移的人口，户口迁往城市会增加他们的城市认同感。进一步细分乡城流动人口为户口在农村的乡城流动人口和户口迁至城市的乡城流动人口。因而本文按照CGSS 2013调查数据所提供的户口性质和现住地类型构造了一个类别变量，变量编码0～4分别为：农村本地居民、农业户籍乡城流动人口、非农户籍乡城流动人口、城城流动人口和城市本地居民。

3. 中介变量

中介变量指流动类型影响环境友好行为的路径或机制，我们选取了狭义上的城市生活方式——闲暇生活方式和消费生活方式作为本文的中介变量。其中本文将“过去一年，您是否经常在空闲时间从事以下活动?”这一量表作为测量闲暇生活方式的变量，包括12个子问题：看电视或者看碟、出去看电影、逛街购物、读书/报纸/杂志、参加文化活动、与不住在一起的亲戚聚会、与朋友聚会、在家听音乐、参加体育锻炼、现场观看体育比赛、做手工（如刺绣、木工）和上网。由于做手工难以辨别是城市还是乡村休闲活动，本文对这一选项做剔除处理。将其余11项进行因子分析，使用主成分分析法提取出两个因子：与不住在一起的亲戚聚会和与朋友聚会显示在同一维度，将其定义为社会交往因子；其余 9 个活动显示在另一维度，被定义为休闲活动因子。通过对其信度的考察，克朗巴哈系数分别为 0.62 和 0.74，所以可以对这些选项进行累加分析。对每一个子问题中的回答进行赋值，“从不”取值为 1，“一年数次或更少”取值为 2，“一月数次”取值为 3，“一周数次”取值为 4，“每天”取值为 5。得分越高意味着休闲活动和社会交往越丰富。

对消费生活方式的测量则采用“下列说法是否符合您的生活习惯或您的真实想法?”这一量表中与消费习惯直接相关的子问题，包括“不买生活非必需品”“节日外出聚餐”“到有名气商店购物”“出门乘坐出租车或私家车”“耐用消费品都是高档大牌”“用艺术品装饰”。将回答“很不符合”赋值为 0，“不太符合”赋值为 1，“较符合”赋值为 2，“很符合”赋值为 3。经信度检验，这一量表的 *Alpha* 系数为 0.80，表明其内部具有较好的一致性，可以累加计算。通过同向累加得到一个取值范围在［0，18］的连续变量。得分越高意味着越倾向于炫耀性消费。

4. 控制变量

通过文献梳理，本文将影响环境友好行为人口特征和区域特征作为控制变量。个人特征因素包括年龄、性别、婚姻、教育、家庭收入、社会等级自评和党员身份变量。对性别、婚姻和党员身份进行了［0，1］的虚拟变量处理：0 分别表男性、未婚和非党员，1 分别为女性、已婚和党员。将教育作为连续变量，取值范围在 1～14，家庭收入则对数化处理。区域特征变量根据经济发达程度将各省份划分为西部、中部和东部（孟望生、张扬，2020）并处理成虚拟变量（西部为 0，中部为 1，东部为 2）。

根据表 1 我们对样本进行描述性分析，纳入农村本地居民和城市本地居民作为研究的参照。从环境友好行为上看，各类群体的私人环境友好行为都要好于公共环境友好行为。无论是私人环境友好行为还是公共环境友好行为，乡城流动人口的环境友好行为都要好于农村本地居民，城城流动人口的环境友好行为也高于城市本地居民。总体而言，城城流动人口的私人环境友好行为得分和公共环境友好行为得分都最高（5.55 和 1.48），其次是城市本地居民，再次是非农户籍的乡城流动人口、农业户籍的乡城流动人口，农村本地居民环境友好行为最差。

从生活方式上看，无论是消费方式还是由休闲活动和社会交往组成的闲暇生活方式，依然是城城流动人口得分最高，其次是城市本地居民。两类乡城流动群体的生活方式得分均高于农村本地居民，其中非农户籍的乡城流动人口要高于农业户籍乡城流动人口。这表明 3 类流动人口的生活方式相较于各自的本地居民都更丰富、更多元以及消费方式更倾向于炫耀性消费。

表 1　变量描述性统计结果

	农村本地居民	乡城流动人口（农业户籍）	乡城流动人口（非农户籍）	城城流动人口	城市本地居民
私人环境友好行为	3.27（2.09）	4.02（2.19）	5.01（2.27）	5.55（2.16）	5.36（2.26）
公共环境友好行为	0.59（1.25）	0.83（1.59）	1.1（1.7）	1.48（1.8）	1.33（1.81）
消费方式	2.57（2.5）	4.18（3.27）	4.72（3.22）	6.1（3.31）	5.31（3.21）
社会交往	4.33（1.35）	4.65（1.41）	4.75（1.38）	5.18（1.32）	5（1.37）
休闲活动	18.13（4.72）	21.77（5.86）	23.49（5.77）	25.75（5.3）	25.04（5.42）
年龄/岁	50.57（15.27）	43.7（15.3）	50.86（16.36）	46.23（16.76）	48.96（16.09）
男性	50.77	50	48.79	51.94	53.7
受教育年限/年	3.28（1.73）	4.38（2.41）	5.97（3.36）	7.25（3.3）	6.74（3.15）
已婚	83.32	81.15	81.42	72.02	75.11
党员	4.62	5.41	21.14	14.92	16.42
家庭年收入/元	32 406.75	58 037.36	70 802.62	95 320.76	77159.2
	（35 069.31）	（66 933.48）	（91 976.88）	（97 121.74）	（90 187.81）
社会地位自评	4.06（1.66）	4.23（1.65）	4.53（1.65）	4.8（1.69）	4.61（1.6）
中部地区	46.68	33.59	35.92	14.35	23.81
东部地区	27.39	48.75	49.96	66.86	69.86
样本量	3 333	1 682	1 367	697	1 961

注：除类型变量性别、婚姻状况、政治面貌和区域报告百分比外，其余变量均报告了均值，括号内表示的是标准差。

将个人特征变量纳入考虑，整体来说，农村本地居民的私人环境友好行为和公共环境友好行为都最差，生活方式、受教育年限、家庭收入以及社会等级也是最低的。城城流动人口的两类环境友好行为都最好，生活方式、受教育年限、家庭收入和社会等级在所有群体中都最高。其次是城市本地居民。非农户籍乡城流动人口的私人环境友好行为、公共环境友好行为、生活方式以及个人特征如收入、教育水平等均比农业户籍乡城流动人口要好。

（三）研究方法

1. 基准回归模型

由于因变量为连续变量，本文运用多元线性回归模型来分析流动类型对环境友好行为的影响，建立的模型如下：

$$y_j = \beta_0 + \beta_1 x + \beta_2 z + \varepsilon (j = 1,2) \tag{1}$$

式中：因变量 y_j 表示环境友好行为，其中 y_1 为私人环境友好行为，y_2 为公共环境友好行为；x 表示自变量人口流动类型；z 为控制变量组，包括个人特征和区域特征；β_0 为常数项，它表示当所有自变量取值为0时的因变量估计值；β_1、β_2 为对应自变量的回归系数；ε 为残差值。

2. 中介变量的传导机制

在基准模型中，本文假设从农村向城市流动将会带来生活方式的变化，而生活方式的变化进一步引起这部分群体的环境友好行为发生变动，即人口流动与环境友好行为之间存在生活方式的中介效应。为了验证式（1）存在的中介效应，建立以下检验模型：

$$C_i = \alpha_0 + \alpha_1 x + \alpha_2 z + \varphi (i = 1,2) \tag{2}$$

$$y_j = \gamma_0 + \gamma_1 x + \gamma_2 C_i + \gamma_3 z + \eta \tag{3}$$

式中：C_i 表示中介变量，包括闲暇生活方式 C_1 和消费生活方式 C_2；α_0 表示常数项；α_1、α_2 为对应自变量的回归系数；γ_0 表示常数项；γ_1 表示在纳入中介变量以后，流动类型对环境友好行为的影响；γ_2 表示中介变量的回归系数；γ_3 为控制变量的回归系数；φ 和 η 均为方程的残差值。

3. 倾向值匹配

出生地为农村的人口是否迁移流动到城市可能是一种非随机选择，受到个人特征如性别、年龄、受教育程度、家庭收入和所处区域等因素的影响，使得做出迁移选择的群体的环境友好行为或许原本就比留在农村地区的群体要好，即多元回归结果可能存在选择性偏误的问题。为了验证样本是否存在选择性偏误，本文采用倾向值匹配法（PSM）进行稳健性检验。

在PSM分析中，我们将样本限制在出生在农村的个体，删除城市本地居民和城城流动人口，并将农业户籍和非农户籍的乡城流动人口合并到一起。由此处理变量 D 为是否迁移，0表示留在农村，1表示迁移。则平均处理效果 ATT 可以表示为：

$$ATT = [Y(1) - Y(0) \mid D = 1] \tag{4}$$

式中：Y（1）和 Y（0）分别表示同一个体在留在农村与迁移两种情况下的环境友好行为值，对于每个个体来说，迁移的因果效应可以表示为 Y（1）$-Y$（0）。但现实中我们只能观察到其中一种情况，而倾向值匹配法可以尽量使控制组和处理组相匹配，估计 ATT，从而减少选择性偏差。

PSM分析主要分为两个步骤：估计处理效应和比较匹配后的结果。首先本文使用二元 logit 模型估计出个体进入处理组的概率，即个体迁移的概率。而在影响个体做出迁移决策的选择变量选取上，则包括个体特征如性别、年龄、家庭收入和所处区域等因素。为估计 ATT 并检验匹配分析的稳健性，本文采用了3种被广泛使用的匹配方法：最近邻匹配、半径匹配以及核匹配。

四、结果与分析

（一）多元线性回归模型结果分析

表 2 是两类流动类型群体的私人环境友好行为和公共环境友好行为多元分析结果。其中模型 1 和模型 2 以农村本地居民为参照项，对比乡城流动人口的私人环境友好行为和公共环境友好行为有何差异。模型 3 和模型 4 则以城市本地居民为参照项，对比城城流动人口的私人环境友好行为和公共环境友好行为变化。关于流动是否导致了生活方式改变进而促进环境友好行为提升，本文则在中介效应模型中进行论证。

表 2　不同流动类型群体的环境友好行为决定模型

	模型 1 私人环境友好行为	模型 2 公共环境友好行为	模型 3 私人环境友好行为	模型 4 公共环境友好行为
农村本地居民	参照项	参照项	−1.126***	−0.238***
			(0.072)	(0.052)
乡城流动人口（农村户籍）	0.351***	0.045	−0.776***	−0.193***
	(0.065)	(0.047)	(0.0755)	(0.055)
乡城流动人口（非农户籍）	0.991***	0.112**	−0.136*	−0.126**
	(0.074)	(0.054)	(0.075)	(0.054)
城城流动人口	1.195***	0.288***	0.0683	0.050
	(0.097)	(0.070)	(0.093)	(0.067)
城市本地居民	1.126***	0.238***	参照项	参照项
	(0.072)	(0.052)		
年龄	−0.001	−0.004***	−0.001	−0.004***
	(0.001)	(0.001)	(0.002)	(0.001)
性别（男性）	0.326***	−0.089***	0.326***	−0.089***
	(0.045)	(0.033)	(0.045)	(0.033)
受教育年限	0.155***	0.0958***	0.155***	0.096***
	(0.011)	(0.007 6)	(0.011)	(0.008)
婚姻状况（未婚）	0.169***	−0.057 9	0.169***	−0.058
	(0.056)	(0.040 7)	(0.056)	(0.041)
政治面貌（非党员）	0.342***	0.330***	0.342***	0.330***
	(0.078)	(0.056)	(0.076)	(0.056)
家庭收入对数	0.164***	0.052***	0.164***	0.052 3***
	(0.027)	(0.019)	(0.027)	(0.019)

（续表）

	模型 1 私人环境友好行为	模型 2 公共环境友好行为	模型 3 私人环境友好行为	模型 4 公共环境友好行为
社会等级自评	0.034**	0.056***	0.034**	0.056***
	(0.014)	(0.010)	(0.014 1)	(0.010)
区域（西部）				
中部	−0.342***	−0.310***	−0.342***	−0.310***
	(0.064)	(0.047)	(0.064)	(0.047)
东部	0.323***	−0.093**	0.323***	−0.093**
	(0.067)	(0.047)	(0.065)	(0.047)
常数项	0.789***	−0.025	1.915***	0.213
	(0.286)	(0.207)	(0.313)	(0.227)
样本量	9 040	9 040	9 040	9 040
R^2	0.224	0.106	0.224	0.106

注：括号内为标准误，***、**、* 分别表示 $p<0.01$，$p<0.05$，$p<0.1$，下同。

相较于农村本地居民，乡城流动人口的私人环境友好行为显著更积极，其中非农户籍的私人友好环境行为显著好于农业户籍。在公共环境友好行为方面，非农户籍的乡城流动人口比农村本地居民显著更积极，但农业户籍乡城流动人口结果不显著（模型 1 和模型 2）。这在一定程度上说明了公共环境友好行为更难提高，需要加强对乡城流动人口的城市认同感。

根据以往研究，户口是进城农民工与城市产生心理认同的一条天然鸿沟，农民工受访者认为农民与当地居民的根本差别是户口的占 53.9%（朱力，2002）。由此我们认为非农户籍的乡城流动人口比农业户籍的乡城流动人口城市融合程度更高，对城市更具认同感。这也证实了居民环境友好行为受城市生活融入程度的影响，融入程度越高，环境友好行为就越积极，尤其是在公共环境友好行为上有更明显的体现。

在控制其他变量的情况下，相对于农村本地居民，城城流动人口的私人和公共环境友好行为显著更积极，但以城市本地居民为参照时，其私人和公共环境友好行为并不显著（模型 3 和模型 4）。这意味着城城流动人口具有高受教育水平、高收入和良好社会经济地位的个人特征（表 1），较于乡城流动群体在绿色环保消费上有更多选择和对个性化的追求，与城市本地居民的环境友好行为已经没有显著差异。而两类乡城流动人口的环境友好行为均比城市本地居民更不积极，这说明在城市生态文明建设过程中应重点关注并促进这部分人的环境友好行为。

从控制变量的结果来看，无论私人还是公共环境友好行为，均显著受到年龄、性别、受教育年限、婚姻状况、政治面貌、家庭收入以及社会等级自评的影响。总体上年龄越小、教育程度越高、收入越多、社会等级自评越好，且政治面貌为党员和已婚的个体的私人环境友好行为和公共环境友好行为都更好。这也验证了前人的研究，性别、年龄、教育，以及政治身份等个体性因素对居民环境友好行为具有较强的解释力（袁亚运，2016）。

（二）生活方式对环境友好行为的中介效应分析

针对不同流动群体之间存在的私人环境友好行为和公共环境友好行为差异，本文试图探究影响其差异产生的机制。我们认为这种差异主要是由于各个流动群体之间的消费生活方式以及闲暇生活方式不同而带来的，即这两类生活方式在流动类型与环境友好行为之间起到中介的作用，人口流动由农村流向城市和城市流向城市可能会导致消费生活方式和闲暇生活方式发生改变，这两类生活方式的变动会进一步引起私人环境友好行为和公共环境友好行为的转变。

根据表 3，相较于农村本地居民，乡城流动人口和城城流动人口炫耀性消费倾向更高、休闲活动更丰富多元以及社会交往的频率也更高。在乡城流动中非农户籍人口的两类生活方式都较农业户籍人口更接近城市。城城流动人口的炫耀性消费和社会交往均要好于城市本地居民，但休闲活动的丰富性低于后者（模型 5—7）。城市生活会培养人的现代性，居住地是影响生活方式的重要变量，城市比农村更倾向于选择环保的生活方式（赵万里、朱婷钰，2017）。因此城市本地化程度越高，生活方式越丰富。

表 3　中介变量回归结果

	模型 5 消费方式	模型 6 社会交往	模型 7 休闲活动	模型 8 私人环境友好行为	模型 9 公共环境友好行为
流动类型（农村本地居民）					
城乡流动（农村户籍）	0.661***	0.068*	1.759***	0.170***	−0.119***
	−0.080	−0.041	−0.136	−0.064	−0.046
城乡流动（非农户籍）	0.743***	0.150***	2.753***	0.714***	−0.126**
	−0.092	−0.047	−0.155	−0.074	−0.053
城城流动	1.313***	0.398***	3.341***	0.842***	−0.036
	−0.120	−0.061	−0.203	−0.097	−0.069
城市本地居民	0.940***	0.305***	3.423***	0.779***	−0.062
	−0.089	−0.045	−0.150	−0.072	−0.052
生活方式					
消费方式				0.025***	0.072***
				−0.009	−0.006

（续表）

	模型 5 消费方式	模型 6 社会交往	模型 7 休闲活动	模型 8 私人环境友好行为	模型 9 公共环境友好行为
社会交往				0.030*	0.024*
				−0.017	−0.012
休闲活动				0.092***	0.066***
				−0.005	−0.004
控制变量	已控制	已控制	已控制	已控制	已控制
常数项	−5.056***	3.426***	13.340***	−0.414	−0.619***
	−0.354	−0.181	−0.597	−0.296	−0.212
样本量	9 040	9 040	9 040	9 040	9 040
R^2	0.365	0.115	0.489	0.258	0.164

将两类生活方式和流动类型同时纳入模型中时，参照农村本地居民，城乡流动和城城流动的私人环境友好行为依然显著更积极，R^2 从 0.224 提升到 0.258（模型 1 和模型 8），但是各类流动人口的系数均有所降低，这说明流动人口的私人环境友好行为影响部分是由两类生活方式中介作用产生的。城市生活的过程增强了风格意识，增强了在一定选择范围（既能代表特定社会群体，又能表现个人爱好）进行消费的必要性（王雅林，1995）。对城市认同感加深会表现在环境友好的消费方式的模仿上，例如自备购物袋、循环利用物品包装物。越接近城市的外向型积极丰富的生活方式，私人环保行为提升幅度也越大。

在模型 9 中，两类生活方式与公共环境友好行为之间存在显著的正向关系，消费方式越倾向于炫耀性消费、闲暇生活方式越多元，公共环境友好行为就越积极。但城城流动对公共环境友好行为的影响不再显著且系数为负，模型解释力从 10.6%提高到了 16.4%（模型 2 和模型 9），表明城城流动对公共环境友好行为的作用完全是通过中介模型来实现的。

不同于私人环境友好行为，城城流动人口公共环境友好行为的提升要通过两类生活方式的城市化、多元化来实现。这是由于公共环境友好行为是一种要求以自身利益为代价，实现利他性结果，受个体的社会责任感影响较大。相较于农村，现代化程度更高的城市通过对生活方式的同化更有利于培养出理性思维、自主性与个人效能感，在自主性和个人效能感的推动下，人们参与公共环境问题的积极性更高。因此城市认同程度更深的非农户籍乡城流动人口的公共环境友好行为要远高于农业户籍乡城流动人口。而城城流动人口在自身已有的城市生活方式基础上，流动带来更多元的生活方式亦获得了更多对文化、价值观念上的“个性”和“风格”追求。这种追求在公共环境友好行为上体现为居民对生态文明建设的参与和责任感。

利用 bootstrap 方法来分解生活方式对私人环境友好行为和公共环境友好行为的贡献程度。如表 4 所示，流动类型通过消费方式和休闲活动对私人环境友好行为影响均显著为正，即流动人口越倾向于炫耀性消费、休闲活动越丰富，其私人环境友好行为也越积极，但社会交往的中介作用不显著。在流动类型对私人环境友好行为的总影响中，约 31.93%通过中介变量的间接渠道产生，其余的 68.07%由直接影响产生。而在流动类型对公共环境友好行为的影响中，流动类型完全通过两类生活方式来对公共环境友好行为产生影响，相对贡献为 100%。这说明只有当消费生活方式和闲暇生活方式发生变化的情况下，流动人口的公共环境友好行为才会显著提升。

表 4　中介效应及渠道分解

	私人环境友好行为	相对贡献 /%	公共环境友好行为	相对贡献 /%
直接影响 γ_1				
流动类型	0.205*** (11.55)	68.07	−0.010 (−0.79)	0
间接影响 $\gamma_2\ \alpha_1$				
消费方式	0.008*** (3.39)	2.62	0.018*** (7.86)	23.07
社会交往	0.002 (1.57)	0.80	0.002** (2.22)	2.27
休闲活动	0.086*** (14.39)	28.51	0.058*** (13.64)	74.36
样本量	9 062		9 077	

注：括号内数据为 Z 统计量。

（三）稳健性检验结果分析

运用二元 logit 模型来估计个体迁移决策的倾向得分，将流动类型变量合并为一个表示是否从农村迁移的二分因变量，农村本地居民编码为 0，农业户籍乡城流动人口和非农户籍乡城流动人口合并编码为 1，城市本地居民和城城流动人口①做缺失值处理。在影响迁移决策的因素中我们考虑了迁移者的个人特征因素，主要纳入性别、年龄、受教育状况、工作类型、政治面貌、家庭收入、14 岁时家庭社会地位自评以及所在区域 8 个变量。

二元 logit 结果表明②相较于男性，女性更有可能迁移；学历越高年龄越大越倾向迁移；非农工作者比无工作者更有可能迁移；相较非党员，党员迁移的可能性更高；家庭收入越高越有可能迁移；与西部地区相比，中东部地区的个体更有可能迁移。

① 由于城城流动人口的私人环境友好行为没有显著提升，且流动对公共环境友好行为的影响完全通过中介变量来作用，因此稳健性检验仅针对乡城流动人口的私人环境友好行为。

② 因篇幅有限未在文中列出二元 logit 回归结果，读者可通过作者邮箱索取。

表 5 给出了 3 种方法计算的协变量平衡性检验和倾向值匹配结果。协变量平衡性检验结果表明，协变量的标准化偏差均小于 2.7。其中半径匹配联合显著性检验（*LR* 统计量）的 *P* 值最好，为 47%，而最近邻匹配最差。这表明在采用半径匹配法进行倾向值估计和样本匹配时，协变量的分布平衡性最好。无论采取何种匹配方法，*ATT* 都在 0.01 的水平上显著。这意味着，人口流动和私人环境友好行为之间存在着显著的正相关关系。从结果上看，即使在考虑了流动人口的样本选择性偏差问题后，农村人口的迁移决策依然会提高私人环境友好行为的积极性。

表 5　基于 PSM 方法的农村人口流动对私人环境友好行为的影响结果

方法	干预组（*n*）	控制组（*n*）	协变量平衡性检验		*ATT* 系数（标准误）
			$LR\ chi^2$（*P* 值）	Mean *bias*	
最近邻匹配	3 115	3 398	16.59 (0.04)	2.7	0.861*** (−0.096)
半径匹配	3 127	3 382	7.62 (0.47)	1.8	0.895*** (−0.081)
核匹配	3 127	3 382	8.16 (0.42)	1.9	0.897*** (−0.082)

注：干预组为发生迁移行为的农村个体，控制组为留在农村的个体；*ATT* 为干预组的平均干预效果。

根据推拉理论，迁入地良好的生活环境有助于人们做出迁移决策。人们由乡村向城市的流动并不仅仅在于经济方面的吸引力，对干净优美的环境需求逐渐成为迁移决策的重要因素。农村人口对美好生活的向往和追求也内化为适应城市生活方式的动力，亦会促进其环境友好行为的提升。

五、结论与讨论

（一）结论

对于中国人口的环境友好行为研究必须嵌入人口流动的大背景之中。随着 1984 年《国务院关于农民进入集镇落户问题的通知》出台，大量农村人口脱离了土地的限制向城镇流动，城市人口的流动也在逐渐加剧，流动人口已经成为中国人口的重要组成部分。流动形塑了人们的生活方式，亦促进了个体的环境友好行为，人口流动的差异也会使得他们的环境友好行为有所不同。基于对 CGSS 2013 年的调查数据的实证分析，得出以下结论：

(1) 人口流动带来了更积极的环境友好行为，流动人口内部存在显著的异质性。相较于农村本地居民，乡城流动和城城流动人口的两类环境友好行为都更好，得分从高至低依次为城城流动人口、非农户籍的乡城流动人口和农村户籍的乡城流动人口。城市本地居民和城城流动人口的环境友好行为没有显著差异，乡城流动人口的两类环境友好行为均显著弱于城市本地居民。结果表明人口从乡村流动到城市能形成更积极的环境友好行为，获得本地户口是提高环境友好行为的重要因素。

（2）流动人口的环境友好行为差异受到城市生活方式的中介效应影响，消费生活方式和闲暇生活方式的中介作用都很显著。流动人口的私人环境友好行为部分存在消费方式、社会交往和休闲活动的中介作用，而流动人口有更好的公共环境友好行为则是完全通过消费方式、社会交往和休闲活动的城市化得以实现。促进流动人口融入城市的生活方式，形成与城市居民类似的闲暇、消费及社会交往方式是提高环境友好行为的有效路径。

（3）倾向值匹配的稳健性检验结果表明，从农村迁移和私人环境友好行为之间存在着显著的相关关系。这说明即使在考虑了流动人口的样本选择性偏差问题后，农村人口的迁移决策依然会使得私人环境友好行为更积极。

城市作为一种生活和文化共同体能够促进其所吸纳的流动人口采取环境友好行为。流动人口的公共环境友好行为更依赖于其生活方式的转变，甚至完全通过闲暇生活方式和消费生活方式的变化而产生变动。本文的结论指出结构上的户籍制度优化和行动层面的城市生活融入都有利于提升流动人口的环境友好行为，促进美丽中国建设和生态文明建设。

（二）讨论

基于以上结论，从理论和现实意义出发，对研究的局限性进行如下讨论：

（1）现有研究多从宏观的社会结构层面讨论城镇化、社会融入对流动人口的环境友好行为的影响，而本文从与日常生活相关的个体微观行动层面探讨了流动人口生活方式转型如何作用于环境友好行为，丰富了环境友好行为研究的理论维度。在加快生态文明建设过程中，应关注流动人口的环境友好行为，除了进行结构性的调整，加速城镇化的进程之外，使乡城流动人口在微观生活层面实现“本地化”，获得与城市居民同步的积极多元的生活方式才能全面提升其环境友好行为。

（2）随着中国经济的高速发展，中国社会从20世纪末开始步入消费社会。这不仅为消费者个体带来了福祉，也带来了消费主义的蔓延、生态环境破坏的潜在危机。为探索中国数量巨大、类型多样的流动人口在消费社会的背景下从落后地区迁入发达地区是否会形成对迁入地的环境压力和破坏，本文具有很强的现实意义。本文的研究结果表明越接近城市的生活方式，流动人口的环境友好行为越积极，即越有利于资源节约型社会的发展。此外，本文的结论也进一步指出，形成“风格化”“个性化”的消费和多元化、丰富化的闲暇日常交往方式能够促进人们形成以自身利益为代价的公共环境行为。社会主义生态文明和美丽中国建设的践行迫切需要实现从私人环境行为到公共环境行为的转化。本文为这一转化实现的可能提供了实证依据。

（3）尽管本文针对流动人口的选择性问题使用倾向值匹配模型进行了稳健性检验，但是由于我们无法纳入所有影响迁移的潜在变量，因而在因果性的解释上仍有欠缺。此外，本文探讨了不同类型流动人口的环境友好行为差异，而没有对流动这一过程是否带来环境友好行为的变动进行讨论，且流动人口可否通过社会网络反哺来提升迁出地人口的环境友好行为也是一个值得思考的问题。但由于数据的局限性，我们暂时无法对这两个问题进行研究，这将是后续要做的工作。

参考文献

段成荣、程梦瑶、冯乐安，2018，《新时代人口发展战略研究：人口迁移流动议题前瞻》，《宁夏社会科学》第 2 期。

凡勃伦，2011，《有闲阶级论》，北京：商务印书馆。

郭清卉、李世平、南灵，2020，《环境素养视角下的农户亲环境行为》，《资源科学》第 5 期。

何兴邦、周葵，2018，《城市融入与进城“农民”环境友好行为——基于 CGSS（2013）的经验证据》，《大连理工大学学报（社会科学版）》第 5 期。

黄艳敏、柴明月，2020，《收入排序诱导中国城镇居民亲环境行为研究》，《大连理工大学学报（社会科学版）》第 3 期。

李宝礼、邵帅、裴延峰，2019，《住房状况、城市身份认同与迁移人口环境友好行为研究》，《中国人口·资源与环境》第 11 期。

李培志，2010，《城市生活方式的新动向：网络消费与网络休闲——基于文化堕距理论的考察》，《行政与法》第 6 期。

梁晨，2012，《生活方式市民化——对农转非居民消费模式与闲暇模式的探讨》，《青年研究》第 5 期。

林巧明、杨宜音，2021，《时空下的流转：新生代农民工生活方式研究》，《哈尔滨工业大学学报（社会科学版）》第 1 期。

孟望生、张扬，2020，《自然资源禀赋、技术进步方式与绿色经济增长：基于中国省级面板数据的经验研究》，《资源科学》第 12 期。

聂伟、梁婷婷，2019，《城市融入有助于提升农民工环保行为吗？——基于 CGSS 数据的实证分析》，《南京工业大学学报（社会科学版）》第 4 期。

彭皓玥、赵国浩，2019，《能源终端消费行为选择：环境关心的柔性驱动》，《资源科学》第 1 期。

戚海峰、于辉、向伟林等，2019，《绿色消费情境下消费者为什么会言行不一？》，《心理科学进展》第 7 期。

孙伟增、张晓楠、郑思齐，2019，《空气污染与劳动力的空间流：基于流动人口就业选址行为的研究》，《经济研究》第 11 期。

塔娜、柴彦威，2019，《理解中国城市生活方式：基于时空行为的研究框架》，《人文地理》第 2 期。

王雅林，1995，《生活方式研究评述》，《社会学研究》第 4 期。

袁亚运，2016，《我国居民环境友好行为及影响因素研究——基于 CGSS 2013 数据》，《干旱区资源与环境》第 4 期。

张航、邢敏慧，2020，《环境风险感知与进城农民环境友好行为意向——社会融入的调节效应》，《山西农业大学学报（社会科学版）》第 19 期。

赵敏燕、董锁成、吴忠宏等，2020，《森林体验教育活动对城市公众环境负责任行为的影响》，《资源科学》第 3 期。

赵万里、朱婷钰，2017，《绿色生活方式中的现代性隐喻——基于 CGSS 2010 数据的实证研究》，《广东社会科学》第 1 期。

朱力，2002，《论农民工阶层的城市适应》，《江海学刊》第 6 期。

Lele S. 2020. "From wildlife-ism to Ecosystem-service-ism to a Broader Environmentalism." *Environmental Conservation* 48 (1): 1-3.

Poortinga W., Steg L., Vlek C. 2016. "Values, Environmental Concern, and Environmental Behavior a Study into Household Energy Use." *Environment & Behavior* 36 (1): 70-93.

Campos-Soria JA, J. Aníbal Núez-Carrasco, Alejandro García-Pozo. 2020. "Environmental Concern and Destination Choices of Tourists: Exploring the Underpinnings of Country Heterogeneity." *Journal of Travel Research* 60 (1): 004728752093368.

Stocks, Gabriela, Matarrita-Cascante. 2015. "International Amenity Migration: Examining Environmental Behaviors and Influences of Amenity Migrants and Local Residents in a Rural Community." *Journal of Rural Studies*.

大学生的性别角色态度与环境关心*

孙 莹　范叶超　杨 磊**

摘　要： 基于对一所北京高校的大学生的调查数据，通过引进性别研究领域的AWS量表，本研究考察了大学生的性别角色态度与环境关心的关系。研究发现：（1）大学生的性别角色态度存在显著的生理性别差异，女大学生的性别角色态度较男大学生更加趋于平等，而这种性别角色态度的差异并不能被二元的生理性别完全解释；（2）大学生的环境关心与其性别角色存在显著相关关系，性别角色态度越趋于平等的大学生其环境关心水平也相应越高；（3）性别角色态度对大学生环境关心的影响超过生理性别，且这种影响呈现跨越生理性别的稳定性。本研究尝试从性别文化的角度重新理解环境关心的性别差异，并就相关政策启示进行了简要讨论。

关键词： 环境关心；性别角色态度；性别文化；大学生；AWS量表

一、问题的提出

环境保护应当是全人类共同的责任。但大量证据表明，不同地理社区、种族、社会经济地位等特征的人群所遭遇的环境风险以及实际承担的环境责任通常是有差别的，背后隐藏的环境公正问题值得深思。其中，性别特征差异带来的环境不公正现象日益受到关注。自20世纪70年代以来，生态女性主义（ecofeminism）思潮的主要代表人物不断呼吁人们要关注女性受压迫的社会地位与生态环境质量不断退化间的密切关联。而在近

* 原文发表于《社会发展研究》2020年第3期。

** 作者简介：孙莹，北京建筑大学社会工作系讲师，中国人民大学社会与人口学院博士。
范叶超，中央民族大学民族学与社会学学院讲师。
杨磊，中央民族大学民族学与社会学学院副教授。

年来的许多气候变化行动中，一些国际环保团体和人士则明确发出了“没有女性正义便没有气候正义”的倡议，要求环境决策者们重视性别平等在环境治理中的关键角色。在此背景下，越来越多的环境社会科学家们开始探索性别与环境之间的关系。

在环境社会学领域，研究者们一直较为关切的是环境主义（environmentalism）这样一种新兴社会价值在两性人群中的受众基础，致力于比较分析男性与女性谁更关注环境问题、更支持环境保护事业，即环境关心（environmental concern）的性别差异问题。尽管如此，一项近期的研究指出，受限于测量方式，研究者们至今尚未真正挣脱男/女二分的生理性别（sex）概念来考察环境关心，对文化和社会意义上的性别（gender）同环境关心之间的关系理解还很不足。鉴于此，进一步的研究有必要探索对性别进行再概念化并引入更科学的测量工具（McCright and Xiao，2014）。受此启发，本研究尝试从性别文化的角度来考察环境关心的性别差异。本研究将研究对象锁定为大学生群体，试图要探讨的核心问题是：大学生在性别观念层面的特定取向对其环境关心水平存在什么样的影响？澄清这一问题不仅有助于扩展性别与环境关心研究的传统界限，亦对现阶段的环境宣传与教育工作具有一定启示。

二、 文献回顾

（一）性别与环境关心的研究现状

迄今为止，环境关心研究已走过了近 40 年的历程，积累了大量研究成果。几十年来，几代研究者们先后利用跨地域、跨年份和跨群体的资料来考察公众的环境关心，试图明确环境关心的时空演变与社会分布。在这些文献中，对性别与环境关心之间共变关系的记录与分析构成了一条清晰的研究线索。

在早期国外环境关心研究中，研究者们基于不同的测量工具和数据资料共同揭示了一个较为可靠的事实：环境关心存在显著的性别差异，与男性相比，女性整体上更具环境关心（McCright and Xiao，2014）。这一发现被环境社会学家们概括为环境关心的“性别假设”，而彼时女性对环境运动迸发出的参与热情以及几位卓越女性环保领袖（如蕾切尔·卡逊、挪威前首相布伦特兰夫人）广为传颂的个人事迹似乎也印证了该假设的现实合理性。既有研究倾向于从性别社会化（gender socialization）和性构社会角色（gendered social roles）两条思路来理解“性别假设”（Mohai，1997；Zelezny et al. ，2000）。

持性别社会化观点的学者们认为，孩童时期的社会化经历会使得男性和女性在诸如竞争、包容、同情、征服等价值和取向上逐渐分化，形成男子气概（masculinity）和女子气质（femininity）两种不同的性别特征，进而影响他们的环境关心。更具体来说，女性的社会化导向是通过与他人的联系来感知外部世界，所以她们逐渐学会变得对他人的感受和需求更敏感，也更愿意承担关爱者和支持者的角色，这种特质可以自然延伸为对环境的一种保护性态度和环境关心。对比之下，男性在孩童社会化时期要学会控制自身情感，他们被鼓励要独立自主，所以倾向于将外部世界对象化和工具化，进而易于对大自然形成一种攫取、操纵和破坏的态度，体现为对环境问题和环境保护漠不关心。

性构社会角色论的支持者们则强调成年男性与女性的社会角色分工对他们环境关心的塑造作用。与男性相比，女性在劳动力市场整体上处于相对弱势的地位，在家庭生活中更多地承担了家务操持者的角色，作为母亲的她们尤为忧虑子女的健康和安全等：这些多重的角色体验和倾向使得女性更容易接纳环境主义的主张，对环境议题更加关心。

沿着以上两条研究思路，研究者们对性别和环境关心的关系开展了经年累月的考察，但却有了一些难以解释的发现。首先，从实证研究的发现来看，无论是性别社会化还是性构社会角色的论点，整体上均未获得有力的经验证据支持（McCright and Xiao，2014；Mohai，1997）。其次，一些基于全国层次具有代表性的调查数据表明，环境关心的性别差异在中国大陆地区存在明显的“反转”情况，即中国男性的环境关心水平要明显高于女性，这与欧美国家的主流研究发现存在根本性的分歧（洪大用、肖晨阳，2007；Shileds and Zeng，2012；Xiao and Hong，2017）。最后，尽管国内外研究大体上都证实了环境关心的性别差异一直显著存在，但无法忽视的一个事实是，这一差异几乎在大多数研究中都是微弱的（在少数研究中甚至出现差异消失或不显著的情况），既有研究对这种稳定而微弱的关系还未能提供有效的解释。应当说，这些实证研究的异常发现使得性别与环境关心研究陷入了困境，不利于该领域的知识积累。

一些近期研究文献敏锐观察到性别与环境关心研究领域目前面临的上述困境，并尝试或建议从调整解释思路、改善资料基础、升级数据分析手段等角度来予以应对（Luchs and Mooradian，2012；Strapko et al.，2016）。其中，麦克克莱特和肖晨阳（2014）的一项研究则另辟蹊径，提议可以从改进性别测量的角度来突破性别与环境关心研究目前存在的这些困境。从性别研究的视角来看，我们认为这一提议具有相当的合理性。自20世纪70年代第二波全球女性主义浪潮兴起以来，越来越多的研究者开始反思男/女二元的生理性别对性别概念的狭隘理解，反对将性别特征做任何两极化的定义和测量，倡议关注性别的社会建构性和文化差异，并相继提出了一些更能捕捉到性别概念丰富内涵的测量工具（黄盈盈、潘绥铭，2013；Kalin and Tilby，1978；Spence and Helmreich，1972）。这对性别与环境关心研究领域的启示是：既有研究关于性别的测量主要是基于生理性别（sex）差异，这种不够精细的测量方式无法全面捕捉男/女两性之间以及两性内部一些微妙的性别内容，结果导致那些没有附着在生理性别上的许多其他重要信息被“剪裁”掉了；进一步，鉴于性别的社会建构性，不同历史时期、不同社会情境和不同社会群体的文化差异也会对性别与环境关心的关系产生影响，而对这种跨时空、跨人群性别文化差异的忽视极有可能是现阶段该研究领域陷入困境的根本原因。

综上所述，突破男/女二元生理性别的性别概念和简单测量，从社会和文化意义上的性别角度来重新审视性别与环境关心之间的关系是一条富有探索价值的新研究思路。受此启发，本研究计划沿着这一思路对环境关心的性别差异进行更为精细的考察，试图探索该领域既有困境的可能突破方案。

（二）大学生环境关心及性别差异研究

以大学生群体为研究对象的环境关心研究在国内外都较为普遍。这一方面可能有数据可得性的原因。对大多数研究者特别是高校研究者来说，在大学生群体中开展调查研究相对方便，所需花费的成本也较低，特别适合一些探索性研究。例如，许多研究者都倾向于在大学生群体中探索不同环境关心测量工具的测量质量问题。另一方面，鉴于大学生在义务教育阶段已经接受过完整的环境教育，研究大学生的环境关心对于考察正式体制下的环境教育成效也具有一定的现实意义。此外，与其他社会人群相比，大学生整体上更易于接纳新生事物，其性别分化理论上会更加多样化，这为本研究捕捉更为精细的性别差异创造了条件。鉴于此，本研究也将大学生锁定为研究对象，探索该群体环境关心的性别差异特征。

检索国内外大学生环境关心的性别差异的研究文献，我们主要得出以下两点认识：第一，关于大学生环境关心是否存在显著差异目前还存在分歧。一些研究报告没有发现显著差异（陶文娣 等，2004；Schaper，2002），即便在存在显著差异的文献中，研究者们对这种差异的影响方向也未达成共识：一些研究报告发现女大学生比男大学生更具环境关心（李亮、宋璐，2013；刘贤伟、吴建平，2013；Erdogan，2013）。另一些研究则发现男大学生要更具环境关心（Levine and Strube，2012；MacDonald and Hara，1994）。第二，绝大多数研究者采用的是生理性别的测量来研究环境关心，只有极个别研究采用了稍显精细但测量质量却未经仔细评估的性别测量工具（李亮、宋璐，2013）。综合来看，目前关于大学生环境关心性别差异的研究在结论上存在明显不一致，而这些研究普遍采用的生理性别测量方式很可能是增加这些研究结论之间分歧形成的一个主要原因。

（三）研究假设

本研究是一项探索性研究，但这并不代表我们的分析完全缺乏理论观照。本研究的一个重要理论灵感源自性别研究领域对性别概念的再发现：二元生理性别不等同于社会和文化意义上的性别，或者可以说男性和女性的划分并不能完全解释社会与文化意义上性别的变异。据此，本研究提出第一个假设。

假设 1：大学生社会与文化意义上的性别存在显著的生理性别差异，并且生理性别只能解释一小部分社会与文化意义上的性别变异。

进一步，性别与环境关心研究中的“性别假设”提示我们，女性通常具有更高的环境关心水平，对女性角色、地位与男性平等的认同可能也会连带着较高的环境关心水平。由此得到第二个假设。

假设 2：大学生社会与文化意义上的性别与环境关心存在显著相关关系，他们对女性的态度越友好或越倾向于支持男女平等，其环境关心水平则有可能越高。

最后，如果假设 1 和假设 2 同时成立，还可以进一步推导得出，作为社会和文化意义上的性别指标测量的性别信息要更为丰富，其对于环境关心的解释力理应要高于生理性别。我们据此提出第三个假设。

假设 3：与生理性别相比，社会与文化意义上的性别对大学生环境关心的影响更大，且这种影响对男生和女生都同样显著。

接下来，通过引入国际性别研究领域一个被广泛使用的多元性别测量工具，并利用对一所北京高校大学生的抽样调查数据，本研究拟从社会和文化意义上的性别角度着手来分析大学生环境关心的性别差异，对上述假设逐一进行检验，并就可能的发现进行初步讨论。

三、研究设计

（一）数据来源

本研究数据来自 2018 年 9 月至 10 月在北京某高校组织的大学生性别与环境意识问卷调查。抽样以全校本科学生为总体，先在全校 9 个有本科学生的学院中抽取 5 个学院，然后在每个被抽中的学院确定抽取学生的年级比例与性别比例，抽样方法为配额抽样。最终全部样本的年级比例从大一至大四分别占 1/4，性别比例为 1∶1。调查共发出问卷 472 份，收回有效问卷 429 份，有效回收率 90.9%，样本平均年龄为 20.0 岁，标准差为 1.49 岁。问卷填答主要采用面对面调查的形式完成，加上大学生基本上能够准确理解问卷测量项目的内容，所以只有个别项目的回答存在极个别缺失数据。为确保分析数据的完整性，我们根据测量项目的层次采用了均值替代、中位数替代等策略对这些缺失数据进行了处理。

（二）变量操作

本研究涉及的变量较多，可以分为因变量、自变量和控制变量三类。

1. 因变量：环境关心

本研究的因变量是大学生的环境关心，可以理解为大学生对环境问题的关注以及对环境保护的支持程度。本研究选用的环境关心测量工具为邓拉普等人（2000）提出的新生态范式量表（new environmental paradigm scale，简称 NEP 量表），该量表测量的是研究对象对人与环境关系的一般性认识（属于狭义层面的“环境关心”），共计 15 个测量项目。① 在数据分析中，由于量表中第 1、3、5、7、9、11、13、15 项是正向问题，所以被访者回答“完全同意”“比较同意”“无所谓同不同意”“不太同意”“完全不同意”，被赋分值依次为 5、4、3、2、1 分；而量表中第 2、4、6、8、10、12、14 项是负向问题，被访者回答“非常同意”“比较同意”“说不清/不确定”“不太同意”“很不同意”则被依次赋值为 1、2、3、4、5 分。我们采用了验证性因子分析法对 NEP 量表的维度进行了检验，在剔除因子负载较低的第 4 项和第 14 项且牺牲掉部分模型自由度后，其余 13 个量表项目构成了一个拟合情况较优的单维量表（Chi-square/df＝1.893，p＝0.000，CFI＝0.951，RMSEA＝0.046），项目因子负载位于 0.362—0.635。为方便分析，我们将这 13 个项目的得分进行累加（alpha 信度系数为 0.794），从而得到环境关心变量，总分值越高表示环境关心水平越高。

2. 自变量：性别角色态度

本研究对大学生环境关心的主要解释变量为不同于生理性别的、一种社会和文化范畴的性别，我们可以将其操作化为一种性别角色态度，即本研究的自变量。为测量这一变量，我们选取了斯彭斯和赫尔姆瑞克（1972）提出的“对女性的态度量表”（attitudes toward women scale，简称 AWS 量表），它是目前性别研究领域最为广泛使用的性别角色态度测量工具之一，已经在世界范围内获得广泛应用，呈现良好且稳定的测量质量。本研究选用的是 1973 年缩减版的 AWS 量表（Spence et al. ，1973），它共由 25 个测量项目组成，主要测量的是受访大学生对女性权利的态度、对女性角色的态度以及对女性责任的态度三方面的内容。受访大学生需要根据测量内容从“完全不同意”到“完全同意”七种不同程度的回答中选择一种，正向措辞项目（第 9、10、12、13、15、16、20、21、22、23、24、25 项）的上述回答依次赋值为 1—7 分，其余负向措辞项目则反向赋值。我们依然采用了验证性因子分析对该量表进行了检验，并剔

① 这 15 个测量项目分别为：(1) 目前的人口总量正在接近地球能够承受的极限；(2) 人是最重要的，可以为了满足自身的需要而改变自然环境；(3) 人类对于自然的破坏常常导致灾难性后果；(4) 由于人类的智慧，地球环境状况的改善是完全可能的；(5) 目前人类正在滥用资源和破坏环境；(6) 只要我们知道如何开发，地球上的自然资源是很充足的；(7) 动植物与人类有着一样的生存权；(8) 自然界的自我平衡能力足够强，完全可以应付现代工业社会的冲击；(9) 尽管人类有着特殊能力，但是仍然受自然规律的支配；(10) 所谓人类正在面临“环境危机”，是一种过分夸大的说法；(11) 地球就像宇宙飞船，只有很有限的空间和资源；(12) 人类生来就是主人，是要统治自然界的其他部分的；(13) 自然界的平衡是很脆弱的，很容易被打乱；(14) 人类终将知道更多的自然规律，从而有能力控制自然；(15) 如果一切按照目前的样子继续，我们很快将遭受严重的环境灾难。

除了第10、12、13、15、17、20、21、22、24共9个因子负载过低的项目①，在牺牲一部分模型自由度后，其余16个项目组成了一个拟合情况较优的单维性别角色态度量表，其因子负载都约等于或大于0.3的可接受标准。具体项目内容和验证性因子分析的结果参见表1。

表1 性别角色态度的测量项目及其验证性因子分析的单维检验结果

原量表编号	项目陈述	均值	标准差	标准化因子负载
1	女性应较少关心自己享有何种权利，而应更多关注如何成为优秀的妻子和母亲	5.76	1.58	0.77
2	女性应更关注自己在生育与家庭抚养上的义务，而不是对职业与商业生涯抱有渴望	5.89	1.43	0.83
3	一个社区的智识领导力应主要掌握在男性手中	5.68	1.55	0.80
4	一般而言，父亲在抚养子代方面应比母亲拥有更大的权力	5.62	1.62	0.74
5	平均而言，在经济生产方面的贡献能力上，女性应被视为是低于男性的	5.75	1.44	0.68
6	有许多的工作，事关雇用与晋升时男性较之女性应得到更多偏好	5.51	1.59	0.69
7	一位女性不应该期望去到那些与男性完全相同的地方，或者拥有与男性完全相同的行动自由	5.66	1.57	0.72
8	在上大学的事宜方面，家庭里对儿子的鼓励应比给予女儿的鼓励更多	5.98	1.49	0.63
9	现在经济条件之下，女性应在家庭以外有所作为，男性也应分担家庭的内务，比如清洗餐具与衣物	4.92	2.05	0.29
11	女人驾驶火车和男人缝补袜子，都非常荒唐	5.46	1.76	0.50
14	应该鼓励女性，结婚以前不应与任何人发生性关系，即使是她们的未婚夫也不应该	4.53	1.98	0.29
16	在商场与职业领域里，女性应假设自己可与男性一样立足于应有的位置	5.04	1.87	0.28
18	讲黄段子应该只是男性的特权	5.45	1.75	0.55
19	女性的酗酒（中毒）后果比男性的更加严重	4.32	1.93	0.29
23	和现代社会中的男孩一样，女孩有权享有各类规章制度给予的自由	5.33	1.82	0.34
25	夫妻离婚时，应允许双方以相同的理由提出离婚	4.85	1.99	0.27
验证性因子分析模型拟合结果： *Chi-square /df*=2.047，*p*=0.000，*CFI*=0.967，*RMSEA*=0.049				

① 被剔除的9个测量项目分别为：(10)各行各业里，女性都应获得与男性平等的学徒工作；(12)在解决知识与社会问题方面，女性应承担起越来越多的领导责任；(13)工作预约与晋升方面的绩效制度，应是严格且性别无涉的；(15)处置家庭财产与收入时，丈夫不应受到法律的倾斜照顾；(17)人们言语中的咒骂和污秽言辞，出自女性之口总是比出自男性而更让人厌恶；(20)女性的收入和她们的约会对象差不多时，约会时双方应该承担相同的支出；(21)女性应该像男性一样，自如地向心仪之人求婚；(22)婚礼仪式中仍旧保持着"顺从"条款，这对女性而言颇具侮辱性；(24)对女性而言，经济和社会自由的重要性，远远超过对由男性建立的女性气质理想型的接受。

为方便后续分析，我们将表 1 中 16 个项目的得分进行累加（alpha 信度系数为 0.866），从而建构了大学生的性别角色态度变量，该变量的分值越高表示大学生的性别角色态度越趋于平等，分值越低表示越可能持有一种不平等的性别角色态度。

3. 控制变量

除了因变量和自变量之外，本研究在回归分析中还引入了一组控制变量，包括大学生的生理性别、年级、专业门类、民族、14 岁时居住社区类型、父亲和母亲的受教育程度等。本研究涉及的所有变量情况描述参见表 2。

表 2　变量描述统计表

变量名	性质	均值	标准差	最小值/最大值	说明
环境关心	连续	50.63	7.92	28/65	分值越高表示环境关心水平越高
性别角色态度	连续	85.72	15.91	30/112	分值越高表示性别角色态度越趋于平等
生理性别	定类	0.50	0.50	0/1	0＝女，1＝男
年级	定序	2.49	1.12	1/4	1＝大一，2＝大二，3＝大三，4＝大四
专业门类	定类	0.61	0.49	0/1	0＝文史类，1＝理工类
民族	定类	0.22	0.41	0/1	0＝汉族，1＝少数民族
14 岁时居住社区类型	定类	0.74	0.44	0/1	0＝乡村，1＝城镇
父亲受教育程度	连续	12.20	3.66	0/16	没上过学＝0，小学＝6，初中＝9，高中、职高或中专＝12，大学本科及以上＝16
母亲受教育程度	连续	11.54	3.92	0/16	

四、研究发现

（一）大学生性别角色态度的生理性别差异

为了探索大学生的生理性别与性别角色态度之间的关系，我们依照男/女的二元生理性别对性别角色态度进行独立样本 t 检验。检验结果发现，生理性别之间的性别角色态度存在显著差异（$p<0.000$），其中女生性别角色态度得分（90）显著高于男生的得分（81），也即女生的性别角色态度比男生更趋于平等，这与以往研究结论相一致。

表 3 的方差分析结果则表明，在性别角色态度得分的全部离差平方和中，生理性别（组间）之间的离差平方和为 7 941.07，仅占全部离差平方和的 7.3%，而 90%以上的离差平方和来自组内，即女生内部与男生内部（组内平方和检验，$p<0.000$）。综合来看，假设 1 得到了数据结果的支持。

表 3　不同生理性别大学生的性别角色态度方差分析

方差来源	平方和	自由度	均方	*F* 值	*p* 值
组间	7 941.07	1	7 941.07	33.8	<0.000
组内	100 334.47	427	234.97		
全部	108 275.54	428	252.98		

注：方差齐性检验 $\chi^2=1.33$，$p=0.25$，方差无显著差异。

（二）大学生性别角色态度与环境关心的关系

进一步，我们尝试考察大学生性别角色态度与环境关心之间的相关性。通过大学生性别角色态度得分和环境关心得分的相关系数及检验结果可以看出，二者具有显著的正相关关系（男生：$r=0.24$，$p<0.001$；女生：$r=0.44$，$p<0.000$），即大学生的性别角色态度越趋于平等，其环境关心水平也越高。通过图 1 也可以发现类似的正相关关系特征，散点拟合直线也显示出性别角色态度与环境关心水平的正相关趋势。这些结果是对假设 2 的有力支持。

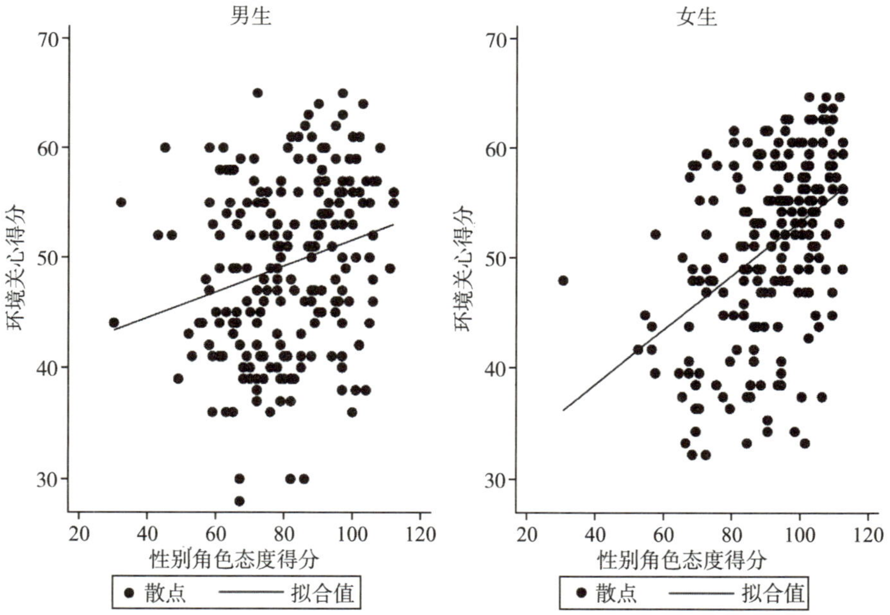

图 1　性别角色态度得分与环境关心得分的散点图和拟合直线图

（三）大学生环境关心的影响因素分析

最后，为了比较生理性别与性别角色态度对大学生环境关心的影响，我们建立了多元回归模型。我们首先对男女总样本进行回归分析，其次分别对男生和女生进行分样本回归分析。对于线性回归分析，构筑了以下回归分析模型：

$$y=\beta_0+\beta_1 x_1+\beta_i x_i+\varepsilon_i$$

其中 y 是环境关心得分，x_1 是性别角色态度得分，x_i 为控制变量，β_0 是截距，β_1 是性别角色态度的回归系数，β_i 是各控制变量的回归系数，ε_i 为随机误差项。两步回归分析产生的数据结果参见表 4 和表 5。

表 4　大学生环境关心的多元线性回归分析结果（总样本，$N=429$）

变量	模型 1		模型 2	
	回归系数（标准误）	标准化回归系数	回归系数（标准误）	标准化回归系数
男生（参照组：女生）	−2.47** (0.77)	−0.16**	−0.98 (0.76)	−0.06
性别角色态度			0.17*** (0.02)	0.34***
年级（参照组：大一）				
大二	−0.89 (1.07)	−0.05	−1.01 (1.01)	−0.06
大三	−0.09 (1.08)	−0.01	−0.69 (1.02)	−0.04
大四	−0.65 (1.08)	−0.04	−0.83 (1.02)	−0.05
理工类专业（参照组：文史类）	0.04 (0.80)	0.01	−0.25 (0.76)	−0.02
少数民族（参照组：汉族）	−0.51 (0.94)	−0.03	0.35 (0.90)	0.02
14 岁时居住社区类型（参照组：乡村）				
城镇	−1.44 (1.07)	−0.08	−1.41 (1.01)	−0.08
父亲的受教育程度	−0.12 (0.15)	−0.06	−0.11 (0.14)	−0.05
母亲的受教育程度	0.33* (0.14)	0.16*	0.27* (0.14)	0.14*
R^2	0.04	0.04	0.15	0.15

注：(1) * $p<0.05$, ** $p<0.01$, *** $p<0.001$；(2) $1<vif<2$，模型不存在共线性。

由表 4 可知，本文分两步进行嵌套模型分析，模型 1 加入生理性别变量，模型 2 中又引入了性别角色态度变量。在模型 1 中，在控制其他变量不变的情况下，男生的环境关心水平要显著低于女生。其次，母亲的受教育程度显著影响大学生的环境关心水平，即母亲受教育程度越高，大学生的环境关心水平也越高。在模型 2 中，随着性别角色态度变量的加入，模型的 R^2 由 0.04 增加到 0.15，说明该变量的加入极大地提高了模型的拟合优度。模型 2 的其他分析结果显示，生理性别对环境关心的影响不再显著，而性别角色态度变量统计显著，这说明：性别角色态度越趋于平等的大学生，其环境关心水平也明显越高。从两者的标准化系数绝对值大小来看，性别角色态度对环境关心的影响规模要远远大于生理性别。

表 5　分生理性别的大学生环境关心的多元线性回归分析结果

变量	男生（N=215）		女生（N=214）	
	回归系数（标准误）	标准化回归系数	回归系数（标准误）	标准化回归系数
性别角色态度	0.12***（0.03）	0.24***	0.23***（0.03）	0.43***
年级（参照组：大一）				
大二	−0.80（1.51）	−0.04	−1.07（1.33）	−0.06
大三	−3.39*（1.51）	−0.18*	1.88（1.36）	0.11
大四	−1.22（1.51）	−0.07	−0.12（1.37）	−0.01
理工类专业（参照组：文史类）	1.41（1.16）	0.08	−1.53（.97）	−0.10
少数民族（参照组：汉族）	0.25（1.36）	0.01	0.34（10.17）	0.02
14 岁时居住社区类型（参照组：乡村）				
城镇	−1.40（1.40）	−0.08	−1.66（1.43）	−0.09
父亲的受教育程度	−0.05（0.20）	−0.02	−0.29（0.19）	−0.13
母亲的受教育程度	0.32（0.19）	0.17	0.28（0.19）	0.13
R^2	0.10	0.10	0.24	0.24

注：(1) * $p<0.05$，** $p<0.01$，*** $p<0.001$。
(2) $1<vif<2$，模型不存在共线性。

综合回归分析的结果可知，大学生的性别角色态度对其环境关心具有显著影响，且这种影响在男生和女生内部也均能够清楚观察到。至此，本研究的最后一个假设也获得了数据验证。

根据表 5 的回归分析结果，不管是对男生还是对女生来说，性别角色态度均与环境关心显著正相关，性别角色态度每增长 1 分，男生和女生的环境关心得分都会相应增加 0.12 分和 0.23 分。从年级来看，虽然只有大三男生的系数是显著的，但整体趋势是：与大一学生相比，高年级的学生环境关心整体上偏低一些。此外，从标准化系数绝对值的大小来看，在男生和女生两个样本中，性别角色态度对环境关心的影响规模都是最大的。

五、总结与讨论

基于北京某高校的大学生调查数据，本研究考察了性别角色态度与环境关心之间的关系，并得出了以下几点主要发现：首先，大学生的性别角色态度存在显著的生理性别差异，女大学生的性别角色态度较男大学生更加趋于平等，而这种性别角色态度的差异并不能被二元的生理性别完全解释；其次，大学生的环境关心与其性别角色存在显著的相关关系，性别角色态度越趋于平等的大学生环境关心水平也相应越高；最后，性别角色态度对大学生环境关心的影响要超过生理性别，且这种影响呈现跨越生理性别的稳定性。

与传统二元生理性别的简单测量相比，采用更为精细的性别测量来考察环境关心，我们对于性别与环境关心之间关系的认识能够得到进一步拓展。其背后的理论依据是，在两性生理属性差别之外，性别的概念还承载了许多不断再生产的符号意义，这些符号体系即性别文化。结合性别研究视角，我们认为：任何一个社会中生理性别意义上的男性与女性，尽管他们在（再）社会化过程中逐渐倾向于信仰不同类型的性别文化——男子气概和女子气质，但是这种分化只是理性类型（ideal type），实际分化的结果并不是“泾渭分明”的，现实中个体的性别文化信仰要复杂得多。

本研究采用的 AWS 量表测量的性别角色态度可近似看成对大学生关于女子气质这样一类性别文化的接纳情况，不难发现，并不是所有女大学生都认同女子气质（尽管生理性别意义上的“她”确实比“他”对此更为接纳），也并不是所有男大学生都拒斥女子气质。某种意义上，环境关心也可看作环境主义这样一种自 20 世纪 60 年代以来欧洲国家环境保护运动中逐渐兴起的文化价值。鉴于此，既有研究所观察到的环境关心的（生理）性别差异似乎可以理解为两种不同文化相互建构的结果。结合性别社会化理论以及本研究的发现来看，在当代中国的大学生群体中，对女性平权态度更为友好的性别文化与环境主义具有某种内在的亲和性、同构性，那些相信两性平等的人通常也更具环境关心；相反，对男子气概的信仰可能会与环境主义相抵牾，无法接纳或倾向于否定环境关心的价值，反映了两种文化内在的竞争性和冲突性。这种由性别文化认同引起的环境关心水平差异可以作为性别与环境关心研究的一个新方向，对超越该领域目前面临的困境具有重要启示。

文化可以锻造，优秀的文化能够引领社会进步。本研究的核心政策启示是，为切实提高全体社会成员的环境关心水平，扩大生态文明建设的社会基础，除了要加强环境教育和宣传，同时还应当重视性别教育的环节。鉴于此，教育部门和环保部门应加强协作，在全社会人群中大力传播性别平等的文化观念，并不断探索如何消除特定性别文化观念与环保主义之间的紧张或冲突，努力营造一种生态环境友好的性别文化。

限于文章篇幅和数据基础，本研究关于性别文化与环境主义关系的探索还局限于大学生群体，我们期待未来研究者可以沿着这一思路，基于更广泛的人群和更大规模的样本数据继续考察环境关心的性别差异，促进这一领域今后从分歧逐渐走向共识。

参考文献

洪大用、肖晨阳，2007，《环境关心的性别差异分析》，《社会学研究》第 2 期。

黄盈盈、潘绥铭，2013，《中国少年的多元社会性别与性取向——基于 2010 年 14—17 岁全国总人口的随机抽样调查》，《中国青年研究》第 6 期。

李亮、宋璐，2013，《性别、性别意识与环境关心：基于大学生环境意识调查的分析》，《妇女研究论丛》第 1 期。

刘贤伟、吴建平，2013，《大学生环境价值观与亲环境行为：环境关心的中介作用》，《心理与行为研究》第 6 期。

陶文娣、王会、王瑾芳等，2004，《北京市大学生环境意识调查与分析》，《中国人口·资源与环境》第 1 期。

Dunlap, R. E., K. D. Van Liere, A. G. Mertig, R. E. 2000. "Measuring Endorsement of the New Ecological Paradigm: A Revised NEP Scale." *The Journal of Social Issues* 56 (3).

Erdogan, N. 2013. "Environmental Worldviews in Higher Education: A Case Study of Turkish College Students." *Procedia-Social and Behavioral Sciences* 106 (10).

Kalin, R., P. J. Tilby. 1978. "Development and Validation of A Sex-Role Ideology Scale." *Psychological Reports* 42 (3).

Levine, D. S., M. J. Strube. 2012. "Environmental Attitudes, Knowledge, Intentions and Behaviors among College Students." *Journal of Social Psychology* 152 (3).

Luchs, M. G., T. A. Mooradian. 2012. "Sex, Personality, and Sustainable Consumer Behaviour: Elucidating the Gender Effect." *Journal of Consumer Policy* 35 (1).

MacDonald, W. L., N. Hara. 1994. "Gender Differences in Environmental Concern among College Students." *Sex Roles* 31 (5-6).

McCright, A. M., C. Xiao. 2014. "Gender and Environmental Concern: Insights from Recent Work and for Future Research." *Society and Natural Resources* 27 (10).

Mohai, P. 1997. "Gender Differences in the Perceptions of Most Important Environmental Problems." *Race, Gender, Class* 5 (1).

Schaper, M. 2002. "Environmental Concerns among Tertiary Business School Students." *Australian Journal of Environmental Education* 18.

Shileds, T., K. Zeng. 2012. "The Reverse Environmental Gender Gap in China: Evidence from the China Survey." *Social Science Quarterly* 93 (1).

Spence, J. T., R. L. Helmreich. 1972. "The Attitudes toward Women Scale: An Objective Instrument to Measure Attitudes towards the Rights and Roles of Women in Contemporary Society." *JSAS: Catalog of Selected Documents in Psychology* 66.

Spence, J. T., R. Helmreich, J. Stapp. 1973. "A Short Version of the Attitude Toward Women

Scale (AWS)." *Bulletin of Psychonomic Society* 2 (4).

Strapko, N., L. Hempel, K. MacIlroy, K. Smith. 2016. "Gender Differences in Environmental Concern: Reevaluating Gender Socialization." *Society & Natural Resources* 29 (9).

Xiao, C., D. Hong. 2017. "Gender Difference in Concerns for the Environment Among the Chinese Public: An Update." *Society & Natural Resources* 30 (6).

Zelezny, L. C., P. Chua, C. Aldrich. 2000. "New Ways of Thinking about Environmentalism: Elaborating on Gender Differences in Environmentalism." *Journal of Social Issues* 56 (3).

政企关系对农村小微企业环境行为的影响机制研究*

刘 凌**

摘 要： 实地考察华北A县农村小微企业的环保升级改造实践发现，在自上而下的强制性环境政策背景下，偏重经济增长的政企共谋关系逐渐被以增强环境规制和保障企业生存为目标的政企协作关系替代。但是，在环保升级改造决策过程中，农村小微企业整体参与不足和基层政府多层级、多部门共同主导的复杂决策机制阻碍了最优改造方案的实现；同时，当自上而下的环保压力相对减弱时，政企协作的行动目标呈现向优先保障企业生存倾斜的趋势，这两者均影响了环保改造的整体成效。因此，为提升农村小微企业环境行为表现，需在充分考虑企业合理合法诉求的基础上，通过稳定且持续的行政监督力量与富有弹性的决策机制支撑协作型政企关系良性运行。

关键词： 政企协作；企业环境行为；强制性环境政策；农村小微企业

一、引言

截至2018年末，我国共有小微企业① 1 807万家，占全部企业法人单位的98.5%，是推动经济发展的重要力量和吸纳就业的主体（国家统计局，2019）。同时，在大城市去工业化发展及促进县域经济繁荣的政策背景下，大量污染密集型企业转移至环境治理力量相对薄弱的农村地区（赵祥、谭锐，2016）。中国农村地区污染型企业数量多、规

* 原文发表于《社会学评论》2021第5期。

** 作者简介：刘凌，北京科技大学文法学院讲师。

基金项目：北京科技大学青年教师学科交叉研究项目（中央高校基本科研业务费专项资金）资助项目（FRF - IDRY - 20 - 025）、中国博士后科学基金资助项目（2021M690364）。

① 根据国家统计局发布的《统计上大中小微型企业划分办法（2017）》，按从业人员、营业收入、资产总额等指标，并结合企业所在行业的特点，将中小企业划分为中型、小型、微型三种。小微企业即小型企业、微型企业、家庭作坊式企业、个体工商户的统称。

模小、分布广，其中背离农村技术和农业资源优势的小型、微型企业占绝对比重，加之这类企业普遍存在环保设备旧、技术水平低、环境管理滞后等问题，其产生的污染不仅面广、量大，且增长迅速，是农村环境恶化的重要原因（李玉红，2017）。因此，防治小微企业污染是改善农村环境质量的重点和难点。

企业是环境破坏与环境保护的重要主体，因此，也是环境政策的重要对象（洪大用，2017）。已有研究指出，我国环境政策以行政管控（马小明、赵月炜，2005）、强制性命令和控制（彭海珍、任荣明，2003）方式为主，过于依赖政府的行动（李万新、Xavier，2010），由此产生两种相反且不利于约束企业环境行为的政企关系，即政府与企业长期处于非合作状态，以及基层政府与地方企业共谋或“合谋”（黄冬娅，2014；聂辉华，2020）。在这两种状态下，环境政策难以有效遏制企业的负面环境行为，最终导致在环境政策（含制度、法律）体系建设投入持续增加的情况下，国家每年的环境治理目标达成困难（Rui，2018）。

在现实层面，随着生态文明建设、污染防治攻坚、乡村振兴等国家发展战略的推进，中央生态环境保护督察制、环境保护“党政同责”制、领导干部自然资源资产离任审计制等一系列制度强化了政府的环境管控力度，并进一步彰显了自上而下的环境政策的强制性。然而，基层政府通过“强制手段”或施加“隐形压力”，采取“先停后治”“一律关停”“以停代治”等环保“一刀切”方式规制污染型企业，不仅未解决环境污染问题，而且带来负面的经济社会影响（吴舜泽，2018）。那么，在政府主导的、自上而下的环境治理变革中，基层政府与地方企业之间的关系会产生怎样的变化？这一转变对农村小微企业环境行为规制有何影响？它的作用机制是怎样的？这是本研究尝试回答的主要问题。

二、文献述评与研究思路

企业环境行为的影响因素和影响机制是企业环境行为研究的重点（孟庆峰 等，2010）。国内外研究表明，企业环境行为的影响因素大致可分为外部因素和内部因素两类，其中，外部因素包括环境制度（政策、法律法规等）（薛求知、伊晟，2015）、社区的环境诉求（He et al. ，2016）、消费者的环境取向（Junquera，Brio and Fernandez，2012）等；内部因素主要有企业规模（Gerstenfeld and Roberts，2017）、所有制（贺灿飞 等，2010）、管理人员或工人的环保意识（Mark et al. ，2010）等。由于环境的公共性以及环境问题的负外部性，环境制度被认为是约束企业环境行为的最直接、最重要的因素之一，但是，如前所述，既有研究对环境政策规制的有效性存在争议，各方观点大致可分为以下三类。

第一类观点认为，自上而下的环境执法或监督力度不足，促使基层政府与企业形成“合谋”或共谋关系，导致企业的环保违法违规行为普遍存在。当经济增长的好处超过环境保护，且中央政府（或上级政府）环境执法强度不够或缺乏持续性，抑或是信息不对称、采取选择性执法策略时，为获得经济上的财政税收收益、政治上的升迁机会乃至寻租权力，地方政府默许、纵容或鼓励企业选择“不环保”的生产方式，并躲避各种管制政策以发展本地经济，这带来了严重的环境污染和社会问题（聂辉华、张雨潇，2015；周雪光，2008）。梁平汉和高楠通过分析2004—2011年我国287个城市的市长和城市的匹配数据，发现地方政府和污染企业之间的政企“合谋”是导致环境污染难以治理的主要原因，而产生政企“合谋”的重要原因包括较差的法制环境（梁平汉、高楠，2014）。

第二类观点指出，强制性环境政策将基层政府与地方企业置于角色对立状态，由于缺乏有效合作，难以推进企业的污染防治或产生过度执法的问题。在博弈分析中，一方面，政策规制过严或过死，企业难以在污染防治过程中发挥能动性和积极性，限制了治理创新和制度建设（Liu，Dai，and Cheng，2011）；另一方面，部分企业的非法行为会导致环境政策整体更趋紧，合法企业可能成为政策陪绑对象，并进一步恶化合法企业的生存环境（马小明、赵月炜，2005）。当中央政府坚决执行最严厉的环保法，派出中央环保督察组对地方政府进行监督时，为应对自上而下的环保政策压力，部分地方政府对污染企业采取“先停再说”“集中停工停业停产”等简单粗暴、敷衍应对的做法即是例证（吴舜泽，2018）。

第三类观点介于以上两者之间，其认为有效规制企业环境行为需要较强的环境执法。政府的环境激励政策（指提供环境知识、技术和社会认可支持）能推进企业实施积极环境管理行为；而为了经济可持续发展，政府强硬的环境保护措施则可强化对企业环境污染行为的控制（Hart，1997）。格雷（Gray）等（1996）对41家美国钢铁企业环境行为的研究也表明，政府较强的执法力度能迫使企业更好地遵守环境法律、法规。但是，有研究者分析美国多个行业的企业环境行为发现，大多数公司采取环保合规行动，并不是出于对高威慑性的正式法律制裁的恐惧，相反，积极环境行为更多地源于对非正式制裁的恐惧，比如对公司声誉、环境管理者工作或专业地位的损害（Thornton，Gunningham，and Kagan，2005）。

综上可知，其一，基层政企关系是影响环境政策对企业环境行为规制效果的重要因素；其二，自上而下的环境政策规制强度是转变基层政企关系的关键力量；其三，既有研究尚未对环境政策、政企关系及企业环境行为规制之间的作用机制形成较一致的结论性认识。缺乏对环境政策实践过程的深入观察，未能呈现政企关系转变对企业环境行为约束的影响的演化机制，是研究分歧产生的重要原因。

为此，2016 年初至 2017 年 9 月，笔者先后多次以研究者身份驻扎华北 A 县①，围绕“铁网加工企业的环境治理”，深入访谈了政府工作人员、村委、铁网企业主、作坊主、工人、污水处理厂厂长等关键主体，并实地考察了企业环保升级改造的推进情况。田野调研所获的观察资料、访谈资料②和图文材料等是本文分析的基础。

补充说明的是，现有研究使用政府直控型环境政策、社会制衡型环境政策、政府动员型环境政策等概念描述我国环境政策的形态，其强调在环境政策执行过程中政府的主导性和基础地位，并关注到不同社会主体参与的必要性和重要性，这对本研究有启发意义。与之不同，本研究所指政府主导的、自上而下的强制性环境政策是相对于基层政府过去非强制的常规化环境治理方式而言的，重点突出基层政府是在上级环保高压下，采取以强制性环境执法倒逼企业提升其环境行为表现的治理策略，其强制性特征在本文的第四部分有具体阐述。

三、A 县铁网加工业发展及其环境治理历程

A 县铁网加工企业具有农村小微企业群体的典型特征：一是具有浓厚的乡土性。这些企业是依赖当地自然条件、社会经济政策发展起来的，其主要雇工为当地农村剩余劳动力，经营者和管理者均为当地村民。二是生产规模小、技术水平低、机械化程度不高、组织结构简单、用工形式灵活。三是资源消耗大、污染排放多、环保设备不完善或不稳定，环保不达标成为其当前发展的重要制约因素。在倡导生态文明建设、绿色发展和实施乡村振兴战略的背景下，A 县政府采取以环保倒逼铁网等传统制造业转型升级的强制性环境治理措施，这为本研究提供了观察的契机。

基于研究目标，本文通过介绍 A 县铁网加工业在发展、壮大、成熟三个阶段的环境政策、政企关系、污染防治措施与效果，来阐述其环保升级改造的基本背景。

（一）扶持产业发展，污染防治滞后

据 A 县县志记载，铁网加工业是由人民公社时期的村社队企业发展而来的。1980 年前后，A 县各村生产队解散，原社队企业的技术员、业务员和技术工人纷纷从社队生产组中独立出来另起炉灶。据留村王主任回忆，A 县高、李两镇铁业生产组解散后，生产资料大多转手给村民私人经营，有的搞起家庭作坊，有的建起联户商铺。及至 20 世纪 80 年代末，当地已形成初具规模的铁网集聚市场。在这一时期，铁网加工业动力机

① 根据研究伦理要求，笔者将文中的地名、人名、企业名等作了匿名处理。

② 本研究的所有访谈均在受访者知情同意的情况下录音，所有录音均转为文字稿进行分析。

械少，家庭作坊产量小，其对环境的负面影响并不显著[①]，同时，农村脱贫致富的需求十分迫切，铁网加工被A县政府列为重点扶持的乡镇产业。因此，在发展阶段，“加强乡镇企业的环境管理”尚停留在政策呼吁层面。

（二）产业壮大，开始专项环境治理

到20世纪90年代中期，A县的铁网加工业已发展成以“工厂＋家庭作坊”模式为主的产业集群，其产业链、工艺、加工规模、产品类型等均有了质的增长[②]。铁网加工业在A县的纳税最高时占全县的三分之一，但是，环境污染问题也日渐凸显。企业排放的污染物主要有煤烟、镀锌废水[③]、酸雾[④]、废料等，不仅污染类型增多，各类污染物排放量也均增大。在产业壮大阶段，A县政府对铁网企业的环境政策规制主要包括：缴纳排污费、安装煤烟除尘器和酸雾处理设备、配置镀锌废水处理间等。但是，由于企业分散治污，政府受制于主客观条件难以对企业的污染处理过程和结果进行实时、有效监管[⑤]。A县水利志显示，20世纪八九十年代，从两镇抽样检测出的各项工业污染物在类别和排放量上呈双升趋势，即环境中的污染物未降反增（A县水利志编撰委员会，1998：46）。可见，在该阶段，自上而下的环境政策未形成有效的环保压力，A县政府非强制性环境约束尚未遏制污染加剧。

（三）产业成熟，进行强制性全面治理

在发展壮大过程中，铁网产业的环境污染效应逐渐累积且显化。两镇数十家镀锌企业的工业废水排放量和排放范围不断增大，而地方政府的专项环境治理并没有解决因企业各自分散治污而缺乏有效监管的问题。2000年，A县政府曾对高、李两镇铁网加工业的环境污染开展专项治理，并使当时的17家电镀企业全部实现达标排放（周伟文，2010：223）。但是，及至2010年，部分企业虽安装污染处理设备，但私自停运、偷排偷放的现象时有发生，例如部分企业的工业废水仍是通过明渠或渗坑排入附近河流或直接渗入地下（周伟文，2010：225）。

此外，在区域环境治理政策背景上，A县所在市处于京津冀大气污染传输通道上的“2＋26”城市之列，且长期徘徊在全国重点城市空气质量排名的末端，其环境治理的紧迫性和必要性更加凸显。因此，《大气污染防治十条措施》颁布（2013年），且中央环保

---

① 据多位受访企业主称，该阶段铁网加工产生的不良环境影响主要是水箱拔丝排放的肥皂水、织网产生的废料，以及拉丝机的噪声。

② 其间，铁网产业链延伸至燃煤拔丝、镀锌、织网三个环节；工艺增加了热拔丝、涂塑、镀锌等；年产规模超两千万元的工厂有数十家；产品有丝网、制钉、电焊条、刀具等。

③ 铁丝经过清水池，洗去表面残余酸液时所产生的含金属杂质的酸性废水。

④ 铁丝除锈用浓度为17%的盐酸，盐酸池内挥发的酸会产生酸雾，腐蚀周围建筑和植被等。

⑤ 据多位A县政府工作人员介绍，客观上，政府的人力、财力和技术有限，无法做到实时、有效监管；主观上，政府注重铁网产业的发展壮大，而对环保问题有所忽视。

督察组进驻A县所在省（2015年）[1] 后，自上而下的强制性环保压力驱使A县政府全面开启铁网企业环保升级改造，并要求“不改就关，不留退路”。下文依循强制性环境政策、政企关系、企业环境行为规制的逻辑，介绍A县铁网企业环保升级改造过程及其阶段性进展，由此呈现其实践机制。

四、 铁网企业环保改造的实践机制

（一）环保升级改造要求及其强制性

随着上级政府对基层环保督察和检查的密度和力度增加，2013年6月，A县政府启动铁网企业环保升级改造计划[2]，改造内容包括：第一，镀锌厂的酸雾处理升级，由原来的集气罩收集酸雾塔处理改为水帘式全封闭处理，提升酸雾收集、处理效果[3]。第二，燃煤工厂的煤烟处理改造，由原来的燃煤提供热源（配备湿式脱硫除尘器），改为使用天然气（或电）提供热源，减少污染物排放。第三，镀锌厂的污水处理升级，由原来分散在各企业的污水处理站处理后排放或循环使用，改为根据污水成分分类改造，企业初处理后或循环使用，或统一排放到污水处理厂集中处理。根据该计划，2014年11月，A县政府强制切断所有铁网企业用电，要求企业必须在改造达标验收后才能恢复生产。此外，A县政府全面审查企业的环境影响评估报告、排污许可证等，要求缺少相关手续或资质已过期的限期补办或更新。

从A县政府制订的改造计划来看，其强制性主要体现在三个方面：一是政策对象是所有铁网企业，在中央环保督察期间，铁网企业均被强制切断电源以进行停产改造；二是改造内容包括法律规定的所有环保项目，既包含排污处理达标，也包括环保手续齐全、合法；三是治理方式是以强制停产倒逼企业环保升级改造，且企业达标验收后才具有正常生产的合法性。

从受访企业和基层政府工作人员的角度来看，A县政府采取强制性环保措施有以下几个重要支撑：一是强制企业停产整改的合法性和合理性。如前所述，部分铁网企业存在不同程度的环保违法违规行为，环保整改确有必要，同时，中央环保督察成为强制企业改进的契机，这也是基层政府防范不确定性环保行政风险的一种策略。

> 企业停产就不会产生污染，即使被环保督察员抽查，（基层政府）也不担心会产生问责问题。因为企业不生产了，自然不再对他有环保达标的政策要

① 2015年六至2016年2月4日，中央环保督察组在A县所在省开展了为期两个月的环保督察。

② 资料来源于A县生态环境局门户网站（http：//www. dzhbw. gov. cn/），检索日期为2016年6月22日。

③ 据受访政府工作人员和企业主介绍，该项改造相对而言难度小、投入少、操作简单，已在A县政府强制所有企业停产改造之前完成，因此，本研究未对其进行具体分析。

求。他们（企业）也理解，如果不停产，被查出问题，不仅会被罚款，而且如果限期不能整改（到位），企业就面临倒闭。（访谈编号：20170903CYZ，A县环保工作人员解释督察期间强制企业停产的原因）

二是强制措施有技术保障。A县环保网格化执法监管系统①的构建是实施强制性环保改造的重要技术保障。在由县执法监控中心、27个乡镇（办）监控平台和环保局移动执法终端共同构成的智慧环保网格化执法监管系统中，每家铁网企业在县、乡镇、村委三个层级都有相应的环保责任人。当A县政府强制所有铁网企业进行能源替代及污水集中处理整改时，从逻辑上讲，企业很难找到偷排偷放的机会②。

三是行业协会和被政治吸纳③的企业主显著缓解了企业对强制整改的抵触。数十家规模以上企业（年营业收入高于2 000万元）的企业主大多是中国共产党党员或兼为村委干部、人大代表，这些具有多重政治身份的企业主在被强制停产后，成为政策传导、纾解企业停产焦虑、组织企业“抱团”成立行业协会④、帮助企业解决合法需求的重要力量。他们被推举为行业协会会长、副会长等管理者和组织者，代表企业与乡镇和县级政府沟通具体改造方案、推进改造措施落地。这在很大程度上缓解了企业对强制性环保措施的抵制，减少了社会冲突。

（二）政企关系的转变与企业环保改造的推进

A县政府强制铁网企业停产改造首先导致政企关系转变，其次，新型政企互动方式推动形成铁网产业环保整改的具体方案，最终，在这种非预期的政企协作过程中，铁网产业的企业环保升级取得了阶段性进展，但同时也产生了未预期的治理问题。

1. 强制性环境政策推动政企关系转变

在强制性环境治理过程中，A县政府与铁网企业的互动关系产生了以下变化：一是政企协作的目标转变。在自上而下的环保行政压力下，基层政府的环境治理目标从过去偏重经济增长，转变为保护环境兼顾经济增长的双赢目标；与此同时，强制性环境政策迫使企业认识到环保达标是其获得正常生产机会的前提，因此，完成环保改造要求并兼顾企业生存成为政企互动的新目标。二是沟通模式转变。在强制性环保整改前，基层政府与铁网企业之间以单个企业与政府一对一直接沟通为主，为有效推进产业的整体改造，以“政府-行业协会-企业”三方为主体的沟通模式应运而生。三是政企双方协作策

① 自2011年开始，省环保厅指导A县开展环境保护工作网格化管理工作部署，及至2015年，智慧环保网格化执法监管系统建成并运行。

② 据政府工作人员和受访企业主介绍，在强制停产整改期间，每家企业至少有一名政府工作人员驻厂监督企业的停产和环保整改进度。

③ 指政府通过为私营企业主赋予政治身份或职务等方式招募、收编、吸纳其成为政治支持力量（黄冬娅，2014）。

④ 2015年，两镇铁网行业协会正式注册成立，初始会员有70多家企业。

略均有新的变化。一方面，基层政府各层级、各部门对铁网企业环保升级改造方案各自持不同立场，因此，两镇企业需基于自身需求采取更理性的灵活应对方式；另一方面，以行业协会成立为标志的企业自组织化趋势增强，基层政府出于对治理效率、社会稳定等多因素的考虑，在整改决策过程中，开始关注骨干企业的参与性，但考虑到整改要求，并未能完全放手让企业自主选择改造方案。

2. 以行业协会为中介的政企沟通方式推进企业完成能源替代

在能源替代之前，铁网企业以煤为主要燃料，采用湿式脱硫除尘器①处理煤烟，处理后的烟气经 30 多米高的排气筒外排。由于环保设备不稳定或不持续启动等，煤烟处理未能持续稳定达标，因此，A 县政府要求企业以气代煤或电代煤。从改造成本、用能成本、基础设施配置上来看，两种替代方案有显著差异（详见表 1）。

表 1　铁网企业煤改气与煤改电对比

改造类型	改造内容	改造成本	用能成本	基础设施配置
煤改气	拆除燃煤锅炉，配置天然气调压站、输气管道或储气罐等	数万元至几十万元	1.8～3 元/立方米	需配置公共供气站、铺设输气管或者安置大型储气罐
煤改电	拆除燃煤锅炉、排气筒，采购电能生产设备，改造月电线路等	几百万元至上千万元	0.67～0.71 元/（千瓦·时）	企业自行改造用电线路，购置电能生产设备

由表 1 可知，两种用能改造成本相差悬殊，由于绝大部分铁网企业规模小且融资困难，难以承担数百万乃至上千万元的环保投入，因此，煤改气是大多数企业可负担的改造方式。但是，煤改气需要配备相应的公共基础设施，这超出了大部分企业的投入能力。据行业协会会长称，协会先了解了企业整体的能源替代意向（倾向于煤改气），再与两镇政府及县政府沟通煤改气面临的基础设施投入过大的问题，并积极争取政府的政策和资金支持。

最终，经协会与燃气公司、基层政府磋商，考虑到大多数企业的环保投入能力和煤改气的必要性，A 县政府与 G 燃气公司合作，投资 4 000 多万元，在铁网企业较为集中的区域建成日供气能力达 5 万立方米的供气站，并配套供气管网等公共基础设施。据 A 县环保工作人员介绍，2015 年初，铁网企业基本完成能源替代（仅两三家企业选择煤改电），由此，仅需进行能源替代的企业陆续恢复了生产。

① 这种除尘方法是在燃煤中加入硫剂，通过往气流中喷水，捕集煤烟中的污染微粒。因其操作简单，自 1900 年以来，湿式脱硫除尘器在工业上得到了广泛应用。

3. 多层级、多部门政府共同主导的复杂决策机制促成“相对集中”的污水处理整改

在讨论污水集中处理改造方案时，李镇已建成日处理能力 2 000 吨的生活污水处理厂[①]，而高镇没有污水处理厂。因此，经县政府、镇政府、行业协会、污水处理厂、铁网企业等多方协商，形成铁网产业污水集中处理整改的三个备选方案，即方案一“共同分两步走”：先提升企业污水处理站的处理能力[②]，再改造李镇的生活污水处理厂以集中处理工业废水；方案二“共同一步到位”：两镇涉污企业合资新建一个工业污水处理厂，收纳处理所有企业排放的工业废水；方案三“一步到位”与“分两步走”：高镇企业单独新建工业污水处理厂，李镇企业单独改造生活污水处理厂，两镇分开进行污水集中处理改造。据受访者们估测，这三个方案在改造资金成本、运营成本、时间成本和沟通成本等方面存在差异（详见表 2）。

表 2　污水集中处理备选方案对比分析表

方案名称	资金成本/万元	运营成本/万元	时间成本/月	沟通成本	潜在环保风险
“共同分两步走”	500～1 000	20～50	6	最高	最高
“共同一步到位”	3 000	10～20	18～24	最低	最低
“一步到位”与 “分两步走”	1 500 300～500	5～10 10～20	18 3～6	次之	次之

注：(1) 各方案改造成本是在决策阶段由各利益相关主体依据常规改造项目估测得出，有别于实际改造。
(2) 方案三的两种处理方式在资金成本、运营成本、时间成本上有明显差异，因此分别列出。
(3) 沟通成本、潜在环保风险做了三个方案的对比排序，运营成本为每月平均估算值。

从表 2 可知，方案一的改造资金成本和时间成本是最低的，但是，政府工作人员、企业、生活污水处理厂厂长等称，考虑到该方案的沟通成本、潜在的环保风险等因素，这一方案并未实现。

> 政府找的专家提出高镇污水牵引至李镇需要挖 4 米深的沟渠，这个资金成本较高。更重要的是，这个工程的布管路线长，埋管挖地太复杂，因为这一片地面上是密集的居民楼和工厂，项目沟通成本是很高的。
>
> 此外，李镇的生活污水处理厂不能直接处理工厂排出的污水，它只能处理 COD 在 350 毫克/升以下，pH 值为 6～9，且氨氮值小于 30 毫克/升的污水。

① 李镇于 2004 年成为省政府首批 50 个重点镇之一，并在 2012 年被列为国家级发展改革试点镇，因此，其相对于高镇而言，有更多政策和资金支持。2013 年，国家投资 2 500 万元在李镇建设生活污水处理厂。2014 年末，B 市尧润环保科技有限公司负责该污水处理厂的运营管理工作。

② 由于生活污水处理厂不能直接处理工业污水，需要提升企业污水处理站的处理能力，确保拟排送的污水达到生活污水处理厂的入水标准。

因此，企业要改进现有的污水处理站，使排送的污水达到入水标准，生活污水处理厂才能接收。同时，生活污水处理厂很担心一根入水管接收所有厂子的排水，难以对每个企业排送的污水进行有效监测，如果接收到超标的污水，会使其生化系统崩溃、污水处理会被迫中断。（访谈编号：20170116CL，高镇奇村企业主L先生称“共同分两步走”对高镇企业来说存在建设成本高、沟通压力和潜在风险大等缺陷）

然而，尽管两镇企业最初倾向于建设成本相对高、运营成本最低、环境风险最小的方案二，但是，由于两镇政府各自着眼于所辖企业的发展而非铁网产业的整体发展，企业的诉求并未得到基层政府的一致支持。李镇政府认为对已有生活污水处理厂稍加改造即可满足该镇企业的污水集中处理需求，而耗时费资的方案二并非该镇企业的最优选择，因此，李镇政府和县环保局规劝该镇企业选择预期更快捷、更经济的方案三。

最初咱们这也考虑过共建一个工业污水处理厂，但是按政府的说法，建设一个污水处理工厂需要投资至少3 000万（元），而且从设计、政府审批、招标、建设、试运行，到最后验收，二年（意指两年时间）也没什么反应（指难完工）。A县有很多这样的例子，因为要走严格的政府（审批）流程，光项目公示期就要二（个）月。这样就把企业们都耽误了（建设期间企业须停产）。当然政府也是好心，怕叫企业全“死”在这了，所以俺们就没跟高镇共建工业污水处理厂。（访谈编号：20170324LWZ，李镇留村企业主C先生指出放弃方案二是因为估测其耗时费资，会严重影响企业稳定发展）

由于李镇政府和企业对方案二缺乏积极性，高镇政府和该镇企业不得不考虑单独新建工业污水处理厂。如前所述，新建工业污水处理厂预估时间成本和资金成本均很高，同时，工业污水处理厂是服务于企业而非公众，其无法获得政府资金支持，因此，最初高镇企业内部的意见难以统一。在这种情况下，高镇政府依靠行业协会（主要是有影响力的骨干企业）反复做企业的思想工作，并采取企业共商共议的决策方式，说服企业接受了方案三。

企业最初是不配合的，毕竟（新建工业污水处理厂）增加了他们的成本，而且这几年总体经济形势不如以往，所以企业更谨慎了。但（政府）告诉他们，如果污水不处理好，他们早晚会成为政府强行关闭的对象；如果集资建设污水厂，那么，日后他们都能正常生产。哪个更有利？企业需要好好考虑……俺们（镇政府）2015年开始着手帮助企业筹建污水厂，一方面，出面协调了15亩建设用地，帮着跑规划、审批等手续；另一方面，组织12家涉污企业选举3个代表负责组织联络、筹资、跟进工程建设、管理资金等……根据污水厂的建设和运营管理预算共需集资750万元，企业一致同意按生产线和产量来定出资额，出资最少的是十万，最多的八十几万。（访谈编号：20170328HY，高镇工作人员H先生详述高镇企业集资新建工业污水处理厂的政企协商过程）

从污水处理整改结果来说，高镇企业集资共建的工业污水处理厂于2016年12月完成了从筹资、建设到试运行、验收的整个过程①。同时，在污水处理厂验收达标后，企业恢复了生产。李镇企业虽在2017年之前完成了工厂污水处理站的改造和初处理调试，但是，改建生活污水处理厂因资金未及时到位而遇阻②，由此，其尚未真正实现污水集中处理。可预想的是，如果选择方案二，那么，铁网企业污水集中处理整改或许能获得更好的治理效果和更具规模化的环保投入效应。尽管在讨论整改方案时，李镇政府及企业各自均遵循了最大化效应原则做出了最优决策，但是，理性主导的抉择面临未预期的挑战。

不过，在中央环保督察结束后，虽然省级环保厅仍对地方环境治理进行不定期、不指定对象的例行环保检查，但是，自上而下的环保监督力量相对弱化。据政府工作人员称，考虑到长期停产很可能摧毁铁网产业整体发展，因此，企业被默许陆续恢复生产。对此，李镇受访企业主表示，企业已按污水处理升级改造要求完成了其责任范围内的整改，理应获得正常生产许可；李镇的工作人员称，生活污水处理厂改建的资金问题需A县县政府与承建商之间协商，乡镇政府无法解决，但也不能不顾企业的生存。

五、结论和讨论

本研究通过聚焦A县铁网企业环保升级改造实践，具体分析了在强制性环境治理变革中，基层政府与地方企业关系的变化及其对企业环境行为规制的作用过程和结果，由此呈现了强制性环境政策、政企关系和企业环境行为规制三者之间的相互影响机制。本研究为强制性环境政策对企业环境行为规制的积极影响提供了经验层面的证据，同时从环境治理角度提出政企关系转变对企业环境行为规制的作用模型，提供了澄清已有研究分歧的一种阐释思路。

本文的分析表明，强制性环境政策对铁网企业环境行为有正向规制作用。强制性环境政策在一定程度上瓦解了政企共谋关系，政企协作的行动目标转向兼顾企业发展和环境保护；同时，“基层政府-行业协会-铁网企业”为主体的互动模式，较好地缓解了政

① 需要补充说明的是，为缩短工业污水处理厂的建设周期，高镇镇政府获得县政府许可，在确保工程质量的前提下，对其采取了“边建设边走审批流程”的快捷方式。

② 据李镇工作人员和生活污水处理厂厂长介绍，政府未按应急池承建商提交的预算报价拨付相应资金导致停工，生活污水处理厂因而不能验收，无法接收、处理铁网企业排送的工业废水。

企之间的对立及可能由此带来的环境执法冲突。具言之，其一，强制性环境政策未稳定、持续地对政企关系产生高强度监督力，当自上而下的行政压力减弱时，政企协作的目标有优先保障企业正常生产的倾向；其二，环保整改决策过程由基层政府多层级、多部门共同主导，而企业的参与力量较弱，由此形成了不平衡的政企互动状态，企业青睐的较优方案难以获得各层级政府共同支持；其三，由于两镇政府对各自所辖企业的环保整改持不同意见，两镇企业在有限理性的驱动下接受了政府的建议，最终达成了次优改造方案。综上，在环保行政监督不稳定的情况下，摇摆的政企协作目标、不平衡的政企互动模式和有限理性主导的协作策略塑造了非预期的政企协作关系，最终影响了企业环境行为规制的整体效果。强制性环境政策、政企关系和企业环境行为规制之间的作用机制模型如图 1 所示。

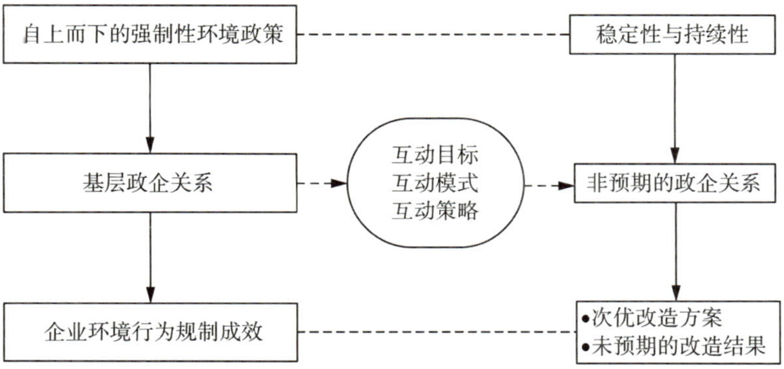

图 1　政企关系对企业环境行为规制的作用模型图

可进一步讨论的是，第一，从基层政府与地方企业的力量对比看，企业在政企协作过程中的功能和地位尚不足以支撑其坚持选择最优方案，这是实现强制性环境政策预期目标受阻的原因之一。有研究指出，第三方监督力量（包括自上而下的行政力量、公众或媒体的舆论监督或全国性法治环境）是平衡政企博弈关系的调节变量（聂辉华，2020）。但是，农村的社会舆论监督相对较弱、法制健全性相对较差，同时，在环境治理过程中，上级行政压力强化地方政府的权威，这导致在协商具体整改方案时，企业所认可的最集约、最具规模化、预期治理效果最好的整改方案并未实施。同时，高、李两镇行政分割的管理形式弱化了企业在政企博弈中的群体力量。当高、李两镇镇政府基于各自基础设施条件、经济社会发展目标、行政考核指标等实际情况进行铁网企业污水治理整改决策时，行业协会会员以所属乡镇为基础，分裂成两个相对独立的小团体，协会内部的污水治理合作难以达成。概言之，农村小微企业在污染防治实践中参与范围有限、参与角色较弱、决策能力不足，影响了行业环保改造整体目标的实现。

第二，从社会组织创新与环境治理效果来看，行业组织在农村小微企业污染防治过程中具有不可或缺的积极作用。在政府主导的、自上而下的强制性环境治理变革中，基层政府与地方企业的互动不再是以政府工作人员与企业主（或镇政府与乡镇企业）之间正式与非正式互动为主的共谋关系，而是转变为以行业协会为中介的基层政府与地方企业正式互动为主的协作关系。其协作的行动目标是妥善完成环保升级改造，并使企业尽快恢复生产。可见，自上而下的环保压力是转变政企共谋关系，督促基层政府力行环境政策的重要力量。因此，加强环境政策调控和实施力度是确保企业环境行为规制效果，避免产生政企共谋或非合作博弈的重要抓手。

在新型政企协作关系中，企业“抱团”组成行业协会，通过自组织化方式，创建以“政府-行业协会-企业”为主体的沟通模式，这是政企协作推进环保升级改造的关键。本文的观察回应了社会组织创新优化社会结构，增强社会主体环保行动参与力量，更好解决环境问题的理论倡导（洪大用，2000），以及十九大报告指出的，着力解决突出环境问题，需要“构建政府为主导、企业为主体、社会组织和公众共同参与的环境治理体系”。就此而言，以行业组织为中介，促进基层政府与地方企业在互动主体与形式、协作过程与目标上的转变，对于提升强制性环境政策对企业环境行为的规制效果具有现实意义。

第三，从企业环境行为规制的资源投入来说，政府的政策和资金支持是农村小微企业污染防治不容忽视的因素。在A县的案例中，李镇作为国家级改革试点镇、省级重点镇，有更多配套政策和资金支持，这也是李镇企业开展污水处理整改的有利条件之一。对比来说，高镇缺少由这些荣誉带来的资源投入优势，但是，在能源替代过程中，高、李两镇的企业均获得基层政府在公共基础设施建设上的全力支持，这有助于提升企业开展环保投入的积极性。

由于资金规模有限、融资困难，对大部分农村小微企业来说，资金压力是其在环保升级改造过程中面临的最大困难。与此同时，在政府主导的强制性环境政策执行过程中，资源（人员、资金、技术等）也是制约基层政府环境治理能力和治理效果的直接因素。需要指出的是，A县智慧环保网格化执法监管系统弥补了县级环保系统在机构设置、人员配备、监管技术和资金投入等方面的不足。A县的实践表明，基层政府综合考虑环境治理的目标和产业稳定发展的需要，投资公共性的环保设施，并鼓励企业集资建设服务于自身或产业的环保设施，这切实避免了将环境治理责任附加于政府或企业中的一方可能产生的因资源压力过载导致政企冲突或环境政策难以执行的问题。

最后，从经济绿色发展的政策需求来看，优化政企关系或政商关系有重大现实意义。正确处理好经济发展同生态环境保护的关系，牢固树立保护生态环境就是保护生产力、改善生态环境就是发展生产力的理念是绿色经济的必然要求。学者呼吁在我国经济下行压力加大的情况下，要顶住压力，更大程度地激发市场主体活力，创造良好的营商环境，尤其是构建“亲清”政商关系（陈清，2020）。这就要求基层政府具有较强的平衡经济发展与环境治理关系的能力，也进一步凸显了优化基层政企关系的重要性和迫切性。

参考文献

A 县水利志编撰委员会，1998，《A 县水利志》，A 县：A 县印刷厂。

陈清，2020，《推动构建亲清政商关系》，《人民日报》4 月 28 日。

国家统计局，2019，《中小微企业成为推动经济发展的重要力量——第四次全国经济普查系列报告之十二》，国家统计局：http：//www. stats. gov. cn/tjsj/zxfb/201912/t20191218_1718313. html。

贺灿飞、高翔、潘峰华、王一帆，2010，《城市可持续发展和企业的环境行为——对昆明市企业环境行为的分析》，《城市发展研究》第 7 期。

洪大用，2000，《当代中国社会转型与环境问题——一个初步的分析框架》，《东南学术》第 5 期。

洪大用，2017，《企业行为与绿色发展》，《广西民族大学学报（哲学社会科学版）》第 6 期。

黄冬娅，2014，《私营企业主与政治发展关于市场转型中私营企业主的阶级想象及其反思》，《社会》第 4 期。

李玉红，2017，《中国农村污染工业发展机制研究》，《农业经济问题》第 5 期。

李玉红，2018，《中国工业污染的空间分布与治理研究》，《经济学家》第 9 期。

李万新、Xavier Leflaive、李多多等，2010，《中国环境创新政策述评》，《科学观察》第 2 期。

梁平汉、高楠，2014，《人事变更、法制环境和地方环境污染》，《管理世界》第 6 期。

马小明、赵月炜，2005，《环境管制政策的局限性与变革——自愿性环境政策的兴起》，《中国人口·资源与环境》第 6 期。

孟庆峰、李真、盛昭瀚、杜建国，2010，《企业环境行为影响因素研究现状及发展趋势》，《中国人口·资源与环境》第 9 期。

聂辉华，2020，《从政企合谋到政企合作：一个初步的动态政企关系分析框架》，《学术月刊》第 6 期。

聂辉华、张雨潇，2015，《分权、集权与政企合谋》，《世界经济》第 6 期。

彭海珍、任荣明，2003，《环境政策工具与企业竞争优势》，《中国工业经济》第 7 期。

吴舜泽，2018，《环保“一刀切”是环境与经济双输的形式主义、官僚主义》，《中国环境报》9 月 14 日，第 2 版。

薛求知、伊晟，2015，《企业环保投入影响因素分析——从外部制度到内部资源和激励》，《软科学》第 3 期。

赵祥、谭锐，2016，《土地财政与我国城市“去工业化”》，《江汉论坛》第1期。

周雪光，2008，《基层政府间的“共谋现象”——一个政府行为的制度逻辑》，《社会学研究》第6期。

周伟文，2010，《中国国情丛书：百县市经济社会追踪调查（A县卷）》，北京：社会科学文献出版社。

Agneta, Gerstenfeld, Roberts, H. 2017. “Size Matters: Barriers and Prospects for Environmental Management in Small and Medium-sized Enterprises.” In *Small and Medium-Sized Enterprises and the Environment: Business Imperatives*. London, Taylor and Francis Press.

Beatriz, Junquera, Brio, J. A. D. , Fernandez, E. 2012. “Clients' involvement in Environmental Issues and Organizational Performance in Businesses: An Empirical Analysis.” *Journal of Cleaner Production* 37.

Dorothy, Thornton, Gunningham, N. , Kagan, R. A. 2005. “General Deterrence and Corporate Environmental Behavior.” *Law & Policy* 27 (2).

Gray W. B. , Deily M. E. 1996. “Compliance and Enforcement: Air Pollution Regulation in the U. S. Steel Industry.” *Journal of Environmental Economics & Management* 31 (1).

Hart S. L. 1997. “BeyondGreening: Strategies for a Sustainable World.” *Harvard Business Review* (1).

He Zheng-xia et al. 2016. “Factors that Influence Corporate Environmental Behavior: Empirical Analysis Based on Panel Data in China.” *Journal of Cleaner Production* 133.

Liu, Xie-lin, Dai Hong-yi , Cheng, Peng. 2011. “Drivers of Integrated Environmental Innovation and Impact on Company Competitiveness: Evidence from 18 Chinese Firms.” *International Journal of Technology and Globalisation* 5 (3-4).

Mark, et al. 2010. “How do Small and Medium Enterprises Go ‘Green’: A Study of Environmental Management Programs in the US Wine Industry.” *Journal of Business Ethics* (3).

Rui Mu. 2018. “Role of Law, Position of Actor and Linkage of Policy in China's National Environmental Governance System, 1972-2016.” *Sustainability* 10 (4).

Theyel Gregory. 2000. “Management Practices for Environmental Innovation and Performance.” *International Journal of Operations & Production Management* 20 (2).

环境治理
与绿色发展

牧区城镇化与草原生态治理*

包智明　石腾飞**

摘　要： 我国北方草原牧区广泛推行的牧区城镇化政策，延续了中国长期形成的草原生态治理政策的定居化特点。牧区城镇化与草原生态治理的过程需要重新审视牧民的主体性地位，充分认识牧民的流动性特征。在具体实践中，以牧业合作社、草原生态旅游业等新的组织方式和生计方式推动的牧区重建，可以让牧民在牧区与城镇之间往返流动，牧民在享受城镇多元生计与现代生活方式的同时，继续在牧区从事牧业生计和保护草原生态环境，实现牧区城镇化与草原生态治理的双赢，从而在产业、人才、文化、生态、组织等方面推动乡村全面振兴。

关键词： 牧区城镇化；草原生态治理；牧民流动性；牧区重建

一、研究背景与问题

农村人口流动和城镇化是学界关注的重要议题。在城乡发展不均衡的背景下，城乡间巨大的经济差异和收入差距通常被认为是人口向城镇流动的最主要原因。① 自党的十八届三中全会提出城乡一体化的新型城镇化道路以来，围绕城镇化进程中的农村衰落与乡村振兴等问题，学界进行了一系列颇具启示的研究。总体上，学者对于城镇化问题研究的出发点和落脚点普遍集中在户籍、土地、财政等经济与社会制度范畴，② 而对于当前城镇化进程中的人口流动与城镇化推进模式的复杂性状态，尚没有作出充分解释，这尤其体现在北方草原的牧区城镇化上。

* 原文发表于《中国社会科学》2020 年第 3 期。

** 作者简介：包智明，云南民族大学社会学院教授。
石腾飞，青岛大学政治与公共管理学院讲师。

① 参见李强：《影响中国城乡流动人口的推力与拉力因素分析》，《中国社会科学》2003 年第 1 期。

② 参见付伟：《城乡融合发展进程中的乡村产业及其社会基础——以浙江省 L 市偏远乡村来料加工为例》，《中国社会科学》2018 年第 6 期；李强：《“就近、就地”城镇化可破“异地”困局》，《中国城市报》2015 年 11 月 23 日，第 2 版；夏柱智、贺雪峰：《半工半耕与中国渐进城镇化模式》，《中国社会科学》2017 年第 12 期。

与一般农村相比，牧区城镇化有其自身的特殊性。政府推动牧区城镇化的目的不仅是解决经济社会发展问题，同时也要解决生态环境问题，其政策意图不仅在于推进牧民发展转型，还期望通过牧民搬离牧区、定居城镇以实现草原生态治理。当前学界关于牧区城镇化研究的焦点主要集中在影响牧民流动的推拉因素、① 牧民流动到城镇后的经济与社会效益、② 牧民定居与城镇建设，③ 也有研究注意到牧民在城镇化进程中的回流现象，但仍将落脚点放在如何促进牧民城镇定居与转产就业上。④

然而，牧民和草原是生命共同体。在牧区城镇化进程中，牧民迁出牧区，割裂了牧民与草原之间唇齿相依的联系，带走了蕴藏在牧民身上的有关草原生态环境保护的传统知识和治理能力，从而可能带来一系列政策的意外后果。这意味着，在牧区城镇化成为不可扭转的发展趋势下，有必要进一步研究牧区城镇化与草原生态治理间复杂的社会关联，重新审视牧民在这一过程中的角色。在牧区城镇化的浪潮中，牧区和牧民何去何从？当前北方草原大力推行的牧区城镇化，可否将草原生态治理带向一个可持续发展的未来？如果可以，又该通过怎样的途径发挥牧民在草原生态治理过程中的作用？本研究通过对内蒙古草原牧区相关案例的研究，以在“牧区—城镇”间往返流动的牧民为研究对象，提出草原生态治理的“流动性”视角，探讨在城镇化背景下实现草原生态治理的路径和机制。

二、 流动性与草原生态治理

关于草原生态退化，超载过牧一直是主流解释框架。依循这一解释逻辑，要实现草原的生态治理，减少牧区人口和草原载畜量势在必行。自 20 世纪 80 年代，国家开始通过资金、技术、政策规划等措施干预草原生态环境和牧民生计。在国家主导的草原生态治理脉络里，草畜承包、禁牧休牧、生态移民、牧区城镇化等一系列自上而下的政策相继在北方草原牧区实施。相关研究指出，在这一过程中，地方政府通过“权力的资本—技术网络”限制、管理牧民和牧业，以实现社会的再造与环境的改造。⑤ 草原生态环境保护逐渐从依靠牧民理性向依赖国家权威转变。⑥

相关研究还注意到，已有方案忽视了草原生态系统的复杂性和草原生态环境保护的

---

① 高永久、邓艾：《藏族游牧民定居与新牧区建设——甘南藏族自治州调查报告》，《民族研究》2007 年第 5 期。

② 张涛：《甘南藏族自治州牧民定居模式与效应分析》，《甘肃社会科学》2003 年第 6 期。

③ 李志刚：《牧民定居与小城镇建设——甘肃阿克塞哈萨克族自治县的案例研究》，《社会》2004 年第 12 期。

④ 滕驰：《内蒙古牧区新型城镇化进程中人口转移问题与对策研究——以 W 旗为例》，《中央民族大学学报》2017 年第 1 期。

⑤ 参见荀丽丽：《再造“自然”：国家政权建设的环境视角——以内蒙古 S 旗的草原畜牧业转型为线索》，《开放时代》2015 年第 6 期。

⑥ 王晓毅：《从承包到“再集中”——中国北方草原环境保护政策分析》，《中国农村观察》2009 年第 3 期。

多样性，反而造成草场的普遍退化。有学者指出，草畜承包、建网围栏的本意在于明晰产权、减少牧场的公共性，刺激牧民对草原的保护意识与行为。但在实践过程中，牧民因无法进行长距离、大规模的游牧，他们或是过度利用公共资源以保护自有资源，或是"定居轮牧"，让牲畜在同一片草场重复采食践踏，加剧了草原的利用程度。① 还有学者认为，草原生态退化主要受草原生态系统本身的不稳定性和降水、火灾、虫灾等诸多不确定性因素影响，集中于载畜量和定居放牧的制度设计使牧业丧失了根据气候变化、草场情况等因素进行调节的余地，牧民应对自然变化的能力减弱，草原脆弱性增加。② 草原生态治理政策在实践过程中出现一些问题，亟须在理论层面寻找问题的症结及其突破口。

20 世纪 80 年代末兴起的"新牧区发展范式"（new pastoral development paradigm）注意到发生在非洲牧场上的草场退化、荒漠化问题，基于对旱地资源系统以及共有产权制度的新认识，提出了牧区发展的新思路。③ 秉承这一研究取向的学者认为，定居化政策忽视了牧业的流动性，不利于草原生态环境保护和牧业发展，牧区的现代化建设应该将牧场的管理权力下放到地方团体，尊重、顺应、吸收牧业生计的流动性特征。④ 作为对"新牧区发展范式"的总结、反思与发展，富勒（M. Niamir－Fuller）和特纳（M. D. Turner）提出"流动性范式"（mobility paradigm），并从资源基础（resource base）、资源使用者（rescurce users）、适应性策略（adaptive strategies）、共有产权制度（common property regimes）四个方面阐释在干旱、半干旱的草原牧区，流动性对于实现畜牧业在经济、社会与环境层面的可持续性发展的重要意义。⑤

---

① 王晓毅：《制度变迁背景下的草原干旱——牧民定居、草原碎片与牧区市场化的影响》，《中国农业大学学报》2013 年第 1 期；张倩：《蒙古国草原畜牧业的转型及其对中国牧区发展的借鉴意义》，中国社会科学院社会学研究所农村环境与社会研究中心主编：《游牧社会的转型与现代性·蒙古卷》，北京：中国社会科学出版社，2013 年，第 1－4 页。

② 参见 R. J. Thomas, "Opportunities to Reduce the Vulnerability of Dryland Farmers in Central and West Asia and North Africa to Climate Change," *Agriculture, Ecosystems and Environment*, 2008, vol. 126, nos. 1－2, pp. 36－45；P. G. Jones and P. K. Thornton, "Croppers to Livestock Keepers: Livelihood Transitions to 2050 in Africa Due to Climate Change," *Environmental Science and Policy*, 2009, vol. 12, no. 4, pp. 427－437；张倩：《牧民应对气候变化的社会脆弱性：以内蒙古荒漠草原的一个嘎查为例》，《社会学研究》2011 年第 6 期。

③ J. E. Ellis and D. M. Swift, "Stability of African Pastoral Ecosystems: Alternate Paradigms and Implications for Development," *Journal of Range Management*, vol. 41, no. 6, 1988, pp. 450－459；M. Westoby, B. Walker and I. Noy－Meir, "Opportunistic Management for Rangelands Not at Equilibrium," *Journal of Range Management*, 1989, vol. 42, no. 4, pp. 266－274.

④ M. D. Turner, "The New Pastoral Development Paradigm: Engaging the Realities of Property Institutions and Livestock Mobility in Dryland Africa," *Society and Natural Resources*, 2011, vol. 24, no. 5, pp. 469－484；H. K. Adriansen, "Pastoral Mobility as a Response to Climate Variability in African Drylands," *Danish Journal of Geography*, 1999, vol. 1, Special Issue, pp. 1－10；M. Niamir－Fuller, "The Resilience of Pastoral Herding in Sahelian Africa," in F. Berkes and C. Folke, eds., *Linking Social and Ecological Systems: Management Practices and Social Mechanisms for Building Resilience*, Cambridge: Cambridge University Press, 1998, pp. 250－284.

⑤ M. Niamir-Fuller and M. D. Turner, "AReview of Recent Literature on Pastoralism and Transhumance in Africa," in M. Niamir-Fuller, ed., *Managing Mobility in African Rangelands: The Legitimization of Transhumance*, London: Intermediate Technology Publications, 1999, pp. 18－46.

事实上，早期国外人类学家的研究已经指出，流动性是牧业经济系统的典型特征，是在不确定的自然环境里，牧民适应草原气候变化与保护草原生态环境的重要方式。① 移动以及随时作出有关移动的抉择可使游牧的人群突破各种空间、社会与意识形态的"边界"，利用分散且变化无常的水、草资源，还可及时逃避各种风险。② 中国北方草原是一个有着悠久游牧历史的地区，流动性的逻辑也充分展现在其牧业实践中。例如，荀丽丽发现，牧民需要通过游牧的方式适应内蒙古高原上气候与草原生态环境的不确定性。在这一过程中，牧民发展出相应的组织、社会规范和本土生态知识，用以学习、适应流动的生产、生活方式，同时规范牧民的资源利用行为，维持生计与生态间的动态平衡。③ 换言之，在长期的牧业实践中，牧民正是通过流动这一理性的策略躲避灾害，拓展自然资源利用的空间，在气候、地形、草场、牲畜之间寻求整体的平衡。

"流动性"对于牧业经济与草原生态环境保护的重要性在学界被广泛接受，但吸纳和借鉴这种发展新思路的地方经验，以及对它的深入研究较少。虽有研究提出草原牧区可借助现代科技和制度重新建立并支持游牧的生产方式，达到草原复兴的目的，④ 但基于现代国家治理体系的行政区划制度与草原产权明晰化的社会现实，很难找到一个再现传统跨地区游牧的成功样本。在笔者看来，这种僵局主要在于未能厘清"牧民流动性"与"牧业流动性"两者之间的内涵。富勒和特纳的"流动性范式"主要关注流动性的牧业生计对草原生态治理的意义，可将其视为一种"牧业流动性"。

在中国，随着以城镇化为导向的牧区发展方式的逐步推进，在牧业、牧群身上寻找流动性对于草原生态治理的现代意涵，不符合草场产权明晰化的制度设计以及以家户为单位围栏放牧的牧业实践。随着西部大开发以来民族地区工业化、城市化的快速发展，牧民生计方式多元化，牧业在牧民家户经济中的重要性逐渐降低。一项基于内蒙古自治区 34 个嘎查（村）⑤ 294 个牧民的实地调查数据表明，由于牧业经济效益较低与牧区现代化进程的推进，牧民草原畜牧业经营代际传递意愿较弱，仅有 1/3 的牧民明确表示愿意子女继续从事草原畜牧业。⑥ 厉以宁对内蒙古赤峰市牧区城镇化的研究发现，由于牧

---

① E. Evans-Pritchard, *The Nuer: A Description of the Modes of Livelihood and Political Institutions of a Nilotic People*, Oxford: Oxford University Press, 1940; D. J. Stenning, *Savannah Nomads: A Study of the Wodaabe Pastoral Fulani of Western Bornu Province, Northern Region, Nigeria*, Oxford: Oxford University Press, 1959; N. Dyson-Hudson, *Karimojong Politics*, Oxford: Clarendon Press, 1966.

② 王明珂：《游牧者的抉择：面对汉帝国的北亚游牧部族》，桂林：广西师范大学出版社，2008 年，第 26 页。

③ 参见荀丽丽：《与"不确定性"共存：草原牧民的本土生态知识》，《学海》2011 年第 3 期。

④ 韩念勇：《"适度"至上：面对一个半自然生态系统》，韩念勇主编：《草原的逻辑——顺应与适度：游牧文明的未来价值》，北京：北京科学技术出版社，2011 年，第 86 页。

⑤ 在内蒙古牧区，"行政村"称"嘎查"。本文用"村"统称牧区的"嘎查"和农区的"行政村"。

⑥ 孔德帅、胡振道、靳乐山：《牧民草原畜牧业经营代际传递意愿及其影响因素分析——基于内蒙古自治区 34 个嘎查的调查》，《中国农村观察》2016 年第 1 期。

区的沙化与水源枯竭，牧民有迁移进城的意愿，而城镇就业机会的提供与生活条件的改善，进一步促使牧民作出进城居住与发展的决定。[①] 这意味着，在草原产权明晰化和牧区城镇化大力推进的背景下，牧业流动性实践的社会基础已发生变化，照搬传统的牧业流动性概念分析当前的草原生态治理与牧民行为的实践机制，已不合时宜。

笔者认为，牧区发展和草原生态治理必然要落实到牧民这一社会主体身上，对于流动性的关注也应该从牧业转移到牧民身上。随着牧区城镇化的推进，牧民的生产系统和生活系统已经开始呈现出明显的分离化倾向，牧民生计方式更加多元，且流动也开始跨越草原牧区，在牧区与城镇更广泛的地域空间内发生。传统的流动性范式已无法对城镇化背景下牧民流动现象作出令人信服的解释，我们必须寻求一种更具包容性和解释力的分析概念，理解流动性对于新时期草原生态治理的意义，及其可能蕴含的牧区发展路径。

为更有效解释牧区城镇化背景下当代牧民的流动现象及其对草原生态治理的作用，本文提出“牧民流动性”概念。既有的“流动性”概念主要指，根据草场状况，牧民和牲畜在不同草场之间移动的传统牧业生计模式，其本质是“牧业流动性”。而“牧民流动性”是指，牧民根据生活和多元生计的需要，在牧区和城镇之间往返流动的当代牧民生产生活模式。牧民流动性承载着多重社会意涵，不仅体现为牧民通过流动的方式，应对生产、生活方式的变迁以及各种不确定性，同时，也蕴含着牧民利用本土知识、社会资本、互惠观念等维持社会秩序、实现社会治理的意涵。通过“牧民流动性”概念，本文意在阐释牧区城镇化进程中，牧民应对政策变迁的主体能动性及其推进草原生态治理的过程和机制。本文认为，如果能把牧民流动性的实践因素与既有的牧区城镇化政策结合起来，或许能够形成一种真正意义上的草原生态环境保护与牧区社会经济发展双赢的制度安排。

本文通过对内蒙古清水区[②]的实地研究，将流动性纳入牧区城镇化与草原生态治理的分析框架，探讨流动性与牧民可持续生计、牧区重建、草原生态治理之间的关系，在此基础上，探索牧区城镇化与草原生态治理的新思路。清水区位于内蒙古西部，是一个集牧区、农区、工业园区与中心城镇四大主体功能为一体的自治区级开发区，其土地面积为 5 604 平方千米，下辖 9 个牧业村、8 个农业村和 1 个社区居委会，总人口 1.4 万人，农牧业户籍人口 9 000 人。笔者对清水区的实地调查始于 2002 年对该地区草原荒漠化与生态移民问题的研究。2011 年至今，笔者将研究重点聚焦到清水区的草原生态治理

① 厉以宁：《牧区城镇化的新思路》，《北京大学学报》2012 年第 1 期。
② 本文对地名、人名进行了匿名化处理。

与城镇化建设，对其中实施牧区城镇化的 9 个牧业村进行了累计 8 个月的实地调查，本文所用实证资料即源自对这 9 个牧业村的调查。

三、 牧民城镇定居与草原新生态问题

（一）清水区牧区城镇化实践

面对 20 世纪 80 年代以来日渐突出的草原生态问题，国家承担了草原生态治理的主要责任。① 在处理复杂事物时，现代国家总是希望能够发展出简单化、标准化与集权化的方式，实现社会的管理。② 在国家主导的草原生态治理逻辑中，最简单的办法莫过于将牧民从牧区搬离。牧区城镇化在很大程度上延续了这一治理逻辑。

在清水区，牧区城镇化是当前草原生态治理、牧区发展与牧民转型的主流政策手段。在具体实践中，地方政府主要通过“草原生态补奖”“游牧民定居”“住房补贴”等资金支持和政策引导的方式，鼓励牧民自愿从周边草原牧区迁往中心城镇，从而控制牧区人口和牲畜数量，让草场得以休养生息，进而改变草原整体生态恶化的状况。同时，地方政府通过发展工业与服务业的方式创造就业岗位，促使牧民从传统的牧业生计中脱身出来，在转变生计方式的基础上实现转产增收。

> 2010 年，政府开始推行游牧民定居项目，每户补贴 35 000 元。我看牧区的房子也不能长期住人，就利用那个项目在镇上盖了现在的房子。2012 年的时候，政府又出了一个移民扩镇的项目，每户补贴 25 000 元，政府统一在镇上给盖房。我们村大部分牧民通过这两个项目都搬迁过来了。（村干部访谈，编号 20140801B）

需要指出的是，在清水区，牧民定居城镇不只是地方政府推动的结果，也是牧民自主选择的结果。随着牧区的发展，虽然牧民的生产生活条件得到一定程度的改善，但总体而言，在现代信息技术、医疗卫生、教育条件等方面，牧区发展仍然相对落后，牧民需要通过城镇化去享受现代生活的便利。与此同时，随着“双权一制”③ 的实施与草原产权的稳定，围栏放牧显著降低了牧业生产的劳动强度，对草原载畜量的限制使牧业生产也不再需要太多的人力，造成牧区劳动力剩余。加之近年来牲畜价格低，许多牧民生

---

① 参见王晓毅：《生态移民：一个复杂的故事——读谢元媛〈生态移民政策与地方政府实践〉》，《开放时代》2011 年第 2 期。

② 参见詹姆斯 · C. 斯科特：《国家的视角：那些试图改善人类状况的项目是如何失败的》，王晓毅译，北京：社会科学文献出版社，2011 年，第 386 页。

③ 自 20 世纪 90 年代，为解决草原产权制度安排不合理引起的草场退化问题，内蒙古自治区政府推进草牧场“双权一制”改革，将草场所有权落实到嘎查（村），使用权落实到户，并实行承包责任制。

产生活陷入困境，亟待寻找新出路。而牧民进城之后，不需要放弃原有的草场，草场使用权仍然属于牧民，他们还可以享受“草原生态补奖”。因此，清水区牧民自愿作出进城居住与发展的决定，牧区城镇化成为政府推动与牧民自主选择的社会过程。

从生态治理的角度看，牧区城镇化的逻辑在于推动牧民搬离牧区、定居城镇，在实现其生产生活方式转型的基础上，减轻对草原的利用程度，达成草原生态治理的目的。包括牧民搬迁后的草场禁牧、牧区房屋拆除，以及一系列为了推动牧民进城所提供的优惠政策，都在一步步引导牧民往城镇迁移。这一模式的牧区城镇化呈现出典型的限制牧民和牧业流动性的特征。从现实情况看，牧民搬离牧区、定居城镇，人为割裂了牧民与草原之间唇齿相依的关系，造成牧区人、财、物向城镇集中的同时，也带来了牧区治理的空心化，引发草原生态治理的新问题。

（二）草原新生态问题的产生

牧区城镇化为草原生态治理带来新的契机，并不意味着草原生态治理的任务已经完成。近年来，随着草原生态环境保护政策的持续推进以及牧区城镇化进程的不断加快，清水区禁牧草原面积和转移禁牧的牧民数量都有大幅增加。在实地调查中发现，随着草原禁牧与大量牧民搬离牧区，清水区产生草原新生态问题。

随着牧区城镇化的推进，牧区常住人口逐渐减少。如今，在牧区放牧的主要是四五十岁的中年人，青年人大部分已经定居城镇，老年人肩负起在城镇照顾孙辈上学的任务，同时将城镇作为养老的地方。一些已经适应城镇生活的家庭甚至直接举家搬迁、定居到城镇。随着牧区城镇化的推进与牧民大规模进城定居，牧区的治理资源也在逐渐流失。牧民在牧区的居住格局本身就很分散，随着牧区人口减少，牧民更是呈现零星分布之势，更难组织起来，牧区治理的空心化问题十分严峻。通过在清水区的实地调查发现，如今有能力且又愿意留在牧区担任村干部的“能人”越来越少，牧区社会自治组织出现“没人选”与“选人难”的状况。村委会等基层组织以及一些社会化的服务机构功能也日趋弱化，甚至慢慢退出牧区，大部分牧业社区直接将办公点设在城镇，牧民有事直接去镇上找村干部。

随着本地牧民搬离草场，牧区治理资源流失，牧区“治理难”与“无人治理”状况导致对外地人的监管和威慑力减弱，给了外地人盗挖草原植物、偷猎草原动物的机会。

> 搬迁后，草场上没有什么牲口和人了，周边外地来的人过来抓蝎子、挖苁蓉、搂发菜。我们这一家子花几万块钱把围栏拉上，结果他们破坏掉围栏，草场被挖成一个个大坑。外地人一来一群，现在牧区人口少，一家一户没办法禁止那些人。（牧民访谈，编号20140823A）

草原生态是一个复合性的功能系统，人、草、畜及其他草原动植物等生物群落都是草原生态系统的组成部分。清水区荒漠草原盛产野生蝎子、苁蓉、发菜等沙生动植物。苁蓉寄生在沙生植物梭梭树、红柳树等的根部。梭梭、红柳根系庞大，纵深可达几米甚至几十米，如此盘根错节的根系结构对于防风固沙与水土保持有着重要的生态价值。野生蝎子是蝗虫、草鳖子等草原虫害的天敌，被赋名“草原卫士”，对有效控制和预防虫害的发生起着至关重要的作用。

蝎子、苁蓉等除具备重要的生态价值外，还被视为名贵的中药食补材料，被广泛应用于医药等领域，价格不菲，市场需求量大。发菜与“发财”发音相似，在一些地区受到追捧。在经济利益的刺激下，周边省份的一些人大肆涌入清水区草场挖苁蓉、抓蝎子、搂发菜。苁蓉的根寄生在梭梭与红柳的根系之间。因此，梭梭、红柳的根有多深，就得挖掘多深的坑洞，才能将苁蓉完整取出。而这些人把苁蓉挖出后并不会将坑洞重新填埋，在草原上留下一个个纵深可达几米的坑洞。根系裸露的梭梭、红柳被风吹倒，失去防风固沙的作用。蝎子昼伏夜出，因此抓捕一般在夜间进行。白天这些外地人通宵住在山里的防空洞或者直接在草场上安营扎寨，砍伐草原上的灌木烧火做饭，不仅导致大面积的草场植被严重破坏，也时常引发火灾。蝎子数量剧减，破坏了草原生态链。采发菜需要用钢丝铁耙在草场上来回搂，被铁耙搂过的草场植被需要两三年的时间才能恢复，在降水稀少的年份，极易沙化。

当地牧民深知这些沙生动植物对于草原生态保护的重要意义。因此，即使是在市场力量的刺激下，牧民通常也不会大量抓捕、采挖。采挖过后，牧民会将坑洞填埋平整，以保护脆弱的生态环境。如今，随着当地牧民大规模搬离牧区，在清水区，偷挖、盗采已经从 2006 年①的局部现象发展为普遍化的草原生态破坏行为。从清水区农牧局了解的数据显示，目前，由于偷挖、盗采面临沙化的草原面积超过 200 万亩，占该区草原总面积的 1/3 以上。随着偷挖、盗采行为的增加，还时常伴随着破坏牧民围栏和房屋、偷盗牲畜、打架斗殴等一系列事件的发生。外地人与当地牧民之间的冲突加剧，影响牧区的社会稳定。

此外，北方草原地区自然条件总体较差，降雨少、蒸发量大，草原生态系统脆弱，极易发生雪灾、旱灾、火灾及鼠虫灾害。数千年来，作为草原上的生产生活者，牧民正是通过移动放牧来适应和保护干旱半干旱的草原生态环境，对抗各种自然风险。如今，随着牧区禁牧与人口转移，牧区人口和牲畜减少，导致这些灾害高发。

现在草原生态好了，但没有羊吃草，草、落叶一年年在地面上覆盖的越来

① 清水区牧区 2005 年开始禁牧，全区 9 个牧业村从 2005 年陆续开始移民搬迁。

越多，一旦着火控制不住，前年我们这里刚发生过大型火灾。起火之后 100 多公里全部着起来，损失相当惨重。还有很多植被本来就需要牛羊吃，不然就自然死掉。比如黄蒿，今年牲畜不吃，明年就枯死。草原没有牲畜、没有人，还是不行。（牧民访谈，编号 20170802）

为防范草原火灾，遏制外地人偷挖、盗采行为，维护草原生态平衡与社会稳定，地方政府的草原监管部门耗费了大量人力、物力和财力进行监查、治理。然而，清水区草原面积多达 3 600 多平方公里，且气候干旱，火灾防控难度极大。另外，外地人进入草原偷挖、盗采行动灵活、分散，政府监管困难，相关法律条文对于惩治这种滥采滥挖、破坏草原的行为存在一定程度的缺失，致使执法人员抓到这些偷挖、盗采的外地人，也找不到明确的法律依据，通常只能没收其工具并施以一定的经济处罚。相关部门试图通过市场监管打击收购与贩卖野生蝎子和苁蓉的行为，但由于监管力量有限，问题仍然难以解决。

“人”和“畜”是复合型草原生态系统内的关键一环。在长期牧业实践中，牧民与牲畜、草原以及其他生物群落相依相存，实则形成了一种相互适应的关系。对于传统的游牧民，草原和依靠草原生长繁殖的牲畜是牧民生产生活的全部资产，失去草场、破坏草场就意味着对生产资料的破坏。牧民具有保护利用大自然的传统生态环境意识。例如，蒙古族世代流传下来的不掘地、不轻易破坏植被、不污染水源、不乱砍树木、禁止在一处久驻、按季节有计划地狩猎等行为禁忌和本土生态知识。[①]

总之，牧民不仅是草原生态环境的利用者，同时也是草原生态环境的保护者，他们的存在对于草原生态系统的维护至关重要。在当下的环境政策实践中，如果一味强调牧民搬离牧区、定居城镇，不仅会造成牧区人、财、物的流失，也会带来牧民流动性的消解与牧区社会治理资源的消失，这在影响牧民生计与草原生态的同时，最终会影响到牧区城镇化的可持续发展。

四、牧区重建与流动性的再造

清水区牧区城镇化过程中出现的草原生态治理新问题提醒我们，牧区城镇化不是牧民的终结，也并非需要实现草原的“无人化”与“无畜化”。牧区发展与草原生态治理需要牧民的参与。实际上，在牧区城镇化发展过程中，因牧民外流导致的牧区治理空心化问题也日渐被认识到。在近些年的政策实践中，国家开始通过相应的制度设计来应对和解决这些问题。而如何在推动牧民可持续生计发展的基础上实现草原生态环境保护，

① 参见贺其叶勒图：《蒙古民族游牧经济与传统生态环境意识》，《内蒙古大学学报》1998 年第 4 期。

是政策制定及其实践中的关键问题。清水区通过建立牧业合作社和发展草原生态旅游业推动牧区重建和草原生态治理的案例，值得我们深入分析和总结。

（一）牧业合作社经营与牧区重建

党的十八大报告明确提出“发展农民专业合作和股份合作，培育新型经营主体”，2013年中央一号文件进一步提出“鼓励和支持承包土地向专业大户、家庭农场、农民合作社流转，发展多种形式的适度规模经营”。在中央政府的政策支持下，清水区地方政府开始推动合作社建设。经过几年的探索，清水区牧业合作社经营已进入相对稳定的发展阶段。事实上，在牧区城镇化政策实施多年之后，地方政府也注意到了牧区社会治理与生态环境保护的新问题。对于牧业合作社建设，地方政府表现积极，并在资金、技术、政策等各方面提供支持。通过对清水区牧业合作社经营的实地调查，笔者发现，合作社在牧区劳动力和生产资源的整合以及社区治理能力的提升等方面发挥了重要作用。

基于游牧传统发展起来的合作精神一直是牧区文化的灵魂所在。如今在牧区放牧的主要是20世纪60年代前后出生的一批中年牧民。在实地调查中发现，这些牧民对于参与牧业合作社态度积极。除城镇就业不足的因素外，牧区人口减少、劳动力短缺造成的牧业经营困难也是牧民愿意参加合作社的一个主要原因。随着牧民搬迁，过去依赖家庭或大家庭合作的工作，如搭棚圈、接羔子、配种、剪羊毛等，现在都难以在家庭内部解决。如牧民所言，虽然在牧业经营需要密集人力时，那些生活在城镇的家庭成员也能够临时过来应急，或者可以雇人帮忙，但由于牧业经营的专业性，并非所有人都能胜任。

> 现在镇上能雇佣的人大多是从外省农区来的，要他们背西瓜、收玉米还行，牧业上的活他们还真干不了。上次我大儿子跑运输去了，我就找了几个外地人来给剪羊毛。他们手生，一剪刀下去，羊毛没有剪下来，倒把羊给戳伤了。再说，牧区偏远，外地人来干活价格还高，我们有的时候还真雇不起。（牧民访谈，编号20140730A）

由于劳动力短缺引发的牧业经营困难在人口转移后的牧区较为普遍。如今，随着合作社在牧区的推广，那些有过集体化时期合作互助经历的中年牧民开始自发探索牧区内部的合作经营之道。例如，清水区查汉村借助政府的项目支持，于2015年在牧区创办了牧业合作社。在畜牧业经营过程中，合作社成为牧民的组织平台，在合作社的协调下，牧民被重新组织起来。在牧业经营需要密集人力的时候，牧民相互之间分工合作，共同完成相应工作，有效解决了畜牧业经营劳动力不足的问题。为最大程度避免牧民“搭便车”的行为，增强牧民经营畜牧业的责任感，使其真正成为牧业生产的主体，合作社进行了相应的探索。例如，查汉村的牧业合作社让牧民自己出资解决棚圈、牲畜等，村委会主要负责提供场地、粉碎机、水电等基本设备条件，并制定相应的组织规范等。① 合作社根据牧民能力对其进行劳动调配，有的担任放牧员，有的负责舍饲育肥，有的专职饲草料种植，有的进行畜产品销售，实现了牧区劳动力的重新整合。

在清水区，牧业合作社经营还为草原产权重组与草场资源整合提供了新途径。自草场承包以来，牧民的牧业生计一直处于产权明晰化基础上以家庭为单位的小规模生产阶段，移动放牧和规模化发展都受到限制。而合作社经营实践鼓励牧民通过租赁的方式将草场流转到合作社进行统一规划利用。这不仅扩大了合作社的经营规模，而且恢复了移动和有弹性的牧业经营方式。例如，清水区的塔拉村合作社为合理利用草场，在合作社的组织、协调下，一些牧民拆掉自家草场上的围栏，将草场重新整合在一起，一定程度上恢复了跨界移动放牧。

根据对清水区 9 个牧业村的实地调查，截至 2017 年，清水区已经成立了近 20 家牧业合作社。虽然不同的合作社在合作内容和方式上并不完全相同，发挥的作用也存在差异，但牧民通过合作社在草场利用、畜牧饲养、畜产品销售、劳动力和生产资料利用等领域所进行的广泛合作，实现了畜牧业的产业化经营和传统牧业生计的转型，提高了牧区的组织化程度和自治能力。

（二）草原生态旅游业发展与牧区重建

清水区所属盟市生态旅游资源丰富。近年来，借助国家生态文明建设和推进绿色发展的政策契机，地方政府大力推动生态旅游业发展。② 清水区牧区拥有独具特色的蒙古族草原文化与自然生态资源。随着草原生态改善，金色的沙海、众多的湖泊、辽阔的草原与丰富的生物多样性为清水区发展草原生态旅游提供了有效支撑。在地方政府的引导和支持下，清水区草原生态旅游业获得快速发展。依托丰富的旅游资源，一些村成立了旅游专业合作社。如清水区的乌兰村 210 户牧民通过参股的方式全部加入了旅游专业合作社，依托合作社，在景区直接从事旅游项目经营的牧户达 60%以上。

牧业合作社主要参与者大多为中年牧民，而草原生态旅游业则主要由年轻一代牧民经营。年轻牧民缺乏从事牧业的经验和技能，对于经营草原畜牧业意愿也低。在访谈中，一位牧民告诉笔者，30 岁以下的年轻牧民基本都不在牧区，大部分在外打工，牧区没有大专学历以上的牧民。这意味着牧业生计、草原生态环境保护和牧业文化传承面临后继乏人的危机。但从访谈中可以看出，草原生态旅游业的发展不仅吸引了大量外来游

① 查汉村牧业合作社社长告诉笔者，之所以不负责统一给牧民修建棚圈、提供牲畜，是因为从以往项目建设的经验发现，牧民参加项目不是为了发展牧业生计，而是为了得到项目修建的棚圈和牲畜。

② 在近年的政策实践中，清水区所属盟市 S 盟将生态旅游业作为推动地方发展转型的重要方式。2017 年，S 盟进一步提出将全盟打造成为“国际知名旅游目的地和国家级全域旅游基地、国家级自驾游基地”的目标。

客，也为年轻人创造了就业机会，对吸引青年牧民返回牧区起到了推动作用。

> 我在自己的草场上开出一片地，挖出一个大水坑，种点树、苜蓿什么的，弄了圈，养上羊。羊出的那些粪弄出来种点蔬菜，再散养点鸡。家后面还挖一口井，我把水泵架上，自己搞了喷灌，整个弄成了一个小型的牧家游，每年可以接待不少游客。现在我年纪也大了，快60岁了，干不动了。由于每年的收入还可以，我儿子已经从城里回来，开始接着干了。（牧民访谈，编号20170720A）

不管是政府主导的旅游景区建设，还是牧家游等家庭式生态旅游，都促进了传统牧民的生计转型。牧区草原生态旅游业的发展需要依托草原文化与生态资源，生态旅游业的兴起也激发了年轻牧民参与草原生态环境保护以及学习本土生态知识的热情。在清水区，年轻一代牧民开始采取一种欣赏、赞美的态度重新审视自己的传统文化。他们与父辈一样，参与到牧区建设进程中。

（三）牧区重建与牧民流动性再造

当前北方草原牧区将城镇化建设的大部分精力放在了推动牧民城镇定居与就业上。而牧民从牧区搬迁进城镇，不仅意味着居住空间、生计模式的转变，也意味着牧民从一种资源环境系统到另一种资源环境系统的转移。在这一过程中，牧民在长期生产生活实践中所形成的草场资源利用的知识系统、草原生态环境保护的本土知识等也随之转移。换言之，牧区人口结构的改变使得牧区社会治理的组织基础、草原生态环境保护的本土资源等发生了重大变化。从清水区的案例看，当前阶段，政府主导的牧区重建成为推动牧区新型城镇化和再造牧民流动性的制度资源。笔者认为，牧区城镇化进程中草原新生态问题治理的关键在于推动牧民重返牧区，以发挥他们在草原生态治理中的主体性作用。

北方草原生态退化及治理的实践经验表明，牧区发展绝不能再走“生态影响生计、生计破坏生态”的老路。不论是牧区人口数量还是牲畜数量，都需要以牧区环境承载力为基础，维持人草畜的平衡。因此，牧区重建不是简单地推动牧民大规模回归牧区或复旧传统牧业生计，而是在尊重、顺应草原生态系统的基础上，促进牧民生计转型与多元发展，引导牧民合理回流牧区，发挥其经济、社会、生态的功能。清水区通过建立牧业合作社和发展草原生态旅游业的方式，对城乡发展资源、治理资源和牧民互惠合作规范、文化传统等进行了整合和再造，不仅促进了畜牧产业化、合作化、专业化经营，同时也为牧民提供了更丰富的生计方式，实现了牧区社会的再组织与再创造。随着牧区重建的推进，牧区对牧民的吸引力增加，越来越多的牧民开始选择重返草原。

如今在牧区基本没有长期住着的人，大都像我一样，在牧区还养着点羊，这边一个家，那边一个家，两边来回跑。我们家养的羊少，一百多只，别人有两三百的。我们家还有一个大车，主要是往牧区和工地上送水。牧区的羊主要是我父母代养，我也经常往那边跑。有时候在这边太累了，就跑到牧区住一两天，那边清静一点。（牧业合作社社长访谈，编号20170724A）

在清水区，以牧业合作社、草原生态旅游业等方式推动的牧区重建，为牧民提供了回流牧区的条件和动力，在交通、通信等现代技术的支持下，牧民在城镇与牧区间往返流动成为可能。如今，清水区牧民的生计模式基本为“定居在城镇，生产在牧区”，牧区、城镇两边都有家。牧民既可以选择在城镇就业、生活，也可以选择在牧区继续经营畜牧业，或两者兼顾。牧民借助摩托车、越野车、小轿车等现代化交通工具，在牧区与城镇之间往返流动，重新过起了流动的生活，以新的形式延续着游牧时代的流动传统。通过这一方式，牧民在享受现代城镇生活便利的同时，主动参与到牧区重建中。这一过程不仅使牧区逐渐恢复了生命力，牧区空心化现象得到缓解，也促进了牧区新型城镇化发展。

清水区案例给我们的启示是：不能将牧区城镇化简化为一种牧民城镇定居与城镇就业的简单形式。基于牧区与城镇统筹发展的视角及牧民的流动性实践，我们可以通过一定的组织方式、技术标准、制度建设，推动牧区从传统粗放型的牧业经济向现代集约型转化，发展出一种有利于牧民在“牧区—城镇”间往返流动的牧区新型城镇化。与以往游牧时代的流动不同，牧民在牧区与城镇间流动的方式具有更强的社会适应性和生存保障性。逐水草而居归根结底是从牲畜和自然出发的，主要强调的是牲畜在草场的（边界以内或者跨越边界）流动，是为了适应自然资源的不确定性，维持牲畜生长。在这一过程中，牧民的自主性要服从于牲畜的生存，牧民的流动是为了顺应牲畜流动的需要。而城镇化背景下牧民流动是以人的自主性为中心的。换言之，牧民在牧区与城镇间往返流动的城镇化是以牧民为核心的新型城镇化，符合“以人为本”的城镇化建设原则。

牧民与牧业文化是中华民族文化多样性的体现，推进牧区城镇化建设绝不能以牺牲牧民生计和牧业文明为代价。流动性的城镇化并没有使牧民传统的生计方式变得多余，相反，城镇生活的兴起反而为牧民提供了更多选择。城镇化背景下的牧区重建与牧民流动性的再造使得牧民获得了个人发展的自由、流动的自由和生计方式选择的自由。那么，牧民在牧区与城镇间往返流动的新型城镇化对草原治理的空心化与新生态问题的解决起到什么作用？在现代情境下，牧民的流动性是否仍然蕴含着草原生态治理的合理资源？

五、 牧民流动性与草原生态治理

梳理20世纪80年代以来的一系列草原生态治理政策，可以发现，从草畜承包到牧区城镇化，国家日渐将生态治理的重点从减少草原载畜量转变为引导牧区人口的转移安置，草原生态治理特征也呈现出从对草场、牲畜等物的管理转变为对牧民人口的管理。在这一过程中，牧民主要以两种面貌出现：一是草原生态问题的制造者；二是草原生态治理的利益牺牲者，他们承担起草原生态破坏的后果，较少享受生态治理的效益。

笔者认为，游牧作为一种组织有序的集体行动，必须依靠牧民间的相互合作来抵御自然风险和应对长途迁移。在这一过程中，牧民形成了一种以流动性的合作为基础的社会组织方式，牧民关于草原生态治理的本土知识正是在这一社会组织方式的支撑下发挥着作用。① 牧民以流动性为基础建立起来的合作关系、组织方式、本土知识等，使他们可以在不平衡、不稳定的自然环境下维持牧业生计，确立社会秩序与集体认同，形成保护自然、互惠合作的集体规范，以维持草原生态环境与游牧生计间的平衡关系。

延续流动性的分析逻辑，本研究认为，在当前情境下，流动性是牧民面对生计方式与生活方式变迁作出的适应策略，流动不仅是简单的地理空间上的位移，更是牧民抵御各种风险、应对各种变化的有效方式。通过流动，牧民作为能动的主体，既参与到牧区城镇化进程中，又参与到牧区重建进程中。当前牧区治理的空心化与草原新生态问题产生的关键原因不在城镇化本身，而在于牧民的流动性在牧区城镇化过程中不断遭遇消解，导致牧民以流动性为基础形成的合作关系、组织方式、本土知识等难以发挥作用。

牧民流动性与国家治理相关联。一方面，牧民的流动性带来了国家治理的困难，成为斯科特笔下逃避国家统治的艺术；② 另一方面，牧民的流动性也可以发展成为辅助国家治理的力量。牧区城镇化进程中草原新生态问题治理的实践经验表明，草原生态治理无法单纯依靠政府、市场等外在力量去实现，仍需要牧民之间的流动性合作。笔者引入牧民流动性概念，不仅将牧民作为草原生态环境保护的参与者和实践者，更重要的是强调把牧民在长期游牧经济中积累传承下来的那些仍有适用意义的组织方式、合作观念等重新整合进新时期的实践中。将牧民流动性实践因素与既有的国家、市场力量相结合，探寻草原生态治理的合理路径。在清水区，牧民在“牧区—城镇”间往返流动使得草原上重新出现牧民的身影，牧民重回牧区经营畜牧业起到了照看草场、防火减灾、监督和

① 参见荀丽丽：《对草原本土生态知识的再认识》，韩念勇主编：《草原的逻辑——顺应与适度：游牧文明的未来价值》，第66—69页。

② 参见詹姆士·斯科特：《逃避统治的艺术：东南亚高地的无政府主义历史》，王晓毅译，北京：三联书店，2016年，第5—7页。相关研究还涉及牧民如何依据复杂多变的社会情境，通过流动来应对地方政府管控的实践经验。例如，牧民通过改变放牧时间和放牧地点，如选择夜间放牧或将牲畜赶至相邻地界外省草场等流动放牧的方式，躲避地方监察人员。参见王晓毅：《互动中的社区管理——克什克腾旗皮房村民组民主协商草场管理的实验》，《开放时代》2009年第4期。

防止外地人破坏草原的作用。

外地人进入牧区草场具备极强的流动性，不易于监督管理。面对这一问题，清水区各村依托牧业合作社，成立了牧民联防小组，采取流动性合作的策略，灵活应对。联防小组 3～4 人一组，流动巡逻。遇到单独或人数不多的破坏草场的外地人后，会及时对其进行制止驱赶。遇到有组织的、人数众多的外地人，联防小组便会通过手机等通信工具通知其他小组的牧民以及城镇的村干部、农牧局执法人员等，相关人员得到消息后能迅速组织起来，前往牧区共同驱赶、抓捕违法滥捕人员。在清水区调查期间，笔者多次见到居住在城镇上的查汉村书记接到联防小组报告，集合相关人员，半夜带着探照灯、绳索等工具驱车前往牧区抓捕偷捕人员。

> 外地人大多晚上趁着天黑，开着摩托车、面包车、农用车或小型货车，成群结队到牧区。抓蝎子必须得用紫光灯照，[①] 只要草场上有紫光灯，我们远远地就能看见，蓝光一片一片的，我们就联合去抓人。这个必须联合去，不然他们不怕，开着摩托车直接往我们身上撞。（村干部访谈，编号 20170805B）

草原牧区是一个集社会、经济、生态等各方面为一体的复合体。草原生态问题引发牧民生计与牧区发展问题，成为推动牧民搬迁进城的关键因素，而草原新生态问题的解决需要拉动牧民回流牧区，发挥他们草原生态治理的资源和能力。而若要拉动牧民回流牧区，需要以牧民在牧区生计及发展问题的解决为前提。在清水区，城镇化背景下的牧区重建丰富了牧民生计、增加了牧民收益，为牧民流动性的再造提供了条件，进而为牧民保护草原生态环境提供了动力。面对屡禁不绝的外地人偷挖、盗采野生动植物的行为，牧民在地方政府、村干部的组织下，联合起来成立了以联防小组为主要形式的草原管理小型合作团体，利用熟悉地形的优势，多次配合政府部门抓捕破坏草场的外地人。牧民运用流动性的合作方式，建立起绿色屏障，共同抵御破坏草场的行为。同时，牧民在草场上经营畜牧业、流动巡逻，也起到草原火灾监测预警和维持边疆稳定的作用。

生态状况不仅是牧民迁移进城的推力，也是拉动牧民回流牧区的动力。而牧民能从生态治理中受益，共享生态环境保护的效益，对于发挥牧民在生态环境保护中的积极性至关重要。中国长期以来形成的定居化草原生态治理政策将牧民作为生态治理的对象，牧民无法从草原生态环境保护中受益。相关政策实践未能充分认识和利用作为利益相关方的牧民所具备的生态治理意愿与能力，导致草原生态治理出现诸多问题。在清水区牧区新型城镇化与草原生态治理过程中，牧民既可以利用牧区城镇化这一草原生态治理政

① 据牧民介绍，蝎子的外壳在紫光灯照射下会发出蓝色的光，而蝎子又惧怕强光，遇到夜间紫光灯照射后便会蜷缩不动，极易抓获。

策加速实现自身城镇化，也可以利用牧业合作社等相关牧区发展政策维持、恢复和发展牧业生计。牧民通过在牧区与城镇间往返流动，共享政府主导的草原生态环境保护效益，既避免之前生态治理实践中出现的权益受损现象，也在城乡流动与城乡合作过程中，成为草原生态环境保护的参与者和实践者。

综上，牧区城镇化建设对草原生态治理提出了新挑战，同时也为草原生态治理提供了新思路。在城镇化过程中，我们要认识到牧民对于城镇化的真正需求，强调并激发牧民与基层组织在生态治理中的主动性和创造性。在清水区，牧区新型城镇化不仅推动了牧业人口向非牧产业转移，也促进了畜牧产业化经营，再造了牧民的流动性。流动性的再造使牧民对草原生态环境保护的主体性作用得以发挥。随着草原生态状况的改善，流动性的城镇化发展模式对草原生态环境与牧民发展的积极影响也逐渐被地方政府所认识。内蒙古清水区牧区城镇化与草原生态治理的案例表明，牧区城镇化并不意味着牧民要放弃牧业生计，而是在城乡统筹发展、城镇与牧区联动的经济社会架构中，再造并利用牧民的流动性，实现牧区、牧民以及牧业的现代化，进而促进牧业发展、牧民增收与牧区生态环境保护的共赢。

六、结论与讨论

从中国的草原到世界的草原，牧区开发与草原保护之间的矛盾与冲突广泛存在。有的地方在现代产权的框架下探索应对之策，有的地方则依靠国家的干预寻求问题的解决之道。内蒙古西部地区牧区城镇化与草原生态治理的实践经验表明，要全面了解当前草原生态治理所面临的挑战，不能忽视牧民的主体性地位，其中的关键在于通过牧民流动性的再造，促使牧民参与草原生态治理。

在长期牧业生产实践中，牧民认识到，流动的生产生活方式既繁荣了内蒙古高原的牧业经济，也保护了牧民与牲畜免受草原退化的威胁。因此，牧民采取移动放牧的方式来维持人与自然之间关系的动态平衡。在很长一段时间里，地方政府主导的草原生态治理方式不仅没有充分认识到牧民流动性的重要性，相反，包括牧区城镇化在内的定居化政策在实践过程中不断限制或消解牧民的流动性，导致草原生态治理出现新问题。

与游牧通过畜群流动来实现草原生态环境保护类似，在牧区城镇化背景下，牧民在牧区与城镇间往返流动，成为推动草原生态治理的新路径。本文提出牧民流动性概念，强调牧区城镇化与草原生态治理需要认识并发挥牧民的流动性特点，传承和发展牧民的生态价值，重视和推进牧民在这一过程中的主体性地位。在当前大规模跨界游牧已无可能的时代背景下，无论是过去的生态移民，还是现在的牧区城镇化，草原生态治理的关键在于将问题的焦点从定居、限制牧民流动转移到促进牧民流动上，充分认识城乡统筹发展进程中牧民的流动性特征，进而发展出符合这种流动性特征的制度设计。

在新型城镇化进程中，通过体制机制创新和政策体系完善来促进城乡融合发展和资源要素双向流动，是实施乡村振兴战略的关键环节。在这一过程中，如何激发农牧民城乡双向流动的成长性和创造性，发挥农牧民在乡村振兴过程中的主体性作用，是乡村振兴的动力基础。在内蒙古清水区牧区城镇化的具体实践中，以牧业合作社、草原生态旅游业等新的组织方式和生计方式推动的牧区重建，使得牧民能够在牧区与城镇间往返流动，牧民在享受城镇多元生计与现代生活方式的同时，从事牧业生计和保护草原生态环境，推动牧区城镇化与草原生态治理的双赢，从而在产业、人才、文化、生态、组织等方面推动乡村全面振兴。

事实上，由于农村牧区基础设施建设和公共服务供给水平仍相对落后，在现有的制度框架和政策体系下，虽然国家在资金、政策等方面予以扶持，但大部分农村牧区在吸引外出务工农牧民回流参与乡村建设方面仍面临困境。这也正是当前乡村振兴所面临的重大挑战。在这一大背景下，作为生态屏障的中国北方草原地区，探索发挥牧民流动性特点的乡村振兴路径，成为化解草原生态保护与牧区发展的内在冲突的重要途径。

需要指出的是，本文作为个案研究，一方面可以对牧区城镇化背景下草原生态治理的过程和机制进行比较深入的阐释，另一方面，基于内蒙古清水区的个案研究所得出的结论和理论观点是否适用于其他牧区，尚需更多的经验研究验证。

以绿色发展推动贫困治理

——以浙江省安吉县为例*

童志锋　姜　渊**

摘　要： 扶贫与环保的结合是时代所需，贫困治理与环境保护之间不仅可以平衡，亦可以共荣共兴。贫困地区的优势往往在于拥有较为丰富的自然资源与优美的环境，贫困治理应当建立在这一区位优势之上。“两山论”的起源地——安吉县通过多项措施实现了美丽乡村建设，深化了绿色发展，形成了成熟的“安吉经验”。在此基础上，构建了具有普遍适用性的绿色发展促进贫困治理的具体路径，包括以先进的理念为指导，以科学的规划为统率；建立法律制度进行保障，构筑激励机制进行推动；实现产业转型，促进内生发展；厚植生态文明文化，积极实施公众参与。

关键词： 绿色发展；贫困治理；“两山论”；“安吉经验”

自改革开放以来，历经数十年的不懈探索与艰苦奋斗，我国取得了极其丰硕的社会主义建设成果。然而，在为丰硕成果欢欣鼓舞的同时，也不能忽视两大突出的社会问题：贫困问题与环保问题。近年来，在人民物质生活水平不断提高的同时，环境污染、资源枯竭、生态破坏等问题也日渐凸显，为此，党和政府不遗余力地推行环境保护治理工作。不难看出，扶贫与环保已经成为我国社会主义建设的重要内容，也将是未来政府行政的聚焦所在。在这两个维度下进行多方面的学术研究，是当前学术界关注的重要议题。

* 原文发表于《学习与探索》2020 年第 10 期。

** 作者简介：童志锋，浙江财经大学法学院院长、教授。

姜渊，浙江财经大学法学院讲师。

一、问题的提出

纵观贫困治理研究的发展历史，其经历了从“输血式”扶贫向“造血式”扶贫的转变。所谓“输血式”扶贫强调直接向贫困者提供生活资料以及生产资料，帮助贫困者改善生活质量。然而，长期经验显示，“输血式”扶贫只能解一时之贫，不能根除贫困。“造血式”扶贫的核心在于“以发展生产与产业的方式增加贫困者就业机会，以自救的形式保证其走上脱贫致富的道路”（赵昌文、郭晓鸣，2000）。“造血式”扶贫的最大优势在于“为脱贫致富打下基础、创造条件、提供支持，通过激发贫困者自身的积极性和创造力，使其走上自我发展之路”（谭贤楚，2011）。尽管“造血式”扶贫具有多种形式，涵盖基础设施建设、广泛教育、产业发展等多项内容，但其脱贫目标是通过发展贫困地区支柱产业的方式得以实现的（朱坚真、匡小平，2000）。

从另一视角梳理我国扶贫工作的发展历史，也可以发现一条从“大水漫灌式”扶贫向精准扶贫的转变之路。1994 年 3 月，国务院发布了《国家八七扶贫攻坚计划》，认为贫困分布呈现出分散化与碎片化特征，经济发展“涓滴效益”递减，以区域全面发展带动减贫的效果下降，减贫成本不断增加。为此，2013 年 12 月 18 日中共中央办公厅、国务院办公厅印发《关于创新机制扎实推进农村扶贫开发工作的意见》，提出了精准扶贫这一思路。与“造血式”扶贫一样，精准扶贫同样关注贫困地区的产业发展（汪三贵、殷浩栋、王瑜，2017）。但缘于“精准”这一特性，扶贫工作不仅强调产业的支柱性，而且关注产业的特色，即具体问题具体分析，为不同的贫困地区提供符合当地实情的产业建设和扶持。

从“输血式”与“大水漫灌式”扶贫转变为“造血式”的精准扶贫，我国扶贫工作已然摸索出贫困治理的关键——以产业发展带动经济发展。然而，一些地区在产业扶贫过程中忽视了生态环境保护，使得原本良好的生态环境遭受了较大压力与破坏。具体有四种表现：第一，以提升贫困者的生活水平、增加就业机会为第一要义，发展的产业多以劳动密集型、资源粗放型产业为主（张毓卿、周才云，2016）。第二，对产业带来的环境污染、资源枯竭、生态破坏等问题未有明确的事先规划与事后约束。第三，中央对于地方政府实施的具体扶贫行为未有系统而严格的生态考核指标（于法稳，2018）。第四，地方政府对于自身辖区内环境质量较高，但经济生活水平落后的贫困地区，往往秉持着一种宁可“输血式”扶贫，不愿“造血式”扶贫的心态，寄希望于以这些地区的高环境质量与发达地区的低环境质量相比较，在地方环境质量指标上保持优势。

综上所述，贫困治理历经多年发展，已经形成了以推动产业发展为核心的“造血式”精准扶贫思路，但由于一些地方政府未能准确把握“造血式”精准扶贫与环境保护之间的关系，出现了不计环境代价发展地方产业经济的情况，使得扶贫工作与环境保护之间产生了矛盾冲突，因而探寻两者的平衡与结合之道，既是政策之所向，也是时代之所趋。

二、贫困治理与绿色发展的联系与统一

2005 年 8 月，时任浙江省委书记习近平在浙江省湖州市安吉县考察时，首次提出了“绿水青山就是金山银山”的科学论断。2012 年 12 月习近平总书记在河北省阜平县考察扶贫开发工作时，清楚地指出：“推进扶贫开发、推动经济社会发展，首先要有一个好思路、好路子。要坚持从实际出发，因地制宜，理清思路、完善规划、找准突破口。”这里的好思路、好路子指的就是与习近平总书记“两山论”相结合的绿色发展之路。① 2017 年 10 月 18 日，习近平总书记在十九大报告中指出，“坚持人与自然和谐共生。……必须树立和践行绿水青山就是金山银山的理念”。2020 年 4 月 1 日，习近平总书记在浙江余村考察时再次强调，“要践行‘绿水青山就是金山银山’发展理念，把绿水青山建得更美，把金山银山做得更大”。“两山论”既强调“绿水青山”的环境保护需要，又不抛弃“金山银山”的产业发展要求，从而为解决环境保护与产业发展的矛盾提供了基本思路。“两山论”认为，环境是社会生产的基础，而产业发展是人类对环境进行不断开发的生产过程，无限度地利用环境发展产业是竭泽而渔的做法，如果在环境的承载力下发展产业，同时用产业发展反哺环境，则可以实现环境保护与产业发展的共荣（杨美勤、唐鸣，2019）。

以“两山论”指导扶贫工作，绝不是像某些地方政府一样，为了保持贫困地区的环境质量而放弃所有产业发展，或者单纯发展农业与基础加工业，而是通过依托环境但不过度损害环境资源的产业发展实现环境承载力范围内脱贫，即以绿色产业实施扶贫工作（张琦、冯丹萌，2018）。环境资源不同于其他生产资料，具有共享性、可持续性和循环性等特征，绿色产业正是建立在环境资源的这些属性之上，兼顾了产业的生态价值、社会价值与经济价值，最终以内源性发展实现贫困地区的脱贫。虽然绿色产业同样以发展产业与创造经济价值为最终目的，但对其成效的评价并非完全以经济发展为指标，而是从可持续发展的角度出发，结合生态环境的承载力、社会福利、公众教育、文化道德等多方面指标来评价。一般而言，多方面指标可分为三大维度：一是可持续发展的维度，就是在产业发展的同时，考察产业对环境的破坏与损耗，以破坏与损耗低于生态环境承载力的程度来评判；二是贫困者的效益创造维度，这里的效益创造并非纯粹的经济增

① 比如，阜平有三百多万亩山场，森林覆盖率、植被覆盖率比较高，适合发展林果业、种植业、畜牧业；有晋察冀边区革命纪念馆和天生桥瀑布群这样的景区，离北京、天津这样的大城市都不算远，又北靠五台山、南临西柏坡，发展旅游业大有潜力。要做到宜农则农、宜林则林、宜牧则牧、宜开发生态旅游则搞生态旅游，真正把自身比较优势发挥好，使贫困地区发展扎实建立在自身有利条件的基础之上。参见习近平：《做焦裕禄式的县委书记》，中央文献出版社 2015 年版，第 17 页。

长，而是以经济增长为重要内容的综合福祉计算，以贫困者综合效益的大小来进行评判；三是社会公平的维度，就是在帮助贫困者脱贫的同时，还要兼顾城乡差距的缩小、村与村之间的共同富裕等问题。

绿色产业并非是脱离贫困治理的另一种扶贫方式，而是对贫困治理的一个重新校正，将精准扶贫的“精准”校正为依据贫困地区自身客观环境而进行的独特、可持续的产业发展。在新中国成立以后很长一段时间里，扶贫的主要方式是推动企业改革，促进经济发展，其中心是增强企业活力，尤其是增强大中型的全民所有制企业的活力（洪大用，2003）。但这一扶贫方式必须建立在高速发展的生产力与市场经济基础之上，倘若生产力自身的发展动力不足或是市场基础比较弱，则很难有效激发企业尤其是大中型全民所有制企业的活力。贫困治理强调具体问题具体分析下的实践，也就是要结合贫困地区的客观情况，实现产业的发展与振兴。贫困地区的客观情况是生产力落后、市场基础薄弱，但环境质量较高、环境资源丰富，强行以旧有思路进行贫困地区扶贫，只能是事倍功半的效果。只有从环境这一优势出发，发展贫困地区的绿色产业，才是符合实事求是理念、确保贫困治理“精准”的正确路径。

具体而言，绿色产业可以表现为至少三种形态：一是开发环境的观赏性价值，当社会主体通过支付行为来获取其观赏性价值，并满足自身的审美与愉悦需求时，就在不损害环境利益的前提下完成了环境向经济价值的转化，其典型方式就是扶贫旅游。二是提升环境利用产业的结构，延长其生产链，突破第一产业与第二产业的局限，增加第三产业的比重，最大化地提升环境资源的利用率。例如，贫困地区的传统农业可以延展为生产—加工—销售—服务—再服务的产业结构，降低前两个环节对环境资源的损耗，通过后期服务来提升初级农产品的附加值，典型的是具有休闲性质的观光型农业与具有教育性质的文化型农业。三是开发环境的精神文化属性，依托环境营造贫困地区的文化型产业，为贫困地区与发达地区建立起一个互相交流合作的平台，通过向发达地区输出文化产品而实现环境资源的高效转化。例如，少数民族农村地区不仅具有自身独特的生态环境，还具有丰富、独特的民族文化传统，可以通过文化节日、文化展览以及各种文化周边产品实现文化输出与经济价值创造。

当前，绿色发展理念已经成为全社会的共识，而贫困地区的绿色产业发展就是要培养贫困地区的绿色生产力与绿色竞争力，从而使贫困地区脱离贫困，跟上社会整体发展水平。

三、绿色发展推动贫困治理的“安吉经验”

在“两山论”发源地——安吉县，就极好地实现了以绿色产业推动贫困治理的美好愿景。安吉县地处浙江省西北部，曾经是浙江省的山区贫困县，也有着为了快速脱贫而盲目发展工业造成环境污染的惨痛经历。21世纪以来，通过地方政府的积极引导，在全县人民的努力下，安吉县从受到国务院环境污染“黄牌”警告的污染重县，逐渐发展成为全国生态文明建设的典范县。不仅在绿色发展方面取得了显著成就，同时也有效地提升了当地产业发展与经济发展水平，使全县人民脱贫致富。纵观安吉县的绿色发展进程，可将其分为两个阶段：第一阶段是“生态立县”，第二阶段是“中国美丽乡村建设”。

20世纪80年代，安吉县为了摘掉贫困县的帽子，在引进并大力发展造纸、化工、建材、印染等产业的同时，放松了企业环保的要求，导致环境质量严重下降。在上级部门与百姓的双重压力下，安吉县开始反思之前的粗放型发展模式。1997—1998年，安吉县委县政府对重污染企业进行了强制治理。然而，企业关停的后果是经济水平直线下降。关键时刻，安吉县委县政府顶住压力，制定了《安吉县生态县建设总体规划》。自此，安吉县开始了“生态立县”之路。首先，开展生态建设。安吉县按照“生态建设与生产发展一体推进、自然生态和现代文明高度融合、品位村镇与品质贫困者和谐共进”的要求，大力开展生态建设。其次，发展生态林业。由于具有丰富的竹业资源，安吉县大力推动竹资源产业，先后获得“中国椅业之乡”“中国竹地板之都”的称号。再次，发展生态农业。安吉县发展了包括白茶业在内的多种生态农业，建立了国家级白茶标准化示范基地，被评为“全国生态农业示范县建设先进县”和“林业标准化建设先进县”。最后，引入休闲产业。安吉县依托自身的区位优势与良好环境质量，新建了中南百草园等大批景点，举办了2006年世界休闲博览会分会，被评为“中国最佳生态旅游县”和“中国自驾车旅游品牌十大目的地”。通过这些绿色产业的发展，安吉县实现了经济与社会的全面进步。

2008年1月15日，安吉县通过了《关于建设“中国美丽乡村”的议案》，提出要通过“产业提升、环境提升、素质提升、服务提升”打造“村村优美、家家创业、处处和谐、人人幸福”的中国美丽乡村。首先，继续优化生态环境。安吉县以“环境保护”和“资源永续利用”为核心，经过环境资源化、资源经济化、经济生态化三大步骤，建立了环境优美、人与自然和谐、产业协调、发展潜力强劲、生态文化活跃的生态文明建设模式。其次，继续发展生态林业。安吉县坚持“集中、集约、集聚”的原则改造“竹”“椅”两大传统产业，形成两个百亿元产业集群，培育发展生物、医药等五大新兴产业，高新技术产业产值年均增长32%。再次，优化生态农业。安吉县以“整合、联合、融合”的理念加强主体联合，加快推广“公司+基地+专业合作社”模式，做优笋竹、白茶、蚕桑等农业主导产业，生态农业产值年均增长15%以上。最后，精化第三产业。安吉县坚持以“品味、品质、品牌”的要求培育休闲龙头企业，推出一批乡村旅游特色产品，2019年安吉县接待游客达到2 800万人次，旅游业收入388.24亿元。通过对绿色产业的坚持与改革，安吉县不仅持续提高了当地社会与经济效益，还成功地打造出多个“中国美丽乡村”样板。同时，安吉县的住房保障体系、文化教育事业、卫生事业不断健全完善，在浙江省“平安县”的创建中实现七连冠。并且，安吉县巧妙结合地方自然条件和文化元素，把当地的历史文化、地域文化和现代文化进行融合，在共性中追求个性，彰显魅力，打造以生态文化为主题的多元化乡村。截至 2017 年，安吉县美丽乡村建设创建建制村覆盖率高达 95.7%，美丽乡村精品村覆盖率高达 87.7%。

安吉县的发展历史为绿色发展推动贫困治理提供了五点经验：一是地方政府的积极引导是实现绿色发展的重要条件。“中国近年来环境改革的进展与政府充分发挥的作用密切相关。一个反面的教训就是：中国一些地方政府在环境保护方面的职能弱化实际上加剧了环境破坏。”（洪大用，2012）安吉县的发展恰恰是从正面印证了政府在推动绿色发展、建设生态文明方面的关键作用。二是实施绿色发展是实现兴县富民的有效途径。绿色发展和生态文明建设与人居环境的关系最直接，与经济社会发展的关系最密切，兴县富民必须通过营造良好的生态环境、建设美丽的绿色家园、发展高效的生态经济，走生态文明与物质文明、政治文明、精神文明和社会文明同步发展的道路。三是统筹城乡发展是新农村建设的基本方法。城乡统筹重点在“乡”、难点在“统”，因而在顶层设计与规划引领上，要始终坚持把城市和乡村作为统一整体，要扭转重城市、轻乡村的建设倾向，真正实现新农村建设与城镇化发展双轮驱动。四是产业联动发展是提升县域经济竞争力的重要方式。当区域常规资本不足以支撑工业化时，应将农村区域发展资源（如生态资源）进一步转化形成资本，并确保区域资本更多在区域内部循环，以加快资本积累速度。五是提升幸福指数是中国美丽乡村建设的根本目的。在新农村建设中，要把农村作为整体社会来发展，要在农业农村经济发展的基础上，同步推进农村各项社会事业，不断满足广大农民持续增长的多方面需求，促进农民的全面发展。

四、 绿色发展推动贫困治理的路径建构

在充分借鉴安吉县成功经验的基础上，绿色发展推动贫困治理的路径建构可归纳为以下四个步骤。

（一）以先进理念为指导，以科学规划为统帅

安吉县能够毅然走向“生态立县”的道路，是因为地方政府在痛定思痛之后，认识到了“绿水青山就是金山银山”的重要意义。而在“生态立县”理念提出之后，安吉县的领导班子已经换了多届，但是这一理念始终没有动摇。这与安吉县的规划引领是分不开的。十几年来，安吉县最少编制了几十个绿色发展、生态文明建设方面的重要规划。在规划编制过程中，安吉县既注重总体规划统领下各种规划的彼此衔接，又特别注重高

标准、全覆盖的建设理念，初步形成横向到边、纵向到底的生态文明建设工作规划。

安吉县不仅重视规划的编制，还特别重视规划的落实。坚持不规划、不设计，不设计、不施工。规定各村美丽乡村建设规划设计不到位、城乡规划和土地利用规划条件不符合，就不得开展创建，为此，安吉县专门成立了勘察设计师协会强化专项设计和评审工作，提高规划设计标准，严格把控建设门槛。不仅如此，安吉县还将规划是否执行到位与工作考核相结合，进一步强化了规划的权威性。

（二）建立法律保障制度，构筑创新激励机制

安吉县一直重视与绿色发展相关的制度方面的探索，在生态建设、环境整治、环境监管、环境减排、环保审批、宣传教育、环保队伍建设方面都设置了具体的制度。这些制度成为安吉县绿色发展、生态文明建设的重要支撑。在环境政治、环境监管方面有：环保巡查制度、违法排污企业环保专项行动、污染事件处理联动机制和巡查制度、监察情况反馈制度、飞行监察情况每月通报制度。① 在环境减排方面有：污染减排工作联络制、督查通报制、重点减排项目联系制、“一厂一档”环保管理档案制、企业危险废物管理档案制等。在环保审批方面有：周围住户公众参与制度、听证会制度、环境污染纠纷投诉登记制度等。在宣传教育、环保队伍等方面有：“绿色社区”“绿色学校”“绿色企业”等绿色系列创建制度。在服务经济方面有：限时审批办结、一次性告知、限时办结、同岗替代、否定报备、招商信息环保审批联络等制度。并且，安吉县在生态补偿制度、排污权交易制度、企业环境保护诚信制度等方面先行先试，走在了浙江省乃至全国前列。

为了确保制度有效运转，亦需要机制创新。在绿色发展和生态文明建设实践中，安吉县在激励机制、动力机制、动员机制等方面都有突破。在激励机制方面，主要是通过项目配套和“以奖代补”的形式促进乡镇村街努力改善生态环境。在动力机制方面主要是通过推行以绿色 GDP 为主导的生态文明，建设考核体系、绿色考核评价机制等绩效考核方式促进乡镇村街生态文明建设。此外，在绿色发展和生态文明建设实践中，安吉县特别注重社会动员。一是组织机构统筹领导制度化，形成县生态办、乡镇生态办、行政村生态环保监督员体系。二是自上而下的政府动员。安吉县委县政府通过会议层层动员，并建立了巡查机制、反馈机制、考核机制，通过压力自上而下传导，使得各级各部门始终把政策落实放在首位。三是社会动员机制。比如，注重公众参与的机制建设等。

（三）实现产业转型，促进内生发展

安吉县在绿色发展实践中，特别注重内生发展。内生发展是指在区域经济发展过程中植根于该地区有效资源或可控资源的发展模式。安吉县具有得天独厚的生态优势且交

① 所谓“飞行监察”，是指排污检查没有具体目标，采取突击检查的方式，是一种有效管理工业企业达标排放的方式。

通便利，因此，安吉县发展生态农业、乡村旅游既符合地区的内生性，也能体现其优势。在确立了“生态立县”战略之后，安吉县政府立足于生态环境的优势，把生态竹业、生态农业与休闲经济等绿色产业作为产业转型的重点进行培育。

在经济发展过程中，安吉县严把项目进口关，按照“高技术、高成长、高产出”和“低污染、低能耗、低成本”的“三高三低”的产业发展原则，大力发展生态农业、休闲观光、生物医药、生命养老等绿色产业，放弃了一些经济效益好而生态效益差的项目，全力推进转型升级，实现了经济发展的能级跨越和高位起跳。同时，安吉县以经营乡村的理念盘活农村资源，加快一产“跨二进三”，推动“农村变景区、农业变商业、贫困者变股民”的进程。在西南部一些山区乡镇，结合当地的人文景点、风景名胜等大力发展休闲产业，不断拓展山区农村的观赏、休闲、娱乐、文化、美食、养生等多种业态，将山区沉睡的生态资源转化为资本，成功实现了一产“跨二连三”的发展，最终通过绿色发展衍生出多条绿色产业链。

（四）厚植生态文明文化，积极实施公众参与

安吉县绿色发展和生态文明建设以生态文化自觉为起点，以挖掘生态文化内涵为导向，引导广大群众树立崇尚自然、保护生态的情操，形成了尊重自然规律的生态道德意识。生态文化建设和绿色发展，一方面有赖于政府的大力推动，另一方面得益于广大群众的积极响应。作为群众的“精神家园”和“种文化”① 的重要组成部分，全县 187 个行政村每一个村都建起了文化礼堂。在安吉县，文化礼堂不一定是最好的房子，但一定是最热闹的地方，一个个融现代气息和传统文化于一体的文化礼堂，成为安吉县另一道亮丽的风景。

安吉县在绿色发展过程中，特别注重以民为本，村民参与，发挥村民主体的作用。在《美丽乡村建设指南》中，安吉县明确提出“坚持政府引导、村民主体、以人为本、因地制宜的原则，持续改善农村人居环境”。在村民自治方面，通过健全村民自治机制等方式，保障村民参与建设和日常监督管理，充分发挥村民主体作用。在村庄规划编制方面，注重深入农户实地调查，充分征求意见。在项目参与方面，凡是建在居民住宅邻近的餐饮、浴室等“三产”项目，必须要充分听取和征求周围住户的意见。在生态文化方面，通过民间力量的直接介入和参与，将安吉生态文化理念不断传播、扎根于民。

五、讨论与结论

在绿色发展推动贫困治理的领域，安吉县取得了丰硕的成果，并为社会提供了宝贵

① “种文化”是指把文化的“种子”“种”入乡村大地，变“文化下乡”为“扎根在乡”，使得文化在农村生根、发芽、开花、结果，贫困者也从文化的旁观者变为文化的参与者。

的“安吉经验”。诚然，安吉县有着得天独厚的发展条件，例如丰富的绿色资源、宝贵的历史契机与充裕的政策支持等，但这并不意味着“安吉经验”对其他地区践行绿色发展理念不具有借鉴意义。从以西部地区贫困治理为对象的相关研究中可以发现，环境保护已然成为扶贫工作必须考量的重要因素，绿色发展已然成为贫困治理的必由之路。而欲践行绿色发展之路，依然需要理念、规划、制度、机制、产业、文化等多方面的不懈建设。不同的是，西部贫困地区有着不同的区位条件、地缘优势、产业优势，因而在绿色发展的建设上必须实事求是、因地制宜，探寻适合自身的绿色发展之路。尤其是在由“脱贫”转向“致富”的“后扶贫时代”，愈加强调扶贫与扶志、扶智的结合，不仅要求产业能“造血”，更要求产业“造血”的持续与稳定。因此，将“安吉经验”与其他地区的贫困治理经验相结合，实现全国贫困地区各具特色的绿色发展和生态文明建设，应是未来贫困治理研究的聚焦与重点。

参考文献

洪大用，2003，《改革以来中国城市扶贫工作的发展历程》，《社会学研究》第1期。

洪大用，2012，《中国实践视角下的生态现代化理论》，《中国社会科学报》11月30日。

胡伟斌、黄祖辉、朋文欢，2018，《产业精准扶贫的作用机理、现实困境及破解路径》，《江淮论坛》第5期。

谭贤楚，2011，《“输血”与“造血”的协同——中国农村扶贫模式的演进趋势》，《甘肃社会科学》第3期。

汪三贵、殷浩栋、王瑜，2017，《中国扶贫开发的实践、挑战与政策展望》，《华南师范大学学报（社会科学版）》第4期。

吴国宝等，2010，《中国式扶贫：战略调整正当时》，《人民论坛》第1期。

杨美勤、唐鸣，2019，《习近平“两山”论的四重逻辑》，《科学社会主义》第6期。

杨艳琳、袁安，2019，《精准扶贫中的产业精准选择机制》，《华南农业大学学报（社会科学版）》第2期。

于法稳，2018，《基于绿色发展理念的精准扶贫策略研究》，《西部论坛》第1期。

张琦、冯丹萌，2018，《绿色减贫：可持续扶贫脱贫的理论与实践新探索（2013—2017）》，《福建论坛》第1期。

张毓卿、周才云，2016，《精准扶贫视域下赣南生态扶贫困境与优化路径》，《江西社会科学》第12期。

赵昌文、郭晓鸣，2000，《贫困地区扶贫模式：比较与选择》，《中国农村观察》第6期。

朱坚真、匡小平，2000，《西部地区扶贫开发的模式转换与重点选择》，《中央民族大学学报（哲学社会科学版）》第6期。

重构实践：乡村日常生活转型与环境治理

——以闽西溪地水土流失治理为例*

范叶超**

摘　要： 实践论主张从实践的角度认识日常生活的动态过程，通过顺应实践变迁机制来重构实践，进而推动乡村日常生活的可持续性转型。在治理与乡村日常生活相关的环境问题时，为提高治理成效，除要对末端受损的生态环境采取必要的技术性治理外，还需将日常生活本身纳入治理范畴。看似稳定不变的乡村日常生活从治理的角度来看则具有可变性，凭借合理的制度安排对那些不可持续的日常实践予以绿色重构，乡村日常生活有望达成可持续性转型的目标。

关键词： 日常生活；可持续性转型；乡村环境治理；实践论

根据国内环境社会学界较为主流的解释框架，中国乡村环境恶化与当代中国社会的急剧变迁有关，包括工业化、城镇化、市场化和科技进步等在内的现代化进程给乡村社会生活带来了巨变，变迁中以及变迁后的乡村社会与其所处的生态环境间难以重新建立一种协调的关系，这是许多乡村环境问题的根源（王晓毅，2010）。过去十多年间，国家不断加大乡村环境治理力度，试图扭转乡村环境快速恶化的局面，改善乡村环境质量。应当说，这些努力在解决以工业污染和破坏为典型的许多外源性乡村环境问题方面取得了良好效果，那些从外部扩张到乡村、片面追求经济利益却伴有明显负面环境后果的社会过程终于得到了有效约束。但当环境治理涉及那些植根于乡村内部社会生活中的

* 原文发表于《学习与探索》2021 年第 9 期。

** 作者简介：范叶超，中央民族大学民族学与社会学学院讲师。

基金项目：国家社会科学基金青年项目“当代西方社会实践论的形成、发展与应用研究”（19CSH001）。

环境问题时，治理难度明显加大了。研究表明，近年来由国家推动的环境治理项目在部分地区尝试解决一些与乡村日常生活相关的环境问题（如面源污染、生活垃圾、草原沙化等）时，大多在不同形式和程度上未能取得预期效果，而未能触及乡村日常生活本身的改变是这类环境治理未能取得显著成效的一个重要原因（吴柳芬，2015）。

有研究者甚至悲观地感叹，当代中国部分乡村已堕入了现代化的“陷阱”，即便乡村居民环保意识提升了，也几乎不太可能为了环境保护的目标而主动放弃现下不可持续的日常生活（张玉林，2016）。日常生活的社会学研究表明，日常生活是最基础、最稳固的社会生活，通常不易变迁，难以撼动。日常生活的概念本身预示着常态性，人们往往不会特意去反思日常生活，而习惯将其视为“理所当然”，因而会不自觉地排斥任何日常生活层面的较大调整（Scott，2009）。日常生活的这种“不变”特质在很大程度上增加了治理那些与之相关的环境问题的复杂性和艰巨性，对治理成效的取得构成约束。那么，在一个特定社会中，大多数社会成员都习以为常、相对稳定的日常生活可能在什么样的条件或作用机制下发生变迁？再进一步的问题是如何凭借恰切的制度安排或治理策略使得乡村日常生活朝向有利于环境改善的目标发生根本转变，或者说乡村日常生活的可持续性转型（sustainability transition）何以可能？这些正是笔者试图要回答的问题。

一、实践论视野下日常生活的可持续性转型

目前，国内学术界关于日常生活可持续性转型的研究还处于起步阶段，尚缺乏一个可借鉴的成熟理论框架。鉴于此，笔者尝试从国外环境社会科学的相关理论中汲取灵感。由弗兰克·吉尔斯（Frank Geels）等一众荷兰籍学者提出的多层次视角（multi-level perspective，简称 MLP）提供了可持续性转型的一个经典分析框架（Geeps et al. 2017）。MLP 将可持续性转型理解成那些具有更优环保效益的技术在一个社会中成功取代旧的技术安排的过程，而这一过程是宏观社会层次的图景（landscape）、中观社会层次的体制（regime）以及微观社会层次的小生境（niche）在动态演化中相互作用、彼此增强的结果。具体而言，在一个社会中获得广泛应用的技术总是与特定的生产、市场/用户偏好、科学、文化、政策相勾连，它们之间呈现出“锁定效应”，共同构成了中观社会层次持续再生产且相对稳定的体制；体制的演进总是嵌入在宏观社会层次的图景中，它包括环境变化、人口演变、政治意识形态、社会价值观和宏观经济模式等一些长时段的变迁过程；在微观社会层次，新的技术也在诸如研发实验室、受资助的示范项目、小众市场等一些所谓的小生境中不断被开发出来，并总是努力去改变现有技术嵌入的体制。基于 MLP 的分析框架，宏观图景变迁对中观体制的再生产造成压力，体制的稳定性被撼动，这为微观小生境中发展成熟的、新的可持续技术突破和重构现有体制创

造了契机，可持续性转型由此得以发生。

MLP 称得上是可持续性转型领域目前最受欢迎的一个理论框架，已被广泛应用于分析能源、交通、用水、食品、农业等诸多日常生活领域的可持续性转型现象。与此同时，围绕 MLP 的争论也从未间断过，相继有许多学者基于不同理论立场对该视角提出了批评（Geels，2019）。其中，实践论（practice theories）对 MLP 的批评最为彻底。

实践论是 20 世纪七八十年代以来基于广泛学术争鸣逐渐发展出来的一个社会理论范式，在当代西方社会科学界颇具影响力。安东尼·吉登斯（Anthony Giddens）和皮埃尔·布迪厄（Pierre Bourdieu）被公认是实践论的两位重要奠基人，他们基于马克思、海德格尔、维特根斯坦等先哲的实践思想提出第一代实践论，主张立足实践的原则来重新认识社会生活，以超越社会理论中的主客体二元对立问题（Reckwitz，2002）。沿着吉登斯和布迪厄的思想线索，一批西方理论家先后投身到实践论后续的建构中，并取得了相当丰富的研究成果。实践论的核心论点是：第一，社会生活主要是由各式各样的实践构成的，它们是“开放性的、时空性的那些有条理的做的与说的（organized doings and sayings）之集合”；第二，构成社会生活的不同实践间并不是独立的，而是会相互串联并组合成一些实践复合体；第三，纷繁复杂的社会现象要么是由实践复合体直接构成，要么植根于这些复合体之中；第四，人的行动取决于一些不可言说的实践能力，也可理解为“实践意识”或“默会知识”（Schatzki，2018）。

实践论对 MLP 的挑战主要体现在两方面。一方面，伊丽莎白·修芙（Elizabeth Shove）与戈登·沃尔克（Gordon Walker）从实践论的角度指出了 MLP 在分析单位选取上的不当问题。他们认为，MLP 倾向于从供给侧的技术创新和引进角度解释可持续性转型，片面强调市场竞争与选择过程的重要性，这既忽视了需求侧的动态变化在转型中的作用，也将技术的社会嵌入与其社会扩散过程混为一谈（Shove and walker，2010）。另一方面，实践理论家西奥多·夏兹金（Theodore Schatzki）也批评了 MLP 的社会本体论（social ontology）缺陷。他指出，MLP 从图景、体制和小生境三个层次来阐释社会现象，属于一种分层本体论。但实际上，小生境和体制描述的只是同一社会整体的不同内容或部门，它们位于连接过去和现在的同一空间中，也共享着相同的社会状况、制度和现象，应被看作同一层次；所谓宏观层次的图景描述的也不过是由实践构成的、更大规模的社会整体的部分元素、部门或实际测量特征而已（Schatzki，2016）。概括起来，与 MLP 将体制作为关键分析单位不同，实践论主张以实践为分析单位，重点去探讨那些可持续实践（即具有更优环保效益的实践）是如何产生、延续和消失的，更适用于理解日常生活可持续性转型；相较于 MLP 对体制、图景、小生境之间纵向复杂关系的强调，实践论倡导扁平本体论（flat ontology），即基于横向的实践关系来认识不同规模的社会现象，将日常生活可持续性转型删繁就简为实践的动态演化过程。

从实践论出发，日常生活可看作是由一组相互关联的实践构成，日常生活的可持续性转型本质上是构成日常生活的实践（简称日常实践）的变迁，即日常实践朝向可持续性的演进过程。修芙等区分了实践的三种关键变迁机制，即实践元素的变迁、实践者的变迁以及实践间关系的变迁。首先是实践元素的变迁。任何实践的开展必然都涉及物质（包括物、工具、基础设施等）、技能（包括知识和具身的技巧等）和意义（包括文化传统、预期和社会共享的意义符号等）三类元素，这些元素的流通会带动实践的变迁。其次是开展实践的实践者（practitioners）的变迁。实践只有被循环往复地开展才能够持续存在，一项实践的命运取决于它能否招募到能够且愿意开展它的实践者，故实践也会因实践者人数的变动而发生变迁。最后是实践间关系的变迁。实践不是孤立存在的，它们通常基于时间上的同步安排和明确的开展顺序而相互关联，并共同生产出特定社会需求（如水需求、能源需求、食物需求等），所以一项实践的变迁也会连带引起其他邻近实践的变迁（Shove，Pantzar，and Watson，2012）。

相应地，妮古拉·斯珀林（Nicola Spurling）与安德鲁·麦克梅金（Andrew McMeekin）（2015）提出可从三方面着手对日常生活可持续性转型予以政策干预：一是再造实践（recrafting practices），即改变现有实践涉及的相关元素以降低这些实践的物质密集性；二是汰换实践（substituting practices），即抑制那些不可持续的现有实践，以其他已有的或新的实践取而代之；三是调整实践间的关联方式（changing how practices interlock），即干预实践嵌入的整个实践系统，重塑那些看似难以撼动的社会需求，间接达成可持续性的目标。

综上，实践论针对日常生活可持续性转型提供了一条更具综合性也更为简洁的新思路，同时还指明了政策干预的可行方向。接下来，结合一个研究案例，笔者将尝试考察实践论在理解中国乡村日常生活可持续性转型方面的潜力。

二、研究案例

本文选取的研究案例是一个闽西乡镇——溪地[①]的水土流失治理。溪地镇位于福建省西部Y市T县，是一个历史悠久的典型客家人乡村聚落，现共辖有31个行政村（204个自然村），全镇土地总面积约为275平方公里，其中约21.6平方公里为山地，农业生产在改革开放前一直是当地最重要的经济活动。据史料记载，历史上溪地境内曾经覆盖大片原始林。唐末宋初以来，随着客家先民数次大规模的迁入与定居，溪地原始林逐渐

① 根据研究惯例，本文对调查所涉及的人名地名均进行了匿名处理。

被砍伐殆尽，最终被人造次生林取代。至清末民初，溪地境内森林植被在多次社会动乱中遭到严重损毁，进而酿成十分严重的水土流失问题，而“山光、水浊、田瘦、人穷”“不闻虫鸣”“不投栖鸟”的生态恶化景象也构成了老一辈溪地村民挥之不去的苦难记忆。

为应对生态环境危机，自 20 世纪 40 年代以来，在政府（包括国民政府和 1949 年成立的新中国人民政府）的主导下，溪地开启了长达半个多世纪的水土流失治理历程。以 1983 年为分界线，大体上可将溪地水土流失治理划分成两个阶段：第一阶段的水土流失治理工作主要是围绕迹地植被恢复展开，在国家大力动员下，当地干部民众曾组织了数次大规模的植树造林运动，但却未能取得显著成效；第二阶段，国家加大对溪地水土流失治理的各项投入，并将日常生活改造也纳入治理内容，水土流失问题终于得到有效控制。

溪地水土流失治理为我们探索中国乡村日常生活可持续性转型的发生机制提供了一个现实案例。笔者曾于 2014—2016 年间三次前往溪地开展实地调查，调查范围涵盖溪地的 13 个村庄。利用当地政府部门提供的档案文件和汇编材料、媒体的相关报道资料，并结合深度访谈收集的资料，本文接下来将对该案例进行深入剖析。

三、溪地早期的水土流失治理与困境（1940—1982 年）

（一）1940—1982 年溪地的水土流失治理

溪地有计划的水土流失治理最早可追溯到 20 世纪 40 年代国民政府在当地开展的一系列水土保持科学研究工作。1940 年 12 月，福建省政府下辖的福建省研究院承接了当年福建省经济建设计划中关于荒山利用、农田土壤改良和防治土壤冲刷的课题研究，以溪地为研究试点，在当地成立了一个研究防治土壤冲刷的科研机构，最初名为“福建省研究院土壤保肥试验区”，1944 年更名为“水土保持实验区”。1947 年 8 月，水土保持实验区与广东东江流域一家水土保持研究机构合并，再次更名为“农林部东江水土保持实验区”，该机构一直保留到 1949 年新中国成立前夕。

溪地水土保持科研机构自设置以来围绕水土流失治理在当地开展了一些示范工作，包括利用工程措施减轻水土流失的危害等级、筛选保土植物促进山岭植被恢复、教导村民合理开发荒地等。据 1941 年入职该科研机构的一名资深技佐撰文回忆，该机构于新中国成立前在溪地境内部分水土流失严重的流域植树造林逾 400 多亩，开辟荒地利用示范场 300 亩，在许多山岭修建了大大小小的工程措施来缓解水土流失问题。这些带有科研探索性质的治理措施虽然只在溪地的局部山岭开展，在当时却确实取得了一定效果。由于时局动荡，加上长期经费短缺和人力不足等因素的影响，许多科研项目未能按照预期完成，新中国成立前溪地水土流失治理的这些努力整体上没能阻挡当地生态环境不断恶化的趋势。

1949 年，新中国成立，溪地水土流失治理也有了一些变化。这一时期的治理工作仍由驻扎在当地的上述科研机构主导，但该机构更名为 T 县水土保持工作站（以下简称“县水保站”），主管单位更变为 T 县政府，仍在溪地南市村设有驻扎办公地点。与前一阶段相比，广泛发动群众参与的运动式治理是新中国成立后溪地水土流失治理最主要的特征。

新中国成立初期，依据 1950 年 6 月颁布的《中华人民共和国土地改革法》和 1951 年 9 月由福建省人民政府制定并发布的《福建省土地改革中山林处理办法》，通过重新确定林权，溪地境内山岭都被划分给农户。与此同时，为广泛发动群众参与水土流失治理，县水保站按照上级部门要求于 1951 年发出“家家造林，人人植树”的号召；次年，县水保站又在溪地境内发动了一场以“自采、自育、自造”（自己采集树种、自己培育苗木、自己营造林木）为主题的“三自”运动，在当地村民中再度掀起了植树造林的热潮；1954 年，县水保站下辖的苗圃站开始大量培育树苗，并免费提供给溪地村民造林。

在依靠群众路线开展的造林运动背景下，溪地水土流失治理的确取得了一些实际成效。据官方文件记载，截至 1958 年，溪地境内共计植树造林 6.36 万亩，修建了 60 座水土保持土谷坊，并挖了 16 万多个水土保持鱼鳞坑。在采取生物措施和工程措施的综合治理下，不少山头长出郁郁葱葱的幼林，一些地方还引来了飞鸟山禽，溪地生态环境开始有了好转的迹象。但在 1957 至 1958 年“全民炼钢”运动中，溪地多年营造的幼林在很短时间内再次被砍伐殆尽、充作炼钢燃料，水土流失治理也随之陷入低谷。

1962 年，为贯彻国务院颁布的《关于奖励人民公社兴修水土保持工程的规定》，T 县政府在恢复县水保站的基础上新成立了“T 县兴修水利指挥部水土保持办公室”（以下简称“县水保办”），与县水保站共同主持溪地水土流失治理工作。除邀请福建省内一些高校科研人员前往溪地开展水土流失问题的实地勘察和治理技术指导外，县水保办还在溪地各村选拔村民培训水土保持的专门技能，进一步推广科学水土流失治理方法。在此期间，继续有大量溪地民众被发动参与水土流失治理工作，并再次取得一些成效。据官方文件记载，至 1967 年，溪地累计修建了 18 座石谷坊，1 172 座土谷坊，长达 552 米的水平沟，612 座山围塘，1 600 多亩台地、梯田，促进植被恢复共计 38 297 亩。

1966 年，随着社会局势变得动荡不安，溪地刚刚有起色的水土流失治理再次面临困境。一方面，县水保办、水保站无法正常运转，站内工作重心转为林苗经营，水土流失治理工作实际上基本处于停顿状态。另一方面，国家的失序状态也再次打乱了林权，溪地境内团伙性乱砍滥伐现象十分猖獗，刚刚人工新植的幼林也没能幸免于难。1966—

1976 年间，不仅所有治理计划都被打乱，溪地水土流失也加剧了。据不完全估计，这一时期溪地新增水土流失面积达 19.914 6 万亩，占流失总面积的 18.61%。直到 1980 年和 1982 年县水保站、县水保办先后恢复，溪地的水土流失治理才再次被提上日程。

（二）反思：什么导致了“造林不见林”的治理僵局

回顾 1982 年以前溪地水土流失治理的历程，无论是 20 世纪 40 年代的水土保持实验，还是新中国成立后的数次运动式治理，最终都未能有效解决当地水土流失问题。治理水土流失山岭涉及的技术其实并不复杂，通过人工造林促进植被恢复即可达到涵养水土的治理目标。事实也证明，溪地水土流失治理的困境主要不在于缺乏有效的造林技术，而在于人工营造的幼林长期以来未及长成便遭到毁坏。造成幼林被毁的原因很复杂，1949 年前的动荡时局和“文革”中的社会失序显然都负有不可推卸的责任。但笔者调查发现，未能严格执行封山育林政策也是导致早期溪地水土流失治理低效甚至反弹的关键因素。这是因为，治理水土流失除需人工造林外，还要配合实施封山育林，以隔绝人类活动对植被恢复的干扰。尽管当地政府部门曾多次宣布封禁溪地一些水土流失严重的山岭，[①] 但据资深水保工作人员讲述，封山育林政策在 20 世纪 80 年代前的治理中“只是一句空话”，从未被严格执行过。一项 1963 年的调查估计，当时溪地每天至少有 2 500个村民上山砍柴、割灌草、扒树叶，甚至对新植的幼松过度打枝、扯松针，结果严重削弱了水土流失治理成效，甚至加剧了水土流失问题。

> 溪地近十年来迭遭战乱，山上林木，早已荡然无存了。乡民愚昧，更不知加以保护，为着日用所需的燃料，自灌木茅草以至枯枝落叶，均被砍伐。（摘自民国时期福建省研究院土壤保肥试验区主任张 MT 于 1942 年在溪地的调研报告）
>
> 溪地地区的老山，不是没有森林资源的，我们的实地观察，山上尚有不少幼林，然而连同成林在内，群众乱砍乱伐破坏甚为严重。群众为解决烧柴问题，不仅砍树，而且挖树根，这将造成大面积的严重水土流失。（摘自 1962 年 T 县溪地水土保持站工作总结）

综上，溪地传统日常生活对森林资源的高度依赖（特别是对薪柴这种燃料类型的需求）驱使村民们经常上山破坏森林植被，导致封山育林政策无法真正落实，这是 20 世纪 80 年代前当地水土流失治理一度陷入“边治理边破坏”“年年造林不见林”“造林者也是毁林者”等僵局的主要原因。如果不对村民日常生活围绕薪柴的燃料需求模式加以

① 例如，T 县人民委员会曾于 1959 年 12 月发布了《关于严格禁止滥砍乱伐林木的通知》，明确规定“容易引起水土冲刷地区的林木不准砍伐”。

有效干预，溪地水土流失治理很难取得实质进展。

四、重构日常实践：溪地水土流失治理的新局面（1983 年至今）

进入 20 世纪 80 年代，溪地水土流失治理迎来重大转折。1982 年 6 月，国务院颁布了《水土保持工作条例》，对全国水土保持的重要性、工作方针和治理模式做了规定。同年 9 月，T 县县委、县政府发出《关于水土保持工作的意见》，恢复县水保办工作，与县水保站继续共同主持溪地的水土流失治理工作。1983 年 4 月，时任福建省委书记前往溪地视察，就接下来的水土流失治理做了工作部署。同年 5 月，福建省人民政府颁发了《关于同意 T 县溪地公社为全省治理水土流失试点的几个问题的批复》，将溪地列为全省开展水土保持的重要试验点，组织省农业厅、省林业厅、省水电厅、省水土保持办公室、省林科所、省林学院、Y 市政府和 T 县政府八家单位（简称“八大家”）来共同承担溪地的水土流失治理工作，并承诺从人力、物力、财力等方面给予大力支持。从这一时期国家（包括国家的代理机构）出台的政策可以看出，溪地水土流失治理被提高到前所未有的位置上。

这一阶段，以造林种草为核心的“治山”工作仍是溪地水土流失治理的首要目标。并且，由于治理资金更加充足、上级下达的治理任务十分艰巨等原因，[①] 溪地的造林运动较前一阶段声势要更浩大。自 1983 年起，当地水土保持机构多次广泛发动民众上山挖沟、造林，林业部门也利用飞机播种技术在溪地境内多次播撒草籽、树种，加快植被恢复。特别是 20 世纪 90 年代以来，政府将水土流失问题较轻的部分荒山承包给一些农户、企业进行林业经济开发，充分调用社会和市场力量参与水土流失治理。与此同时，为移除村民日常生活对山岭植被恢复的干扰、贯彻封山育林政策，新时期溪地水土流失治理的另一项重要目标被设置为改造村民的日常燃料需求。1983 年起，当地政府部门相继出台了一系列政策，旨在推动村民由烧柴改为烧煤，一场由国家发起的燃料改造运动在溪地正式拉开帷幕。

1983 年以前，考虑到村民烧柴对水土流失治理的不利影响，政府部门在溪地也曾尝试推广过燃煤，却都无疾而终。据县志记载，1964 年，T 县人民委员会在溪地境内首次推广烧煤，但收效不大；1976 年，在“群众烧柴已成严峻问题”的情况下，T 县政府从邻县运进大量燃煤在溪地平价供应，最终效果仍不佳。1983 年时任省委书记视察溪地后，同年下发的省政府文件中明确提出要改造溪地以薪柴为主的生活燃料结构，大力推

① 时任省委书记在 1983 年视察溪地时亲自指示，自 1983 年起至 1987 年止，省林业厅每年下拨 20 万元育林基金用于溪地的水土流失治理，同时要求溪地要三年内完成境内所有山岭的植被覆盖，做到山上看不见“红颜色”，只能看见‘绿颜色”。

广燃煤作为新的燃料。此后几年间，溪地燃料改造取得显著成效。据T县水土保持委员会办公室1987年公布的数据，从1983年至1986年底，溪地全境有9 530户农户改为烧煤，相当于每年节柴0.762 4亿斤。1983年以来的这次燃料改造之所以能够取得成功，笔者认为主要是得益于当地政府新实施的一些干预举措，这些举措大多围绕日常实践的重构展开，并且整体上顺应了实践的变迁机制。

燃料改造是一个系统性工程，其系统性主要体现在它涉及整个燃料系统的转型。如图1左半部分所示，溪地围绕薪柴组织的传统燃料系统是由斫樵①、做饭、烧水三个相互关联的日常实践构成，薪柴的获取和消费是这个实践复合体持续再生产的一部分，其中，斫樵是一项燃料获取的实践，而做饭和烧水则是燃料消费的实践。溪地过去的燃料改造努力大多局限在对燃料获取实践的干预，而缺乏对与之密切相关的做饭、烧水等燃料消费实践的干预。结果，买煤虽然是一种已有的燃料获取实践，但却未能与溪地的做饭、烧水等燃料消费实践缔造关联，导致它一直游离在当地燃料系统之外，这也是1983年前燃料改造屡屡受挫的主要原因。与1983年以前相比，溪地新一轮的燃料改造瞄准的是整个燃料系统，除燃料获取实践外，燃料消费实践也被纳入政策干预范畴之中。大体上，溪地本轮燃料改造采取的思路是对实践间关联方式的调整，即将围绕薪柴组织的现有燃料系统改造成一个围绕燃煤组织的新系统，这又分别是基于汰换实践和再造实践两种干预策略来实现的：通过汰换实践，买煤取代斫樵成为溪地的主要燃料获取实践；通过再造实践，做饭、烧水两项过去与薪柴相关的燃料消费实践也发生相应改变，变得与燃煤相关（见图1右半部分）。此次溪地燃料改造运动包括两类实践。

首先是通过汰换实践改造燃料获取模式，即引导更多村民放弃开展斫樵实践，转而开展买煤实践。一方面，自1983年起，在政府要求下，溪地各村都制定了《封山育林村规民约》《护林护草联防公约》，对上山打柴现象视情节严重程度规定了不同等级的处罚方案，由村干部和护林员共同执行，迫使村民放弃开展斫樵实践。

> 严禁在我村管辖区内砍树、打枝、割草、挖树蔸、铲草皮、毁林开荒等，违者一律没收实物并处以罚款，处罚标准如下：砍伐一棵林木罚款20～100元，一根树枝罚款2～5元，一担草罚款50元，凡砍伐超过5株的加重罚款，除罚款外并处杀猪一头、放电影一部，写书面悔过书张贴各家各户……（选自溪地南秀村《封山育林村规民约》）

另一方面，当地政府还利用扶植政策培育买煤实践在资源和时间竞争中的优势。

① 溪地客家话中“打柴”的意思。

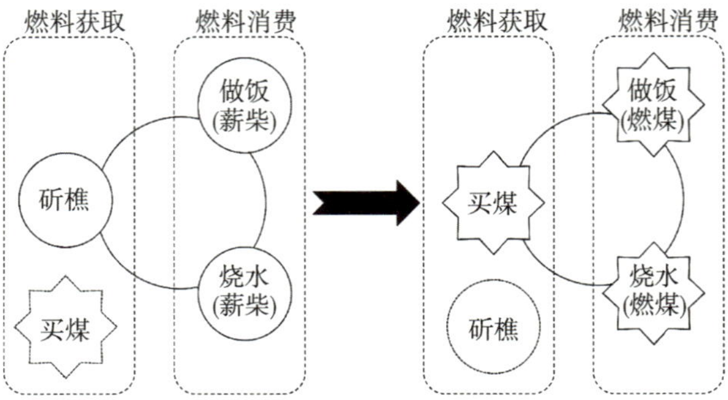

图 1　溪地燃料改造的基本思路

1983 年，省政府决定每年拨款 30 万元专门用于溪地燃料改造的补贴。此后连续五年间，Y 市政府每年安排从外地收购一万吨燃煤供应溪地。作为配套措施，T 县水保局（原县水保办）还在溪地专门成立了一家燃煤公司，下设分销供应点，承担下拨燃煤的平价分销任务。很长一段时间，溪地各村农户每年都能够免费领取到前述煤炭公司印制的煤票，可凭煤票直接前往燃煤供应点兑换燃煤。此外，如果农户家里有劳动力参与到村里或生产队组织的“治山”任务，所付出的劳动也会被折算成数量可观的煤票。在实地调查中，许多村民都反映，20 世纪 80 年代初单是村里每年派发的和“治山”挣到的煤票就已多到家里烧不完了，足见当时对烧煤农户的补贴力度之大。此外，燃煤分销点还提供燃煤的配送服务，大大节约了村民燃料获取的时间。据村民回忆，那些距离供销点相对较远的村庄，通常是几户人家合伙委托供销点用拖拉机运送燃煤，待运至村里后再进行分配并分担运费。经过一段时间后，买煤实践同斫樵实践相比其经济效益和时间效益日渐显现，越来越多的农户受此吸引成为买煤实践的实践者。

我们小时候去打柴都要走很远，一直要走到高速公路那边的那个驴子岭，打个柴要一天半的时间，把人累死掉了，还要家里人去接，不然自己根本挑不回来。（刘大爷，男，约 60 岁，溪地网田村村民，20150822）

那时候生产队让我们上山挖穴、种草，忙一天 9 小时会给每个人发 8 毛钱的工资。我记得 1 块 7 就能买 100 斤煤炭，很划算的。100 斤煤怎么说也得抵 50 多捆柴，可以烧很多天。所以你说是不是傻子才上山打柴呢！再后来，大家都出去打工了，赚回家很多钱，买煤花的那点小钱又算什么。（涂大妈，50 岁，溪地网田村村民，20150820）

其次是再造实践，即构造围绕燃煤组织的燃料消费实践。为此，当地政府对做饭和烧水两项实践开展涉及的物质、技能和意义三类要素进行全面干预。在物质层面，除增加燃煤供应外，政府专门下派了一组技术人员在溪地各个村庄挨家挨户帮助农户在厨房修建烧煤专用的煤灶。[①] 在技能层面，下派的技术人员小组既传授农户制作煤球的技能，也向他们普及与燃煤使用相关的技能，包括如何引燃煤球、更换煤球等。在意义层面，通过对违反禁令打柴、烧柴的个别农户予以公开惩罚，在当地村民中反向地建构了关于使用燃煤来做饭和烧水的正当意义。

村书记上山打柴也被罚钱的。他们家有人那次被查到了，没有办法也只好把家里的猪杀了，亲自挨家挨户分给大家吃。也有人家不愿意杀猪的，就接受罚款，钱拿出来请全村看电影。那时候放场电影要50多块钱，有段时间村里放了很多场。放电影之前（打柴的人）要在全村人面前讲话（检讨），说自己不该上山打柴的，以后再也不敢了，让大家以后不要向他学习。（谢大爷夫妇，约60岁，红河村村民，20150817）

在实施上述实践干预策略后，溪地在很短的时间内便完成了由烧柴向烧煤的转型。在1988年省里燃煤补贴取消后，绝大多数农户都没有改回上山砍柴，而是继续买煤和烧煤，燃煤彻底取代了薪柴在溪地人日常生活中的位置。对燃料获取和消费实践的重构不但解决了溪地由来已久的薪柴短缺问题，同时也大大巩固了新时期水土流失治理成效，特别是促进了封禁政策的有效落实。1983—1988年期间，溪地境内的山地封禁面积达9 163公顷。1988年7月在溪地的一次遥感调查则表明，境内水土流失面积较1983年减少1 453公顷，占流失总面积的14.3%。至1987年，溪地利用植物措施对102 605亩的水土流失区进行了植被恢复，占流失总面积的43.2%，其中播草促林面积37 242亩、乔灌混交林44 078亩、经济林3 126亩，补植和改造“小老头松”达13 084亩，果树5 075亩。

实际上，“以煤代柴”只是溪地燃料转型的开端。大约自20世纪90年代起，溪地的电网改造工程开启，当地政府顺应这一变化很快制定了相似的实践干预措施，引导农户再度逐渐由烧煤改为“烧电”。

我们家大概2006年还是2007年左右开始不烧煤的，因为“烧电”实在是太方便了，比烧煤还要方便，价钱也差不多，贵不到哪里去。现在没有人上山砍柴了，因为实在是划不来。（傅TY，男，50岁，北市村村民，20150818）

现在，溪地已鲜有农户烧煤，街道上的煤炭供应点也早就乏人问津。笔者在入户调

① 与过去烧柴的“老虎灶”相比，煤灶在设计上最大的不同在于没有添加薪柴的灶门，且灶膛缩小为仅三颗煤球的大小。

查中发现，目前溪地农户开展做饭和烧水实践使用的能源呈现出多样性：几乎每家每户都用上了电饭煲和电磁炉等现代厨房家用电器，液化气的使用也较为普遍，还有一些农户用上了沼气、太阳能等“绿色燃料”。换言之，与燃料有关的溪地日常实践活动仍然处于变化之中，且整体上看是朝着更加可持续的方向演进。由于村民日常生活的开展不再依赖薪柴，溪地境内山岭植被恢复的显著人为干扰因素被移除，人造林长成后，其涵养水土的功能开始得到发挥，困扰当地长达半个多世纪的水土流失问题终于得到妥善解决。

五、 总结与讨论

基于实践论关于日常生活可持续性转型及干预策略的理论阐释，以闽西溪地的水土流失治理为例，笔者分析了植根于乡村日常生活中的环境问题所面临的现实治理困境，并探讨了破解这一困境的策略。一方面，由于未能有效约束和排除村民日常生活的不利影响，溪地水土流失治理在 20 世纪 80 年代前长期处于低效状态。由此可知，在治理与乡村日常生活相关的环境问题时，为提高治理成效，除了要对末端受损的生态环境进行必要的技术性治理外，还需将源头的乡村日常生活本身也纳入治理范畴。另一方面，通过顺应实践变迁机制重构燃料获取和燃料消费实践，溪地成功推动了燃料系统的转型，水土流失问题得到有效控制，实现了日常生活与生态环境的协变。这表明，乡村日常生活具有可治理性，凭借恰切的制度安排对那些不可持续的日常实践实施干预，乡村日常生活有望朝着可持续性的方向转型。

过去几十年来，国家以项目制的形式不断增强对广大乡村地区的环境保护力度，对遏制乡村环境质量进一步恶化起到一定的积极作用，应当被肯定。从这些环保项目的实际运作情况来看，当下乡村环境治理呈现出自上而下、由行政力量主导的典型特征（杜焱强，2019）。在这样的治理体制下，乡村可支配的环保资金和可及的环保技术明显增加了，环保基础设施也日趋完善，这为许多乡村环境问题的解决提供了契机。但倘若这些利好措施未能推动乡村日常生活领域的根本变迁，控制日常生活再生产伴随的不利环境影响，环境治理则很可能会陷入“边治理边破坏”抑或“按下葫芦浮起瓢”的困境，从长期来看并不利于乡村环境质量的整体改善。为巩固和提升治理成效，乡村环境治理今后应更加注重对日常生活的调整，通过政策干预引领乡村日常生活的可持续性转型。

面向乡村日常生活的环境治理需要讲求一种实践导向的干预策略。日常生活看似不变，实则是在不断演化的，植根于实践的动态过程当中。在顺应实践变迁机制的前提下，可以通过人为干预使日常生活朝着预期目标发生变迁。笔者分别考察了三类有效的实践干预策略：再造实践、汰换实践以及调整实践间的关联方式。在环境决策中，政策制定者们应尝试识别出那些物质密集的乡村日常实践、充分理解它们的动态过程，并选取恰当的实践干预策略重构这些实践，以加速乡村日常生活转型，达成乡村环境改善的目标。

将实践的重构作为乡村环境治理目标暗含了一种追求乡村社会良性运行与环境保护“双赢”的美好愿景。具体而言，乡村环境治理虽然以减缓和遏制乡村环境退化作为终极目标，但却并不一定要以彻底摒弃或中断乡村生活作为达鹄手段（某种意义上的“休克疗法”），因为这会直接冲击到乡村居民的日常生活秩序，甚至降低村民生活质量，将他们开展日常生活的正常需求与环境保护直接对立起来。对比之下，以实践重构为目标的乡村环境治理倡导的是一种类似生态现代化的环境变革理念：在不影响乡村日常实践正常开展的前提下使它们的环境影响最小化，从而实现乡村日常生活的良性运行与环境保护二者间的平衡。

参考文献

杜焱强，2019，《农村环境治理 70 年：历史演变、转换逻辑与未来走向》，《中国农业大学学报（社会科学版）》第 5 期。

王晓毅，2010，《沦为附庸的乡村与环境恶化》，《学海》第 2 期。

吴柳芬，2015，《项目下乡与基层环境治理——桂西 M 镇个案研究》，《社会建设》第 5 期。

张玉林，2016，《农村环境：系统性伤害与碎片化治理》，《武汉大学学报（人文科学版）》第 2 期。

Geels F. W., Sovacool B. K., Schwanen T., Sorrell S. 2017. “Sociotechnical Transitions for Deep Decarbonization.” *Science* 357 (6357): 1242-1244.

Geels F. W. 2019. “Socio-Technical Transitions to Sustainability: A Review of Criticisms and Elaborations of the Multi-Level Perspective.” *Current Opinion in Environmental Sustainability* (39): 187-201.

Reckwitz A. 2002. “Toward A Theory of Social Practices: A Development in Culturalist Theorizing.” *European Journal of Social Theory* 5 (2): 243-263.

Schatzki T. 2016. “Practice Theory as Flat Ontology.” In *Practice Theory and Research: Exploring the Dynamics of Social Life*, edited by Spaargaren G., Weenink D., and Lamers M. New York: Routledge.

Schatzki T. R. 2018. “On Practice Theory, or What's Practices Got to Do (Got to Do) with It?” In *Education in An Era of Schooling*, edited by Christine E., Grootenboer P., and Wilkinson J. Singapore: Springer.

Scott S. 2009. *Making Sense of Everyday Life*. Cambridge: Polity.

Shove E., Pantzar M., Watson M. 2012. *The Dynamics of Social Practice: Everyday Life and*

How It Changes. London: Sage.

Shove E. , Walker G. 2010. "Governing Transitions in the Sustainability of Everyday Life." *Research Policy* 39 (4): 471-476.

Spurling N. , McMeekin A. 2015. "Interventions in Practices: Sustainable Mobility Policies in England." In *Social Practices, Intervention and Sustainability: Beyond Behaviour Change*, edited by Strengers Y. , Malle C. London: Routledge.

环保组织
与环境政策

社会治理视域下当代中国环境政策演进及其治理逻辑*

卢春天　齐晓亮**

近几十年来，全球环境恶化、资源枯竭等问题日益突出，从而成为掣肘世界各国和地区经济发展的巨大障碍。基于此，环境治理作为全球治理的核心议题备受关注。在中国，社会治理的重要目标之一就是生态文明建设，而环境治理则是生态文明建设的关键环节。在此背景下，深化环境治理的相关研究，不仅符合国家治理体系与治理能力现代化的现实要求，而且有助于中国社会环境治理体系的不断完善，从而助推"五位一体"总体布局和生态环境体制改革的顺利实现。

环境保护是当代中国基本国策。在经济社会飞速发展与环境保护双重需求的高压之下，延续以往的社会治理模式很难达到二者的互利共赢。因此，非常有必要对市场机制、社会力量及其责任义务体系等非政府因素展开进一步的理论研究与实践路径的探索工作，从而开启环境保护的社会治理道路。然而，现实情况往往不尽如人意，社会环境治理在模式、法律依据以及体制机制等方面的问题还比较多，多元共治的长效机制依然未能形成。本研究以当代中国环境政策历史发展为线索，通过梳理各不同阶段的环境政策来分析其中所蕴含的社会治理逻辑及其规律，从而为中国"多元"主体参与环境治理提供更为广泛的理论基础（涂正革 等，2018）。

* 原文发表于《河北学刊》2020 第 2 期。

** 作者简介：卢春天，西安交通大学人文社会科学学院教授、博士生导师。
齐晓亮，西安交通大学人文社会科学学院在读博士生，陕西警官职业学院讲师。

基金项目：2018 年度中央高校基本科研业务费专项资金资助项目"环境社会学视角下的绿色发展研究"（SK2018048）、陕西教育厅专项科学研究计划项目"我国环境警察制度构建研究"（19JK0115）的阶段性成果。

一、当代中国环境政策发展历程

通过对当代中国环境政策工具、治理主体和渠道以及社会参与度等关键要素的梳理和分析，大致可将中国环境政策划分为起步构建、形成框架体系、实现战略转变和向复合型治理发展等四个阶段。

（一）1970 年代环境政策：起步构建阶段

1962 年，蕾切尔·卡逊《寂静的春天》首次出版，该书是一部激起全世界环境保护事业之作，以翔实的数据和实例唤醒了人类重新反思人与自然关系的意识，从而引发了公众对环境问题的广泛思考（刘颖，2008）。在此背景下，世界各国环保组织如雨后春笋般纷纷成立，中国政府也开始正视和研究环境问题及其治理方面的方针政策，开始思考环境保护在国家各个方面建设过程中的重要作用。

这一阶段，中国政府对环境议题的正视和思索经历了艰难的探索。当时，一些人认为中国是社会主义国家，并不存在什么环境污染，而环境污染是资本主义国家的产物。1971 年，中国恢复了在联合国的合法席位，国家计委成立了环境保护办公室，“环境保护”这一词汇首次出现在中国政府机构名称中。1972 年，中国政府派代表团参加了在瑞典召开的第一次人类环境大会，此乃当代中国环境保护事业正式开始的标志性事件。1973 年 8 月 5—20 日，第一次全国环境保护会议提出“32 字方针”，成为中国首个关于环境保护的战略方针。1974 年，国务院成立环境保护领导小组，下设办公室负责日常事务。自此，中国始设专门负责环境相关事宜的机构。1979 年，《中华人民共和国环境保护法（试行）》颁布，标志着当代中国环境法体系开始建立。

1970 年代，受到当时政治、经济、社会以及文化等多个方面的影响和制约，环境治理进程举步维艰。刚刚起步的环境保护事业更多是停留于若干行政性法规与部分中共中央纲领性文件，相关规定普遍较笼统，内容大多较为零散，原则性的规定相对较多，可操作性不强。虽然当时中国环境保护事业处于起步阶段，但这一时期中国环境政策合法性得以确立，环境保护的宣传教育受到了关注，环境启蒙逐渐兴起。

（二）1980 年代环境政策：形成框架体系

这一阶段，当代中国环境保护事业的法律制定、机构组建以及行政管理等方面均取得了巨大进步。改革开放以来，随着思想进一步解放，国家开始加大对环境保护的支持与资金投入力度。1983 年 12 月 31 日至 1984 年 1 月 7 日，第二次全国环境保护会议提出“三建设、三同步、三统一”的战略方针，首次明确了环境保护的“基本国策”地位。此后又陆续制定了一系列相关法律，诸如《中华人民共和国水污染防治法》（1984 年）、《中华人民共和国草原法》（1985 年）、《中华人民共和国土地管理法》（1986 年）、《中华人民共和国大气污染防治法》（1987 年）以及《中华人民共和国水法》（1988 年）

等。1989 年 4 月 28 日—5 月 1 日，第三次全国环境保护会议提出了“新五项制度”，进一步强化环境管理（王忠祥、谢世诚，2013）。

除了上述法律框架的初步搭建，环保机构的相继成立是该阶段中国环保事业发展史上的一大亮点。1982 年，设立城乡建设环境保护部，下设环保局主管全国环保事宜。1984 年，城乡建设环境保护部环境保护局改为国家环境保护局。1988 年，国家环保局升格为国务院直属局。与上述机构设置相配套，各省、市、自治区以及区（市、县）相继成立了各级地方环保机构，环保事业拓展到国家机构各个层面。

1980 年代，当代中国环境保护政策体系初步形成，“命令-控制”式的行政管控色彩浓厚。当时决策层普遍认为，中国还不能拿出更多的钱来从事环境治理。同时认为，当代中国诸多环境问题确实是由于管理不善造成的，只要加强管理，许多问题可以得到解决（张萍、农麟、韩静宇，2017）。实践证明，以行政命令来强化环境管控，在当时不失为最现实、最富有成效的办法。相对于起步构建阶段而言，这一时期确实取得了不少成绩，但不少人将环境问题更多地视作技术性的管理问题，从而将各个领域不同类型的环境问题切割开来展开技术层面的治理研究。

（三）1990 年代环境政策：战略转变时期

这一时期是当代中国环境污染集中整治的攻坚阶段，而且也是环境政策的发展整合阶段。与保护环境相关的法律法规进一步完善，机构设置更加健全，行政管控的优势在环境整治过程中也得以充分发挥。自从 1991 年环境指标首次被纳入国民经济和社会发展计划，1992 年环境统计数据又被列入国民经济和社会发展统计公报，公众对环境指标的关注度越来越高。法律体系完善方面，相继修订了诸如《中华人民共和国水污染防治法》（1995 年）、《中华人民共和国海洋环境保护法》（1999 年）等一系列法律，同时出台了《中华人民共和国环境噪声污染防治法》（1996 年）、《中华人民共和国节约能源法》（1997 年）等多部专项法律。

机构建设方面，国家环保局在 1998 年升格为正部级直属局，从而突出了环保事业在全国全局工作中的重要地位。截至 1996 年 12 月，全国 31 个省级环保（厅）局建制成功。1996 年 7 月 15—17 日，第四次全国环境保护会议制定了《污染物排放总量控制计划》和《跨世纪绿色工程规划》，标志着当代中国环境保护工作迈入一个全新的阶段。

环境治理方面，政府直控型的环境政策得到进一步强化。在污染物总量控制的基础上引进了国外排污权交易制度，江苏南通和辽宁本溪成为中国运用该制度解决环境污染问题最早的试验基地，同时确定了该时期的污染治理工作重点，即“三河”“三湖”“两区”“一市”“一海”的污染控制问题，简称“33211”工程。1996 年 3 月和 8 月，《关于国民经济和社会发展“九五”计划和 2010 年远景目标纲要》《关于环境保护若干问题的决定》相继出台，明确规定中国实行环境质量行政领导负责制，政府在环境治理方面行政权威逐步强化。此外，公众逐渐认识到环境问题的整体性和流动性，认为生态环境的可持续发展要着眼于全局的高度进行探索，环境问题的相关研究已从单一治理的固定思维逐渐转向综合防治的多维度分析，并且朝着可持续发展方向努力。

（四）21世纪初期环境政策：复合型治理发展

这一阶段，中国政府实施了一系列强有力的环保举措，在对各种力量和资源进行整合的基础上开启了环境问题的全面治理之路。2002年1月8日，第五次全国环境保护会议提出环境保护是政府的一项重要职能（李勇进 等，2008）。2006年4月17—18日，第六次全国环境保护会议提出“三个转变”，明确2006—2010年主要污染物减排10%。2008年3月，环境保护部成为国务院的主要职能机构之一。2011年12月20—21日，第七次全国环境保护大会提出了环境保护“一票否决”制，强调坚持在发展中保护、在保护中发展。2018年3月，国务院新组建了生态环境部，这是推进当代中国生态文明领域国家治理体系和治理能力现代化的重大创举。5月18—19日，习近平在全国生态环境保护大会上指出，要提高环境治理水平，充分运用市场化手段，对涉及经济社会发展的重大生态环境问题开展对策性研究。

法律体系建设方面，《中华人民共和国环境影响评价法》（2002年）、《中华人民共和国可再生能源法》（2005年）以及《中华人民共和国循环经济促进法》（2008年）等相继出台。2014年，《中华人民共和国环境保护法》的修订实施，明确界定了政府、企事业单位及其他生产经营者的环保责任，进一步明晰了环境公益诉讼的程序。2015年，《环境保护公众参与办法》印发实施，明确了落实公众环保参与的一系列具体措施。同年，中国开始推行省以下环保机构监测监察执法垂直管理的环保模式。

21世纪以来，当代中国环境治理不再是单纯的“政府治理”或者“市场治理”。事实上，当代中国环保实践已经在制度建设、依法落实以及多元共治等多个层面展开了治理转型，并迈向复合型环境治理的新时代（洪大用，2016）。

总之，随着中国社会主义市场经济的不断发展与完善，当代中国社会各个领域都发生了天翻地覆的变化。环境治理问题作为社会领域的重要组成部分，表现出自身独有的发展特征及其属性，同时催生了政府治理、市场治理和社会治理三种模式。在高度集中的计划经济体制影响下，政府不仅是各种制度供给的主体，而且成为制度实施与绩效考核的主体，致使环境治理也具有浓厚的行政管理色彩。可持续发展确立为国家战略以来，基于市场建立诸如排污收费制度、排污权交易、水权交易以及碳权交易制度等新型环境治理体系的要求日益强烈，当代中国环境治理逐步走向市场化道路，环境政策更多地反映出以政府和市场为主体的混合治理。从技术层面来讲，环境治理的特征表现为开始从“头痛医头、脚痛医脚”式的末端治理向全过程控制转变。生态文明建设为当代中国环境治理体系向多元化、现代化的复合型发展创造了良好契机。自此，当代中国环保事业进入了一个崭新的发展阶段。

二、环境政策演进与治理过程的有效衔接

过去几十年以来，党和国家实施了一系列行之有效的改革举措，锻造了“倒逼机制”、“预期引领机制”和“转危为机机制”三种具有法宝意义的治理机制，形成了颇具中国特色的社会治理格局及其治理方式（李友梅，2018）。环境治理作为中国社会治理体系的重要组成部分，其变化与特定的社会结构和社会过程密不可分，而不同阶段的环境问题及政府的相关政策和措施又与当时的历史条件、社会基础息息相关，将这几个方面剥离开来进行解释与分析，难免失之偏颇。因此，以特定阶段的环境政策及其治理过程为视角，对相关问题展开进一步探究，显得尤为必要。

（一）环境政策工具与治理主体的共同发展

一直以来，行政主导或行政管控是中国社会治理的主要方式，学术界、理论界通常自觉或不自觉地将研究重点集中于政府行为。在这种传统模式下，政府更多地以“统领”的姿态出现，其他诸如市场、社会等治理模式难以发挥其应有的作用。具体到环境治理领域，该模式表现出非常浓厚的计划经济色彩，命令性、强制性的制度、法律和法规往往贯穿于治理过程的始终，这就极易造成各种非政府力量的空置与浪费。随着社会治理模式的转型与升级，环境治理政策工具也由强制性管制逐渐发展为自愿性治理。由此，政府治理、市场治理和社会治理之间的关系不断趋向平等，环境治理研究范畴也扩大为政府、企业、非政府组织以及公众。换句话说，自愿性环境治理是集政府、企业、非政府组织和公众等行为主体在内的一种多中心治理模式（周莹、江军、张建民，2015）。该模式倡导一种自愿性环境政策工具的产生，这种政策工具是企业、非政府组织和公众在商品市场上交互作用的结果，其中政府主要承担正向激励的角色。

（二）环境政策评估与治理成效的共同发展

近几年，“环境政策评估”、“环境质量评价”以及“环境影响评价”等专业术语备受学术界青睐，从而凸显了环境政策评估在治理成效中所发挥的重要作用。毋庸置疑，环境评估过程与环境治理过程在一定程度上是同步推进的，而治理效果的检验又往往依赖于政策评估的结果。在治理过程中，我们对不同阶段的环境治理效果进行审慎评估，同时对不同类型的政策工具进行严格匹配，不仅能够有效验证政策落地实施后的正负影响，而且可以最大限度地规避不科学、不合理政策带来的损失，从而实现环境治理效果的最优化。可以认为，当代中国环境治理实践中所取得的成功经验抑或是总结的失败教

训，无一不为环境政策评估研究提供了有益参考，同时环境政策评估可以结合环境治理实践为检验与改进环境政策评估方法提供有益思路，从而推进环境政策相关研究进一步深化与发展。

（三）环境政策变革与治理模式的共同发展

1980 年代以来，中国环境污染越来越严重，学术界、理论界对环境治理相关问题的研究随之进入白热化状态。同时，环境治理实践的巨大成就也证明了该问题并非政策话语、社会话语以及市场话语的“遗忘角落”，实则是社会治理领域的关注焦点。随着政治、经济全球化程度的进一步加深和环境问题的日益突出，由此引发的政治、经济、生态、文化以及社会等负面影响使得对环境问题的治理刻不容缓。因环境问题而引发的环境纠纷、环境群体性事件此起彼伏，从而推动了原本粗放的环境管理模式逐渐转向精细化、弹性化的新型治理模式。在此背景下，国家提倡的一系列诸如“可持续发展”、“绿色发展”、“美丽中国”以及“绿水青山就是金山银山”等话语体系则充分彰显了国家治理体系和治理能力现代化的强烈要求。尤其是《中华人民共和国环境保护法》在政府责任、企业义务以及公众权利等方面的规定，极大地激发了社会和市场的活力，在一定程度上缓解了中国环境治理手段软弱、力不从心的尴尬局面。可以认为，相关举措的推陈出新为环境治理模式的优化创造了良好的契机，社会环境治理或将成为应对中国环境问题的最佳选择。

综上，中国相关环境政策的制定和出台是一个不断衍化、发展与完善的动态过程，它与中国特定阶段的环境治理实践恰当契合，而环境政策及其治理实践的进一步发展离不开更为深化的制度性改革。因此，急需从根本上打破“环境”与“发展”内在冲突的制度性瓶颈，以社会变迁的研究视角梳理中国的环境治理流变，确保环境政策制定与治理模式在实践中创新、在创新中发展，从而探索出一条适合中国国情的社会环境治理道路。

三、 社会环境治理的根源解析及其逻辑分析

早期的政府治理、市场治理已无法适应当下日益恶化的环境形势。环境治理需要广泛的社会基础，而社会环境治理尤为强调社会力量的主观能动性与组织性。此处，笔者将社会环境治理界定为除政府之外的社会组织、企业或个人，为了弥补政府在环境治理领域的先天不足或者缺陷，实现传统意义上由政府达成的发展性或强制性目标，而对环境问题展开一系列的自发自律性的治理行为。下文拟就社会环境治理的根源及逻辑进行深入的分析和考察。

（一）社会环境治理的根源解析

社会环境治理源于社会转型过程中力量博弈的结果。环境问题的核心在于群体间的

利益冲突，这种冲突兼具整体与个体属性。冲突的整体属性表现为人类追求经济利益与环境利益的双赢；个体属性则表现为一部分人享受经济既得利益，另一部分人则要承受环境损害后果。这两种冲突往往导致不同利益诉求主体间的对抗和斗争。人们追求经济发展、社会进步的代价是牺牲部分环境质量，为将代价降至最低而制定了各种类型的环境标准，以此来限定经济社会活动消耗的环境资源边界。在一部分人获得一定经济利益的同时，必定会损害另一部分人的环境利益，人们为了规范这种行为而制定了相关环境法律，以此来保障生态和谐、社会稳定。在制定和执行相关法律、标准的过程中，各主体就自己的利益诉求反复博弈，具体表现为环保工作中环境标准或法律的不断修改、完善以及对其执行状况的持续监督。

各博弈主体的力量与社会发展阶段密切相关。一般而言，经济不太发达、人口密度较小时，环境问题不太严重、环境利益冲突也不太明显，各主体间不会产生过于激烈的对抗，因此环境标准或法律的制定和执行较为缓和。而当人口密度逐渐增大、经济活动强度明显增强、环境承载力成为稀缺资源时，经济利益与环境利益之间的冲突会日渐加剧，集中体现在资本追逐经济效益和社会维护环境质量之间的冲突。此阶段，社会中“沉默的大多数”渐渐觉醒，环境利益呼声的不断高涨倒逼环境标准与环境法律要求的提高。由此，以社会舆论、社会组织以及公众等主体为代表的社会力量展开了对环境问题的广泛关注和议论，包括对环境污染现象的谴责、批评和对环境执法要求的提高，即便是具有负向影响的“邻避效应”，其本质也是社会力量对环境损害后果的关注与反馈。因此，对环境的关心不应仅停留于物理意义上的环境质量管控，还应加大环境治理本身在社会经济因素等方面的研究力度，尤其是公众环境认知方面的相关研究，这也是当下社会环境治理白热化的原因所在。

社会环境治理源于环境管制成本的持续攀升。环境问题日益突出，公众对环境管制强化的要求更为迫切。政府作为环境管制的法定核心力量，发挥着极为重要的作用。由政府监督实施的环境管制具有一定的公共属性，其本质是一项成本高昂的公共管理活动，体现在增设机构、安排人员、硬件设施配备以及开展监督等方面，而这些行为往往难以产生直接、即时的经济效益。在环境问题尚未突出时，环境管制成本相对较小，政府所面临的压力自然不大。而在当今环境问题集中爆发的形势下，政府的环境管制能力捉襟见肘，无力承担日益递增的环境管制成本，极易出现监管不到位、难作为或不作为的现象。此时，社会力量巨大的特殊意义则充分彰显。其一，其数量庞大，分布在社会的各个角落，对环境问题的真实状况最为了解；其二，作为环境损害后果的直接承受者，也是环境问题的直接利益相关者，最具动机、动力与环境破坏主体抗衡。这充分说明，社会力量已经成为环境监督、环境治理的潜在主体，社会环境治理就是动员这些社会力量共同加入环境保护队伍中。当然，这种治理模式需要耗费一定成本，但在基数较大的情况下，分散到个人所承担的成本可谓微乎其微。

（二）社会环境治理的逻辑分析

环境治理是绿色发展理念在现代政府行政管理职能上的具体体现，更是中国生态文明建设道路上必须格外重视的现实问题，尤其需要厘清社会环境治理的内在机理及其逻辑。

首先，社会治理与环境治理目标的内在一致性。治理并非是简单的单向度统治，实现双向度的善治才是其目标所在。詹姆斯·N. 罗西瑙指出，治理是各种的个体和团体、公共的或者个人的处理其共同事务的总和，是一种由共同目标支持的活动，它既包括政府机制，也包含非正式、非政府的机制（杨立华、刘宏福，2014）。环境治理作为社会治理的重要组成部分，其不是某个单一主体的单向度管理，它理应成为多元主体对生态环境领域所涉公共事务的共同参与或集体行动。然而，对于生态环境这种敏感而又不可或缺的“公共池塘资源”，如若仅依靠政府“看得见的手”对其进行调节，或将全部希望寄托于单向度的市场供给进行某种“看不见”的修正，都极有可能造成环境治理的失效。因此，一种协调联动、更具包容性的多元主体参与视角下的新型治理模式便成了众望所归。

其次，社会环境治理强调治理过程的参与性。公众参与社会治理，是强调各种社会力量在环境保护过程中的不同地位和作用。通俗来讲，“公众参与”的侧重点在于公众只是“参与”进去，这从某个层面来看，“环境保护只是别人的事”。“社会治理”则强调，环境保护的主要依靠力量为社会公众，这从某种意义上讲，“环境保护就是自己的事”。显然，这两种治理模式不尽相同。长期以来，我们一直沿用的是公众参与意义上的治理模式，即“命令-控制”型环境治理模式，政府统筹并掌控环境保护大小事宜，往往在行政手段广泛运用的基础上，辅之以必要的经济手段。值得注意的是，政府运用的经济手段，从本质上来看是一种行政手段，也离不开政府的行政干预。因此，系统完善的社会环境治理体系及其模式亟待形成。

最后，社会环境治理注重多元主体的基础性作用。社会治理意义上的环境治理强调政府主导下的社会因素在环境治理方面的积极影响。当出现环境问题及其由此引发矛盾冲突或纠纷时，公众不再把希望全部寄托于政府，而是更多地将注意力集中在纠纷调处机制，譬如仲裁委员会、法院等作出的调解或裁判。当然，政府在此过程中并非无所作为，通过官方行为可提供必要的法律依据或监测数据，亦可在各方面“打官司”之前扮演“调解员”的角色，还可以为有理的一方当事人进行辩护。所以说，政府在此过程中的行政行为可极大地节省管理成本。在该模式中，政府的主要职责更倾向于宏观层面的战略规划，尤其是环境法治实践框架的建构及规制，通过法律手段赋予社会更多的权利，使公众的行动不仅仅局限于“参与”，而且要使其行动内化为某种“社会动员”或“社会行动”，从而彰显社会力量在环境治理中的基础性地位。

四、推进社会环境治理体系建设的重点与方向

环境问题所涉及的治理主体较多，而环境保护工作的深入推进则要求进一步强化政府的公共治理能力，从而提高政府、企业以及社会公众之间的分工协作水平，促进政府由单一治理向多元主体共治转型。当下的工作重点和方向，具体如下：

（一）全面推进信息公开，合理引导公众预期

其一，深入推进环境信息公开进程，进一步明确公众环境知情权、监督权与表达权。加大环境信息的公开力度，以便其能够对政务信息有即时、动态的跟进和了解。比如，公开项目验收的审批事项、完工项目的环保验收结果以及有关环境的专项调查等信息。其二，政府应正确引导舆论的发展方向，尽可能避免大众在环境感知和认知过程中将环境风险过度放大。尤其是要加大对新闻媒体、社会组织的引导力度，构建政府、媒体以及社会组织等的多方沟通交流机制。通过客观真实地报道核电项目、二甲苯化工项目以及垃圾焚烧等项目的影响，最大限度地避免大众对环境类敏感项目产生“恐慌”心理。其三，借助各种新媒体工具搜集相关环境信息，全面提高环境舆情的社会引导能力。在微信、微博等公众平台发布相关环境信息，激发公众对环境问题的关注热情，鼓励公众积极参与话题的讨论和互动，促使公众形成对环境问题的合理预期，最终实现多主体、全方位、立体化的社会联动共治。

（二）严格落实企业责任，依法加强社会监督

首先，厘清企业、事业单位环境治理的相关法律责任及其权、责、利之边界，使这些责任成为相关主体实施环境行为的准则。依法明确企业、事业单位在治污减排、风险防范、自主监测以及信息公开等方面的义务和环境修复与生态补偿的责任，进一步加大对企业、事业单位环境违法行政和民事案件的处罚、赔偿力度，同时强化对构成刑事犯罪的处罚及其责任追究力度。其次，完善企业、事业单位法人环境保护责任制度。健全企业环境保护责任制度，明确企业经营者与产权拥有者的环境保护终身责任制度，规范组织内部环境管理机构的设立与相关规章制度的制定，从而引导企事业单位的环保行为。最后，健全企业环境保护信用约束机制。利用诸如文本挖掘等方法搜索关键词频，将更多的创新指标、动态指标纳入考评范畴，从而进一步健全企业、事业单位履行环境保护主体责任的评价体系。以生态环境部、国家发改委、人民银行与银保监会联合发布的《企业环境信用评价办法（试行）》为基础，进一步深化中国的环境信用体系建设，

加大对环保警示企业和不良企业“黄牌”“红牌”信用等级的信息公开力度，助推企事业单位环保自律机制的发展与完善。

（三）积极倡导绿色生产，践行绿色文明生活方式

鼓励环境友好型消费，引导全社会践行绿色文明生产方式和生活方式（秦书生、晋晓晓，2016）。一方面，加强需求侧的精细化管理，以绿色消费需求的常态化发展倒逼中国生产方式的绿色化转型。在原材料加工为产品，再转化为商品的过程中，必然会产生一定量的污染物，因此在需求侧注入绿色环保消费理念，无疑是对生产方式绿色化最为恰当的回应，从而助推节约环保、节能低碳产业体系的进一步完善。同时，在推进绿色设计、绿色生产以及绿色物流的基础上加快对传统产业的生态化改造。另一方面，在提倡绿色服装、绿色饮食、绿色居住和绿色出行的同时，营造全社会绿色文明生活氛围。进一步严格政府对环境标志类产品采购事宜的相关规定，优化政府对绿色、节能产品的补贴方式，鼓励大众优先选择和购买环境友好型产品、环境标志产品以及节水节能产品。在财政补贴与价格调控的交互影响下督促公众积极主动地节约资源、保护环境。

（四）优化环境治理方式，提升社会治理效能

当前，中国社会环境治理过程中存在被动参与较多、主动参与较少和形式参与较多、实质参与较少的问题，直接引发了参与渠道不畅通、诉求难以有效表达以及矛盾冲突难以有效化解等问题。有鉴于此，优化社会环境治理方式成为当下乃至未来社会治理领域的一项系统性工程。首先，搭建社会治理平台，进一步完善环境决策的途径、方式与机制。在广泛听取各方面意见和建议的基础上，通过圆桌会议、意见征集以及听证会等途径建立充分有效的沟通交流机制。通过这一平台将治理清单、治理进展以及责任单位和个人等情况定期或不定期向社会公开，让公众成为环境质量改善进程的中流砥柱。其次，加大社会监督力度。相对于党内监督、法律监督以及人大监督等具有强制力的监督方式，以社会团体和群众为基础的社会监督具有明显的非强制性。政府可以通过有奖举报、公开表扬等方式，鼓励大众对环境问题“随手拍”“随手报”，给予大众有序参与、有序维权更多的行政资源支持。最后，统筹各方治理资源。社会力量渗透环境领域是打破政府主导社会治理格局的关键，也是中国生态文明建设的必由之路。在当代中国生态文明体制改革过程中，应将环境治理的权限与责任从政府职能中适度剥离，加大政府采购社会服务的力度，依托社会组织搭建政府与公众的沟通桥梁，统筹各种社会因素的力量，激发各个方面的动力和潜能，从而全面提升中国社会环境治理效能。

参考文献

洪大用，2016，《复合型环境治理的中国道路》，《中共中央党校学报》第3期。

李勇进等，2008，《中国环境政策演变和循环经济发展对实现生态现代化的启示》，《中国人口·资源与环境》第5期。

李友梅，2018，《当代中国社会治理转型的经验逻辑》，《中国社会科学》第11期。

刘颖，2008，《多元中心体系下的全球环境治理》，《理论月刊》第10期。

秦书生、晋晓晓，2016，《我国实现绿色发展的路径探析》，《中州学刊》第5期。

涂正革等，2018，《公众参与中国环境治理的逻辑：理论、实践和模式》，《华中师范大学学报（人文社会科学版）》第3期。

王忠祥、谢世诚，2013，《中国环境教育四十年发展历程考察》，《广西社会科学》第10期。

杨立华、刘宏福，2014，《绿色治理：建设美丽中国的必由之路》，《中国行政管理》第11期。

张萍、农麟、韩静宇，2017，《迈向复合型环境治理——我国环境政策的演变、发展与转型分析》，《中国地质大学学报（社会科学版）》第6期。

周莹、江华、张建民，2015，《行业协会实施自愿性环境治理：温州案例研究》，《中国行政管理》第3期。

共情式营销与专业化嵌入
——民间环保组织重构多元关系的实践策略*

陈　涛　郭雪萍**

摘　要： 民间环保组织是重构环境治理多元社会关系的重要主体。面对差异化的利益主体，民间环保组织必须提升话语技艺，并适时调整行动策略。“绿水”的探索与实践表明，共情式营销与专业化嵌入在重构良性的社会关系和推动协同治污方面发挥了重要作用。共情式营销包括政府面向的情感化互动、企业面向的共鸣性互动以及公众面向的亲和性互动，专业化嵌入则包括深化专业合作和依托权威平台。这种实践策略改变了民间环保组织在“环保小世界”方面突而不破的困境，推动了政社与社企关系重塑以及环境治理体系现代化的建设进程。

关键词： 关系重构；环境治理；民间环保组织；共情式营销；专业化嵌入

一、问题的提出

民间环保组织的环境治理实践嵌入特定的环境话语和行动体系，往往与特定的制度环境和权力结构关联在一起（戴佳、曾繁旭，2016）。从建构主义视角来看，环境话语实践往往以特定的环境议题为出发点，相关利益主体“围绕环境议题而展开的文本表征、话语生产与意义争夺实践”（刘涛，2011）。进而言之，这种话语实践是围绕环境议题所展开的话语建构、符号生产、群体互动以及信息传播活动。

在环境治理中，民间环保组织的功能日渐凸显。但在“环保圈”这个角力场中，它

* 原文发表于《中国行政管理》2021 年第 2 期。

** 作者简介：陈涛，河海大学公共管理学院、环境与社会研究中心教授，硕士生导师。
郭雪萍，河海大学公共管理学院硕士生。

基金项目：国家社科基金一般项目“机制创新背景下环境治理的地方实践研究”（编号：18BSH066）。

不仅面临着社会支持率不高的窘境，还面临着地方政府和企业等利益主体心理及行为层面的排斥。因此，民间环保组织既需要为争取“政府承认”与“社会承认”的双重合法性（姚劲松，2018）而努力，也需要为争取“企业信任”而付诸行动。但从行动策略来看，这些组织在早期面向政企的话语表达中习惯于或无意中采用对抗式语态，加剧了与政府、企业之间的对立关系。比如，民间环保组织“淮河卫士”曾联合媒体对莲花集团进行曝光，并将其定位为“排污大户”，双方因此长期处于对立和对抗状态。整体上看，这类环保组织倾向于以“为民请命”姿态与企业进行正面对抗，同时批判地方政府的“不作为”与“慢作为”。这容易引起政府和企业的双重排斥，接踵而至的是，它们的发展空间会被压缩，甚至遭遇合法性困境。基于这种历史教训，强调对话与合作的民间环保组织开始“做减法”，即减少站在政企对立面的对抗性思维和话语表达。

现实的变化则激励着民间环保组织“做加法”，即突出话语互动的艺术性和环境监督的专业性，强化与政企等利益主体的关系融合，进而提升参与环境治理的广度与深度。自生态文明建设被纳入“五位一体”总体布局以来，环境治理高压态势逐渐常态化，环境治理势能由此发生了整体性和结构性变化（陈涛，2020）。同时，国家的政策信号激发了民间环保组织的能动性，比如，党的十八届三中全会提出了“激发社会组织活力”，十九大提出了“共建共治共享”的治理理念，2020 年 3 月中办与国办发布《关于构建现代环境治理体系的指导意见》，等等。由此，民间环保组织在环境治理中的行动空间得到显著拓展。此外，媒介技术的变革与发展使得它们深度参与环境监督成为可能。随着“两微一端”新媒体技术的迅速扩散，民间环保组织开始有意识地把握话语生产的主动权和环境监督的自主权，以便与相关利益主体建立更平等和更高效的对话机制。值得注意的是，当下民间环保组织的话语传播和行动空间具有相对的独立性和自主性，因而其面临的首要问题不是“能否传播”或“能否监督”，而是“如何传播”以及“如何监督”。面对不同的利益主体，民间环保组织在提升传播技艺及构建适宜的话语体系的同时，不断提升环境监督的专业能力。

近年来，我们围绕民间环保组织的环境治理实践开展了大量调查，发现很多组织都开始重视或者已经在调整话语艺术和行动策略。本文以民间环保组织“绿水”[①] 为研究个案，围绕其环境治理实践及其逻辑生成路径展开研究，并就此探讨民间环保组织话语实践及行动策略的新特征。本研究旨在回答以下问题：面对差异化的利益主体，民间环保组织如何构建适宜的话语？这种话语和行动策略何以生成？这种实践策略在重构多元关系方面具有何种功能？

---

① 按照学术惯例，民间环保组织“绿水”以及其他关键性的地名与人名已经做了匿名处理。

本文选择“绿水”作为研究案例，主要有三点原因。其一，面对不同的利益主体，“绿水”从情感维度建构出的艺术性的话语表达，从理性维度探索出的专业化的环境监督机制，在推动协同治污实践中呈现出了生机与活力，是本项主题研究的亮点案例。其二，“绿水”的话语实践具有很强的典型性，在某种程度上，它可以看作是中国民间环保组织从“冲突性话语”向“情感化表达”转型的缩影。其三，课题组对“绿水”重构多元关系的话语实践和环境监督策略已经关注多年，并且进行了深入性的调查访谈，搜集了丰富的素材，能为本项研究提供坚实基础。本研究的经验材料来源于2019年6—2020年4月的实地调查、电话访谈及线上访谈。首先，关键信息人的深度访谈。课题组对“绿水”机构总负责人及传播筹资负责人开展了多次深度访谈，深入理解该组织的话语实践策略及其机理。其次，参与式观察。2019年6—8月，本文第二作者以实习生身份担任“绿水”微信公众号的传播编辑，为理解其话语实践和行动策略的逻辑理路提供了重要基础。同时，参与了该组织与企业和地方政府的交流互动活动，以及组织内部的月度和年度工作会议。① 在此过程中，还参与了线上污染源监督以及日常会议记录等工作。再次，课题组认真梳理了相关会议记录及其对外发布的年报、月报、周报等文本材料。这些文本资料为历史性地理解其实践策略转型提供了重要基础。最后，在资料分析阶段，课题组还通过电话和微信等方式对机构负责人进行回访与追访，以确保经验材料的全面性、真实性和准确性。

二、文献回顾与分析框架

整体上看，已有研究主要包括两个视角：一是围绕结构主义的“国家-社会组织”关系研究，二是基于建构主义开展的民间组织与多元利益主体关系的探讨。这两种研究视角具有一定的契合度，但具体路径各不相同。

结构主义主要关注的是“国家-社会组织”关系，并对中国的“国家-社会组织”关系进行理论检验，或提出新的解释框架，如“分类控制”“行政吸纳社会”“行政吸纳服务”等。在这类研究中，政社关系是一组基本关系。

改革开放后，中国“国家-社会”关系发生了很大转变（唐文玉，2010），同时，中国并不存在完全独立于国家之外的社会组织（康晓光、韩恒，2005）。由此，学界基于法团主义（张钟汝、范明林、王拓涵，2009；吴建平，2012）的研究视角，选取官办的社会组织作为研究对象，认为该类组织顺应国家法团主义（张紧跟、庄文嘉，2008）的

① 月度及年度工作会议主要由机构员工对其月度和年度工作进行详细汇报，是全面了解“绿水”机构运作的重要窗口。课题组参加的工作会议是2019年6月、7月、8月、11月等四个月的月度工作会议以及2019年年度工作会议。

管控模式，其建立和发展是一种自上而下的运行逻辑，即社会组织由官方自主创办或推动创办。需要注意的是，法团主义虽然强调构建国家与社会之间稳定的制度化合作关系（张静，1998），但社会组织的话语表达与行动受到严格管控，甚至形成了对国家的依附性关系。就民间环保组织与国家的关系而言，学界同样强调了后者对前者的支配性关系（郇庆治，2008；周军、唐兴霖、赵俊梅，2008）。由此，康晓光等人提出了“行政吸纳社会”的理论框架，认为国家对社会组织的管控程度与前者对后者的支持程度呈现出正相关关系（康晓光、卢宪英、韩恒，2008；康晓光、韩恒，2005）。唐文玉则提出了另一种解释框架——行政吸纳服务，认为这有别于康氏理论所强调的管控属性，其核心互动机制是支持与配合，即政府积极培育和促进社会组织发展，并为其提供政策和资源支持，而后者则需要响应或“配合”政府的工作需求，由此，社会组织需要将提高公共服务的质量与水平作为组织发展的重要目标（唐文玉，2010）。还有学者认为中国的“国家-社会组织”关系经历了从“行政吸纳社会”到“行政吸纳服务”的演变，国家对社会组织的态度从“重管控”转向了“重支持”（蔡长昆、沈琪瑶，2020）。这些研究展现了“国家-社会组织”关系的变迁，但是，此类研究过于强调国家的作用，忽略了民间组织在推进政社关系融合方面的策略与实践。

相比之下，建构主义则关注民间组织与多元主体的关系。建构主义认为，合作不是凭空产生的，而是在互动中生成的（高猛、赵平安，2009）。学界关注民间组织依托新媒体平台展开的社会关系建构的实践。有研究发现，民间组织能够较好运用互联网与利益相关者开展互动（马桂霞、谢栋，2014），并具有独立的话语传播意识和能力。鉴于此，学界就环保组织与其他利益主体之间的多元互动关系展开了多维度研究。

在议题建构方面，学界致力于揭示社会组织的行动逻辑、话语传播方式对其建构社会关系（谢静，2012）的影响。民间环保组织建构环境议题的路径主要包括三个方面。其一，联合主流媒体开展协同建构。具有社会影响的民间环保组织大多与媒体有着密切联系，还有不少发起人来自媒体行业，这种天然优势使得它具有动员大众传媒进行环境议题设置的能力（王芳，2011）。目前，民间环保组织与媒体已形成了制度化的交流机制（童志锋，2009），对于推动环境议题建构具有重要意义。有学者以藏羚羊保护为例，探讨了民间环保组织联合媒体建构环保议题从而形成公共表达，并借此推动制度建设的机制（曾繁旭，2007）。此种情境下，这类组织事实上将环境议题的传播权让渡给了大众传媒，而一旦媒体进行断章取义地报道或转载，也可能引发难以预估的风险。其二，联合其他民间环保组织共同推动环境议题“问题化”。有学者认为民间环保组织之间的联盟对于推动环境议题社会化具有重要作用，并将这种联盟分为“弱联结模式”与“强联结模式”。其中，前者是一种较为松散的组织模式，后者则是一种长期的、有共同交流平台的组织模式（童志锋，2009）。有研究发现，微博在促进不同组织间关系网络的建立、环保话语的共享等方面具有重要作用（黄荣贵、桂勇、孙小逸，2014）。此类研究关注到了民间环保组织在形成组织联盟和建构环境议题方面的能动性，但对民间环保组织的建构策略依然缺乏系统性研究。其三，利用社交化媒介自主地开展环境传播、建构绿色公共关系。比如，有学者认为新媒体时代的草根组织倾向于建立由自身主导的社会联盟关系（王洛忠、李奕璇，2016）。新媒体对民间环保组织的自主传播具有重要作用，后者能借此进行更有效的社会动员，有利于在网络空间形成绿色公共关系。

整体上看，已有研究注意到了民间环保组织的行动策略，这对于理解其环境治理的逻辑理路具有重要价值，但还存在明显不足。其中，结构主义忽略了环境治理的复杂性，同时惯于将国家或政府作为主体，忽视了环保组织在建构治理共同体和形塑话语艺术方面的探索。建构主义注意到民间环保组织与媒体的互动以及建构绿色公共关系方面的探索，但忽略了它们与作为治污主体的企业和作为监管主体的地方政府的互动与融洽关系的建立。事实上，探索与政企之间良性互动的合作模式是近年来民间环保组织话语实践和行动策略转型的重要着力点。目前，无论是结构主义还是建构主义，对这些组织在重构多元关系方面的深入研究依然缺乏。此外，已有研究大多局限于对环保组织的环境话语开展静态描述，对其当下的话语实践、行动策略及其新趋势缺少深度的动态分析。

环境治理进程中充斥着不同利益主体相互交织的复杂关系，这就意味着民间环保组织对外需要协调好与其他利益主体的关系，构建关系融洽的互动机制，对内则需要确保环境监督中信息采集和处理的专业性，提升组织自身的社会认可度。因此，为重构多元主体关系，民间环保组织开始呈现出情感驱动与专业导向的双重逻辑（如图 1）。在情感驱动方面，民间环保组织强调共情式营销。共情亦称“同理心”，一般指个体在特定的

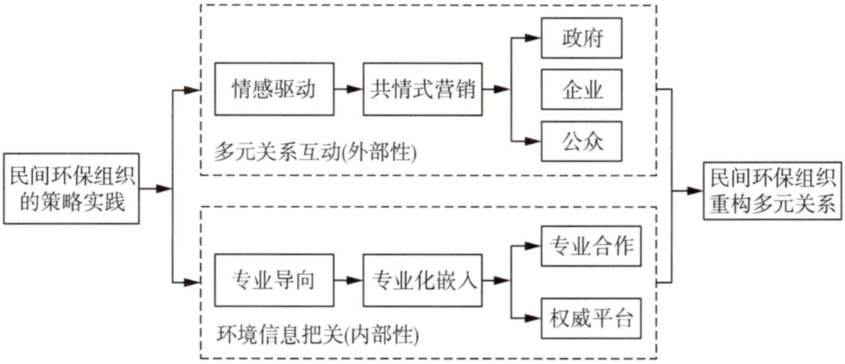

资料来源：作者自制。

图 1　民间环保组织重构多元关系的基本框架

情境下能够感受到准确的情感传递并产生利他主义行为，它是信息的编码者与信息的解码者所能够达到的情感契合度（唐润华，2019）。就社会学意义而言，共情体现的是一种主体间性（吴飞，2019），强调的是“我们”意义上的共同体关系。共情式营销原指企业通过共情的方式将品牌主张注入目标客户或消费者的认知和消费行为之中（克莱尔，2019）。面对差异化的利益主体关系，共情式营销逐渐成为民间环保组织与其他利益主体建立信任、凝聚共识以及开展深度合作的重要策略。这表现为民间环保组织根据不同利益主体的差异性特质，有针对性地开展情感化与个性化的互动策略，并借此传递组织自身的环保理念，拉近与不同利益群体之间的心理距离，进而实现与政府、企业和社会公众之间的高效对话。在专业导向上，民间环保组织强调以专业化嵌入环境监督的全过程，表现为通过对环境监督过程中（如污染源监督、环境公益诉讼等）涉及的环境信息进行专业化把关和处理，提升环境监督的客观性和权威性。专业化嵌入旨在提升民间环保组织的专业性，增强社会认可度，进而争取更多的生存和发展空间。

三、 共情式营销的话语策略何以生成

“绿水”成立于 2012 年，最初致力于太湖流域的工业污染源监督，后来转向全国工业污染源监督。2015 年后，“绿水”在环境传播理念和行动逻辑方面积极摆脱对抗性思维，注重同政府、企业以及公众等利益主体的对话与合作。在实践层面，其基本逻辑表现为强调情感共振，引发不同利益主体的情感共鸣，进而构建环境治理共同体。具体而言，“绿水”强调换位思考，运用艺术性的话语互动技巧，构建与政府、企业和公众等利益主体的合作机制，进而推动协同治污。

（一）面向政府的情感化互动

民间环保组织的话语实践嵌入在特定的关系结构中。朱迪恩·坦德勒认为，政府与社会组织并非是天然的姻亲，二者更似一对彼此角逐的对手（杨晓光、丛玉飞，2010）。

中国民间环保组织曾停留于“环保小世界”的营造阶段。晋军与何江穗（2008）认为，“小世界”概括了大部分环保组织发展初期的行为特征，其行动局限于“观鸟、种树、捡垃圾”等几乎不涉及重大现实利益冲突的事项。在此阶段，它们常常“谨言慎行”，懂得自我克制（赵秀梅，2004），主动回避具有争议性的环境事件。有学者对 21 世纪初 230 余起环境群体事件的分析发现，仅十余起涉及环保组织参与（张萍、丁倩倩，2014），多数环保组织处于集体失语状态。随着中国社会结构由“总体性社会”向“分化性社会”转变（孙立平 等，1994），民间环保组织快速成长。但是，它们在同地方政府等利益主体互动时，往往具有情绪化或对抗性色彩。因此，很多环保组织一度被视为“烦恼的制造者”（trouble maker）。随着环境法律法规的完善，民间环保组织在与地

方政府互动时倾向于诉诸制度和法律，比如参与环境影响评价、环境公益诉讼、环境纠纷协调会议等（任丙强，2013）。但是，这种制度化参与仍然需要讲究策略。

随着国家对环境治理的重视，地方政府通过购买服务与民间环保组织开展合作，但是作为改革逻辑起点的责任边界划分尚不明确（石亚军、高红，2017）。为了更好地推动环境治理，民间环保组织主动强调与地方政府的关系融合，并打造新标签。比如，绿色潇湘的志愿者提出他们是“站在政府的对面而非对立面”（曹海林、王园妮，2018）。近年来，“绿水”高度重视与地方政府关系的融合，通过共情突破地方政府的心理防线，避免让自己沦为“烦恼的制造者”。为了理顺关系，“绿水”旗帜鲜明地提出了自身的定位：

> 我们与政府部门在环境治理中的职责仅一字之差，政府部门是在监管中服务，在服务中监管；我们环保组织是在监督中服务、在服务中监督。

“绿水”的这一定位标签，旨在将自己塑造成不同于政府监管主体身份的监督主体。在某种程度上，这利于打破“政社分工责任模糊”问题，进而以“第三部门”身份推动环境治理。这种角色定位是基于特定的社会背景确定下来的：

> 这一定位是2016年提出来的。那时候，很多环保组织都在经历一个瓶颈期，即便提供的是公益性的专业服务，也常常被政府拒之门外。我们提出这句表述，是想要明确自身的位置，让地方政府清楚我们环保组织是在自己的位置上帮助政府分担压力，不会存在越位的问题。（电话访谈记录：FYJ20200220）
>
> 环保组织帮助政府部门做好社会监督与公众参与工作，发挥NGO（非政府组织）特有的作用，秉承参与而不干预、帮忙而不添乱的原则。（参会记录：20190724）

尼古拉斯·汉弗里（2015）认为，真正理解他人想法的最有效方法是走近他并同其直接交谈，而非去想象他们的主观感受。为此，“绿水”近年来不断重塑话语理念，强调以助手身份为地方政府提供专业性的环境服务，将自身定位为善意的监督者与服务者。在此过程中，“绿水”主要以两种方式“走近地方政府”：一是向地方政府提交调研报告，反映环境问题，并提出建设性的政策建议；二是到访属地环保部门，就相关问题进行面对面的协商与沟通。

此外，“绿水”在公开场合传播这种理念，“政府和民间环保组织并不是相互对立的，而是同为环保人做着同一件事”，环境保护是政府与民间环保组织的共同使命，二者“应是兄弟关系”。这种环保理念契合环保高压下地方政府的需求，也收到了后者的正向反馈。随着国家高位推动环境治理，地方政府的环保压力显著上升，他们更加重视民间环保组织的功能发挥。很多地方的环保部门主动邀请“绿水”展开面对面协商，并邀请其对属地企业进行培训。比如，CS市（县级市）位居全国“百强县”前列，但污染问题也很突出。市环保局L副局长直言，“国家对环保工作越来越重视，上级环保部门对地方政府的约谈在加强。……一部分没达到环保要求的企业被停工整顿或关闭。”在此背景下，地方经济发展面临着很大压力，因此，地方政府需要民间环保组织助力。2015年9月，“绿水”应邀拜访CS市环保局并开展恳谈会。环保局局长提出期望“绿水”能够“帮助企业发现环境问题，解决环境问题”，进而推动地方经济发展与环境保护的双赢。环保局长谈道：

希望环保组织与政府部门进行合作，通过对相关企业开展环保知识培训、重点案例讲解、专家讲座等提高企业环保意识，共同帮助企业提升社会责任感。（信息来自“绿水”微信公众号，2015年9月14日发布）

上述反馈意味着地方政府认可了“绿水”的功能，表明地方政府开始主动寻求同它们的合作。究其根源，“服务而不越位”的行动定位，在情感上拉近了它们与地方政府的距离，促进了双方的良性互动。换言之，话语塑造与共情沟通让“我”变成了“我们”（郭蓓，2019），形塑了“我们感”，打造了一种政治意义上的“共同体”，也为民间环保组织赢得了行动空间和发展资源。

（二）面向企业的共鸣性互动

与其他民间环保组织一样，“绿水”曾采取过对抗式和情绪化的环境话语。2014年创建微信公众号时，它发布的新闻标题也多具有情绪宣泄特征，如“我们身处的谎言世界”等。同时，“绿水”基于污染源调研的环境监督，也曾遭到相关企业的激烈对抗。此后，“绿水”逐渐转变对抗式的话语表达，转而打造共鸣性的互动策略。2017年后，该组织正式提出了“我们消灭污染不是消灭污染企业，而是推动污染企业去治理污染，从而消灭污染”的环保理念。这句表述是机构负责人根据多年环保实践的感悟提出的：

这句表述的灵感来自扶贫领域，其意涵是我们不是要消灭穷人，而是消灭贫困。这句话对我启发很大，后来我结合机构成立八年多以来的环保实践，在2017年公开提出了这一表述。另一方面，2016年是我们机构转型的重要一年，这一年我思考了很多问题，想着如何才能降低企业对我们的防备心理，如何才能让企业对我们的工作给予足够的信任和支持。在反思2012年成立以来的工作后，我发现我们与企业的互动理念和自身的环保行动确实有一些问题，所以将这一表述作为logo通过微信公众号公开，也是为了让企业知道我们的目的是与其合作解决问题，而不是制造问题。（访谈记录：FYJ20200220）

共情能力越高，越能在共情的体悟中达到理解（吴飞，2019）。艺术化的沟通有助于共情力的提升。企业是环境治理的重要责任主体，民间环保组织的话语塑造需要理解企业的正当利益诉求，这种换位思考能够更好地调动企业的治污积极性。实践证明，这种互动理念缩小了民间环保组织与企业的心理距离，为协同推进环境治理创造了更多机遇。我们以“绿水”2019年7月微博举报XZ市的两家企业为例进行说明。“绿水”通过国家重控企业平台监测到该市一家企业数据超标，于7月18日通过微博和“12369”平台进行举报，7月31日以同样方式对另一家数据超标企业进行举报。8月2日，该市生态环境局TS分局与TS区环境监察大队、污染源在线监控中心负责人以及企业代表到“绿水”展开对话。对话初始，污染源在线监控中心负责人在对环保政策解读的基础上，就企业数据超标做出解释：

> 你们在（国家重点监控污染源企业自行检测）平台上所看到的数据，有时并不准确。企业的排放数据超标，可能是因为仪器故障导致，还存在企业已经向我们递交相关报告，但网站还没来得及更新备注的情况。

“绿水”负责人回应道：

> 您说的情况可能确实存在，如果真的是仪器故障所致，在网站备注即可，我们不会重复举报。我们的目的是尽最大可能帮助企业避免风险。另外，正如您说的，重控平台的信息发布具有一定的时间滞后性，但我们仍然希望企业能够将相关信息及时向社会公开，让公众能够及时了解相关情况，这在一定程度上也可以避免信访量的增加。

会议临近结束时，三方建立了微信群，以增强各方信息反馈的效率以及后期的多方交流。环保部门表示会继续加强对企业的监管力度，企业表示愿意及时对污染问题予以整改。同时，企业负责人的话语表述体现了其对“绿水”的认可。

> 我是第一次接触到你们这样中立的、善意的、站在公众立场上的，以及一心想帮助企业和环保部门做点事情的环保机构。一开始，我们怀疑你们是不是想拿我们的数据作为你们赚钱的资本，现在我们清楚这是善意的提醒。以后，我们欢迎贵机构继续将我们公司波动的环境数据向我们及时反馈，这也有助于我们减少被环保问责的概率。（参会记录：20190801）

这份反馈是对“绿水”面向企业共情营销策略的检验，让对立的双方站在了“同一边”。这既规避了对抗性互动带来的负面影响，也提升了环境问题的解决效率。依照“绿水”机构负责人所述，此次多元主体对话是“绿水”史上最成功的一次环保营销，体现为对话过程的畅通性和令多方满意的问题解决机制。

一言以蔽之，经济利益最大化是企业生存与发展的需求，环境利益最大化则是民间环保组织的基本诉求，实现不同利益杠杆下的平衡是双方合作和协同治污的基础。由此，契合企业利益诉求的共情沟通，体现了民间环保组织对企业的换位思考，也扩大了民间环保组织资源获得的现实空间和环境保护的行动空间。

（三）面向公众的亲和性互动

环境治理不只是国家或政府的独责，还是全社会的责任，因此，环境治理需要由“政治动员”迈向“社会动员”（龙太江，2005）。动员公众参与是实现环境善治的基础，而环保组织是民间环保力量的重要凝聚机制（洪大用 等，2007）。作为公众利益的代表，民间环保组织具有较强的号召力和影响力。同时，其权力管控色彩较少，与公众互动时有着天然的亲和性优势，这能够让其社会动员机制更具生命力。

“绿水”的社会动员路径主要有两种：一是搭建“太湖流域守护者”公众关系网络，二是构建“污染源举报”公众监督机制。其中，“太湖流域守护者”是该组织于 2016 年 4 月至 2018 年间发起的一个公益项目，涉及江苏省的无锡、苏州和浙江省的嘉兴、湖州等地。“绿水”在这些城市设立站点，招募志愿者，对企业进行环保监督。考虑到普通公众和志愿者在环境知识方面的认知需求，“绿水”定期到各个站点进行现场培训，旨在帮助他们准确识别企业污染，避免出现错误举报现象。同时，这也拉近了环保组织与公众、志愿者之间的关系，增进了彼此关系的亲近性和稳定性。

在本质上，志愿者扮演的是民间环保组织的“地方代理人”角色，他们协助“绿水”开展环境监督。在实践层面，志愿者的线下监督对于推动环境问题的解决发挥了重要作用。比如，志愿者 X 仅 2017 年一年就在微博发布环境监督信息 133 条，推动多家污染企业进行环境整改。同时，他们的线下监督有助于对民间环保组织的线上举报进行检验，提升环境监督的质量。此外，志愿者也扮演了环保组织与公众之间的中介角色，能够动员公众一起参与环境监督。

公众是直接的利益相关者，对环境的了解和需求非常敏感（冉冉，2015）。为适应新媒体时代以及更有效地传递公众环境诉求，“绿水”开通了污染源微信举报渠道。

> 这个平台是直接面向普通公众的。我们希望借此收集更多的信息，帮助更多的环境受害者，解决他们的环境诉求。（访谈记录：CB20200411）

通过这一渠道，“绿水”能够接收到全国的污染举报，据此开展的实地调研同样遍布全国。这既可拉近同普通群众的心理距离，又可让环保行动“下沉”，推动环境问题解决。在开展污染调研过程中，“绿水”习惯于走近环境事件的受影响群体，聆听他们的诉求。经过长期调研，该组织形成了一定的群众关系网络。

这些年我们一直坚持实地调研，很多受工业污染困扰的群众都知道我们是做污染监督的。他们一旦发现企业偷排，便会通过书信、微信、微博、邮件、电话等方式向我们举报，形成了一个比较好的线下关系网。（调研记录：20190720）

这种关系网为环保组织积累了社会资本，从而能够更有效地发现环境问题。在“绿水”收到的污染举报中，很多都来自这种关系网络。

2019 年 7 月份，我们接到了 CS 市（县级市）一位农民的电话举报，声称他所在的村庄受到企业的排污困扰——企业经常在下雨天和夜晚偷排暗红色废水。此外，他还声称已经多次向村委会反映情况，但一直没有得到回复。（访谈记录：NL20200407）

接到举报后，“绿水”立即组织团队开展实地调研，并将调研报告递交给 CS 市生态环境局。在随后的两次复查式调研中，企业已经不再排放废水。为保证污染举报的有效性，“绿水”还对居民进行知识科普，如通过水体颜色辨别是否污染等。这可以帮助其更准确地识别污染，增强其参与环境监督和风险应对能力。此外，“绿水”在其官网上开通了“回音壁”栏目，公众可查询污染源整改进展。此举旨在建立面向公众层面的反馈机制，以实质性行动赢得公众认同。

简而言之，亲和性互动凸显了对公众需求的理解与响应。同时，这使得民间环保组织摆脱了过去单向的“为民请愿”的姿态，更有效地进行了社会动员，从而凝聚了更多的社会力量参与环境保护。

四、 专业化嵌入的环境监督何以可能

嵌入（embeddedness）这一概念由卡尔·波兰尼（2007）提出，强调个体经济活动嵌入在其所处的社会关系之中，经济体系依靠于社会体系得以运转。目前，围绕嵌入已经形成了较完整的理论体系，并在社会网络、组织发展等领域得到广泛应用（杨玉波、李备友、李守伟，2014）。有研究认为嵌入理论适用于组织行为层面，主要是强调组织以何种方式嵌入其所处的社会结构中（张彦、李汉林，2020）。本研究提出的专业化嵌入，指的是民间环保组织将环境监督的专业性嵌入到环保行动及所处的社会结构之中，并以专业化的行动过程形塑良性的社会互动关系。作为重要的环境治理主体，民间环保组织日益重视将专业性嵌入环境监督实践，力图从专业化角度把控好环境监督的各个层面（包括环境公益诉讼、绿色供应链、污染源监督等），提升环境监督的规范性和权威

性，进而增强各方利益主体的认可度。在开展环境监督的过程中，“绿水”还联合法律等方面的专业力量，打造专业化的团队。同时，它结合工业污染源大数据监督，注重推动环境监督的精准化与权威化，并将此作为与政企之间互动的纽带。

（一）深化专业合作

环境问题具有专业性和复杂性，涉及政治、经济、法律等诸多领域的知识，民间环保组织需要拥有相对过硬的专业背景。在新媒体平台强势突起以及对环境监督和传播内容要求趋高趋严的时代，民间环保组织必须注重规范导向，才能达到深度参与甚至左右环境议题建构的效果（孙峰，2018）。然而，很多民间环保组织存在专业知识先天不足的劣势。鉴于此，“绿水”在环境监督中注重与专业机构深化合作，以实现对环境监督过程中的专业性或复杂性问题的有效处理。

近年来，“绿水”积极打造专业化的团队，确保环境监督的规范性。比如，它组建了律师团队和专家团队，力求从专业化角度推动环境监督。在环境公益诉讼方面，这已经成为其增强专业性和防范风险的重要手段。例如，在 2019 年向 S 市中级人民法院提起的关于 X 企业环境民事诉讼中，“绿水”邀请中华环保联合会作为诉讼单位，邀请“中国政法大学环境资源法研究和服务中心”作为支持起诉单位参与诉讼，并请检察院“出具函件支持起诉”。在诉讼过程中，不同机构为“绿水”的调查取证提供了充分的专业协助，提升了证据采集的精准性和有效性。该起环境公益诉讼最终取得成功，它源自不同专业机构之间的密切协作。这种协同合作，弥补了民间环保组织专业知识不足的瓶颈，同时规避了环境诉讼中的法律风险。此外，“绿水”还与高校合作建立了一套绿色供应链监督体系，在此过程中，合作机构从政策、法律等维度为“绿水”提供专业性的服务。目前，“绿水”与昆山杜克大学、西交利物浦大学合作，定期开展绿色供应链研讨会。这种合作为民间环保组织开展环境监督提供了重要的专业支撑。

简而言之，环境监督亟须更高的知识素养和专业基础。通过与专业组织展开深度合作，民间环保组织提升了环境监督的专业性和规范性。相应地，这有利于其构建更为开放的绿色公共领域，也为争取更多的社会支持提供了基础。

（二）依托权威平台

非线性链接是网络社会的重要特征，它可能导致环境监督的不确定性。这种不确定性既来源于信息传播渠道分散引发的内容“变质”，也来自信息接收者对从不同渠道获取的信息的差异化甚至是完全相悖的解读。在此情况下，如何选择权威信息进行环境监督，往往考验着民间环保组织的专业能力。

近年来，“绿水”致力于开发国家重点污染源自动监控平台和蔚蓝地图环境数据平台中的监测数据，并借此推动环境治理。其中，国家重控污染源自动监控系统是原国家环境保护总局（现生态环境部）开发用于监督企业污染物排放的信息公开机制。近年来，“绿水”致力于开发这一平台中的监测数据用于环境监督，力图以数据精准化推动环境监督的专业化，并将此作为组织与政企互动的纽带。“蔚蓝地图”则是由北京的一家民间环保组织（IPE）① 研发而成，平台定位是服务公众监督，它采用的原始数据来自国家重控污染源监控平台。不同的是，“蔚蓝地图”增加了污染企业的信息反馈。相较于线下监督而言，这是一种低成本、高权威，且具有更强的持续性的监督方式。从 2016 年到 2019 年，“绿水”的重控污染企业监督范围从太湖流域的 4 740 家扩大到华东和华北地区的 6 402 家，再到全国的 13 567 家。为提升精准性，“绿水”在监督举报时会将两个平台进行对照，并基于一定的标准，② 确定两平台同时显示数据超标后再通过“12369”平台举报，并通过自媒体同步发布举报信息。

这种建立在权威数据库基础上的环境监督，引起了政界、学界和企业界的关注，推动了环境治理共同体的构建。如图 2 所示，从 2016 年至 2019 年，“绿水”在线举报超标排放企业 8 232 家，有 3 395 家企业予以及时反馈，回复率超 40%。其中，有 323 家违法排放企业被环保部门严肃处理，包括勒令整改、行政处罚和立案查处。同时，这动员了嵌入在社会结构中的资源（林南，2005），目前已经撬动了 5 亿多资金用于污染治理。2016—2019 年的监督数据分析发现，随着监督范围的持续扩大，监督举报的数量呈现稳增趋势。同时，监督举报的反馈率在 2016 年至 2018 年间呈上升趋势，分别为 26%、

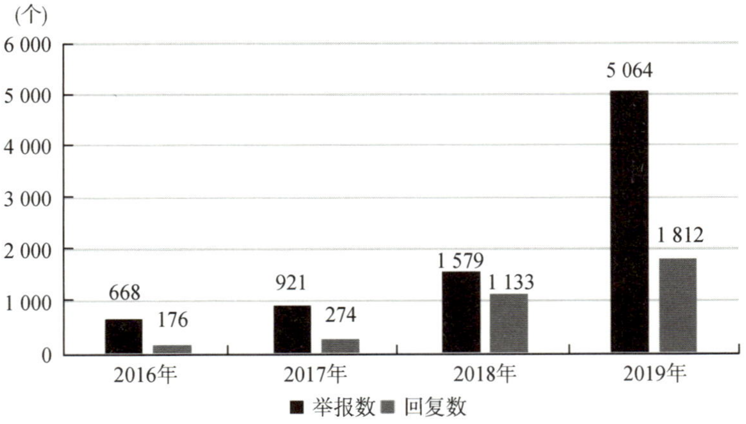

数据来源：民间环保组织“绿水”提供。

图 2 “绿水”重控污染源监督数据（2016—2019 年）

① 公众环境研究中心（Institute of Public and Environmental Affairs，IPE）是北京市的一家公益性环境研究机构。2014 年研发出“污染地图”APP，2015 年更名为“蔚蓝地图”。

② 通常情况下监督标准是以 15 天为一个周期，15 天内同一企业的同一排口在线监测数据连续或间歇超标 3 天，且日均超标时间为 8 小时及以上，可举报一次。

30%、72%。2019 年下半年，“绿水”在与地方环保部门沟通时，获悉他们开始以日均值作为标准衡量企业是否超标排放。基于此，“绿水”同步调整了监督举报的标准，即由原来以连续或间歇超标三天的时间基准，调为以单日为基准（日均超标时间在 8 小时及以上）。此举是为了让监督举报标准与环保部门的标准相匹配，更好地协助环保部门推动问题整改。与此同时，举报路径出现了变化——为避免有误举报，对于日均值超标的企业，“绿水”仅通过自媒体发布举报信息，因此，2019 年的反馈率有所下降。需要说明的是，有些企业经常会越过环保组织，直接向环保部门反馈，此种情况不计入反馈率。因此，实际的反馈率更高。反馈率的上升说明了环境监督的成效。

五、研究结论

历史上对抗性的互动使得民间环保组织遭遇了政企双方的排斥。经历实践磨砺后，民间环保组织的发展机制渐趋成熟，利用新媒体平台把握话语主动权，积极打造新的话语进而寻求同政企对话的突破口。同时，环保组织的话语实践涉及错综复杂的利益关系，一旦不实消息肆意传播也会给组织带来风险。因此，近年来，环保组织的话语实践及其行动策略发生了深刻变化。本研究基于“绿水”的研究表明，民间环保组织通过共情式营销和专业化嵌入重构了社会关系网络。

长期的环保实践磨砺使共情式营销的互动机制和专业化嵌入的监督机制得以生成，并成为民间环保组织的一种惯习。这不仅提升了环保组织的话语技艺与行动能力，而且还帮助其积累了更广泛的社会资本。整体上看，共情式营销在地方政府、企业和公众等利益主体之间建立了对话桥梁与融合机制，专业化嵌入则以专业性为基底，增强了环境监督的权威性与科学性。在很大程度上，共情程度与专业程度决定着政府、企业和公众对环保组织的支持程度。与已有研究相比，本文研究了民间环保组织话语实践和行动策略的转型及其新趋势，探究了民间环保组织在重构多元关系中的探索。这不但凝聚了广泛的社会力量参与环境治理实践，而且对于民间环保组织的持续发展具有重要意义。

首先，这种实践策略改变了环保组织在“环保小世界”突而不破方面的困境。很多环保组织早期的行动停留于不涉及重大利益冲突的活动之中。随着环保组织的发展，它们积极突破“环保小世界”，但随着参与利益争议性活动的增加，它们常常将企业和地方政府作为对立面，甚至给企业贴上了恶者的标签。因此，环保组织遭遇政企双方的排斥，自身的发展空间被挤压，进而陷入了“环保小世界”突而不破的泥潭。近年来，国家高度重视发挥环保组织的作用，但是，如果环境监督失实，它们同样会遭遇合法性危机。因此，环保组织纷纷在话语塑造和行动策略方面投入了更多的注意力。通过共情式营销与专业化嵌入，“绿水”与政企双方建立了良性的互动关系，打破了利益各方之间的沟通屏障，不但为环保组织积累了更多的社会资本，也推动了环境治理共同体的构建，使得“环保小世界”突而不破的困局得到改变。

其次，这种实践策略推动了政社与社企关系重塑。相较于早期的对抗式互动，共情式营销和专业化嵌入搭建了环保组织同政府和企业开展理性协商的平台。共情具有心理唤起功能，共情式的沟通有助于激发群体间的共鸣。面对地方政府，民间环保组织明确自身定位，强调自身的错位性功能发挥。同时，诉诸理解的共鸣性互动使得环保组织能动员企业自觉参与环境治理实践，发挥其主体性作用。可见，这种策略帮助环保组织与政企建立了更为良性的社会关系，使得其逐步推开了企业环境信息公开的大门，推动了同企业和属地环保部门的合作，也增强了环境治理的效度。由此，政社和社企都朝着新型合作伙伴关系的方向迈进。

最后，这种实践策略推进了环境治理体系现代化建设进程。中办与国办印发的《关于构建现代环境治理体系的指导意见》，明确要求“构建党委领导、政府主导、企业主体、社会组织和公众”等多元主体共同参与的现代环境治理体系。多元共治既强调多元主体，也注重以共同利益为最终产出（王名、蔡志鸿、王春婷，2014）。环境治理中的不同主体有着差异化的利益诉求，但最终目标都是推动环境问题的解决。深入互动是实现共同利益的关键，这需要各方建立并完善互动平台和沟通机制，进而更好地推动环境问题的解决。在此过程中，环保组织扮演了中介角色，推动了政府、企业与公众展开平等对话，就环境问题解决进行协商式沟通。同时，作为公众的利益代表，“绿水”走近身处“受害圈”（Funabashi and Harutoshi，2006）的个体或群体，向政府部门和企业传达他们的环境诉求。可见，在认知融合与关系互动基础上，环保组织推动了政社协同和社企共建，推进了环境治理体系现代化的建设进程。

参考文献

蔡长昆、沈琪瑶，2020，《从“行政吸纳社会”到“行政吸纳服务”：中国国家-社会组织关系的变迁——以D市S镇志愿者协会为例》，《华中科技大学学报（社会科学版）》第1期。

曹海林、王园妮，2018，《“闹大”与“柔化”：民间环保组织的行动策略——以绿色潇湘为例》，《河海大学学报（哲学社会科学版）》第3期。

陈涛，2020，《环境治理的社会学研究：进程、议题与前瞻》，《河海大学学报（哲学社会科学版）》第1期。

戴佳、曾繁旭，2016，《环境传播：议题、风险与行动》，北京：清华大学出版社。

高猛、赵平安，2009，《政府与NGO合作关系的逻辑与生成——建构主义的视角》，《学术探索》第2期。

郭蓓，2019，《融合传播时代网络舆论引导与马克思主义新闻观之践行——基于共情理论的思考》，《现代传播》第8期。
洪大用等，2007，《中国民间环保力量的成长》，北京：中国人民大学出版社。
郇庆治，2008，《环境非政府组织与政府的关系：以自然之友为例》，《江海学刊》第2期。
黄荣贵、桂勇、孙小逸，2014，《微博空间组织间网络结构及其形成机制——以环保NGO为例》，《社会》第3期。
晋军、何江穗，2008，《碎片化中的底层表达：云南水电开发争论中的民间环保组织》，《学海》第3期。
卡尔·波兰尼，2007，《大转型：我们时代的政治与经济起源》，冯钢、刘阳译，杭州：浙江人民出版社。
康晓光、韩恒，2005，《分类控制：当前中国大陆国家与社会关系研究》，《社会学研究》第6期。
康晓光、卢宪英、韩恒，2008，《改革时代的国家与社会关系——行政吸纳社会》，载王名主编《中国民间组织30年》，北京：中国社会科学出版社。
克莱尔·布鲁克斯，2019，《共情营销》，肖文键译，天津：天津科学技术出版社。
林南，2005，《社会资本——关于社会结构与行动的理论》，张磊译，上海：上海人民出版社。
刘涛，2011，《环境传播：话语、修辞与政治》，北京：北京大学出版社。
龙太江，2005，《从“对社会动员”到“由社会动员”——危机管理中的动员问题》，《政治与法律》第2期。
马桂霞、谢栋，2014，《新媒体时代民间公益组织网络传播进路及拓展策略》，《新闻界》第7期。
尼古拉斯·汉弗里，2015，《一个心智的历史：意识的起源和演化》，李恒威、张静译，杭州：浙江大学出版社。
冉冉，2015，《环境治理的监督机制：以地方人大和政协为观察视角》，《新视野》第3期。
任丙强，2013，《以环保组织化解环境群体冲突：优势、途径与建议》，《中国行政管理》第6期。
石亚军、高红，2017，《合作治理中的政社关系与角色期待——以顺德为例》，《上海行政学院学报》第3期。
孙峰，2018，《网络时代政策议题建构的信息把关过程研究》，《东北大学学报（社会科学版）》第6期。
孙立平等，1994，《改革以来中国社会结构的变迁》，《中国社会科学》第2期。
唐润华，2019，《用共情传播促进民心相通》，《新闻与写作》第7期。
唐文玉，2010，《行政吸纳服务——中国大陆国家与社会关系的一种新诠释》，《公共管理学报》第1期。
童志锋，2009，《动员结构与自然保育运动的发展——以怒江反坝运动为例》，《开放时代》第9期。
王芳，2011，《我国NGO环保传播与公共领域的建构》，《甘肃社会科学》第6期。

王洛忠、李奕璇，2016，《信仰与行动：新媒体时代草根 NGO 的政策倡导分析——基于倡导联盟框架的个案研究》，《中国行政管理》第 6 期。
王名、蔡志鸿、王春婷，2014，《社会共治：多元主体共同治理的实践探索与制度创新》，《中国行政管理》第 12 期。
吴飞，2019，《共情传播的理论基础与实践路径探索》，《新闻与传播研究》第 5 期。
吴建平，2012，《理解法团主义——兼论其在中国国家与社会关系研究中的适用性》《社会学研究》第 1 期。
谢静，2012，《公益传播中的共意动员与联盟建构——民间组织的合作领域生产》，《开放时代》第 12 期。
杨晓光、丛玉飞，2010，《低碳经济下我国草根环境 NGO 与政府协同关系构建》，《当代经济研究》第 11 期。
杨玉波、李备友、李守伟，2014，《嵌入性理论研究综述：基于普遍联系的视角》，《山东社会科学》第 3 期。
姚劲松，2018，《中国环境治理中的传媒策略研究》，北京：中国社会科学出版社。
曾繁旭，2007，《环保 NGO 的议题建构与公共表达——以自然之友建构“保护藏羚羊”议题为个案》，《国际新闻界》第 10 期。
张紧跟、庄文嘉，2008，《一个草根 NGO 的行动策略——以广州业主委员会联谊会筹备委员会为例》，《社会学研究》第 2 期。
张静，1998，《法团主义——及其与多元主义的主要分歧》，北京：中国社会科学出版社。
张萍、丁倩倩，2014，《环保组织在我国环境事件中的介入模式及角色定位——近 10 年来的典型案例分析》，《思想战线》第 4 期。
张彦、李汉林，2020，《治理视角下的组织工作环境：一个分析性框架》，《中国社会科学》第 8 期。
张钟汝、范明林、王拓涵，2009，《国家法团主义视域下政府与非政府组织的互动关系研究》，《社会》第 4 期。
赵秀梅，2004，《中国 NGO 对政府的策略：一个初步考察》，《开放时代》第 6 期。
周军、唐兴霖、赵俊梅，2008，《我国非政府组织与政府间的关系——以草根环境 NGO 为例》，《理论探讨》第 6 期。
Funabashi, Harutoshi. 2006. “Minamata Disease and Environmental Governance.” *International Journal of Japanese Sociology* 15 (1): 7-25.

接力式建构：环境问题的社会建构过程与逻辑

——基于环境社会组织生态位视角分析*

钟兴菊　罗世兴**

摘　要： 即使面对相同的环境污染风险，为什么仅有部分环境议题被公众认知并进入公共政策议程？复合型环境治理试图弥合多元主体碎片化治理的困境，但对于不同类型环境社会组织多层次建构环境问题缺乏系统讨论。基于三个典型案例的过程性比较分析，本文从组织“生态位”以及“社会建构”的过程视角提出“多元生态位—接力式建构—环境议题政策化”的问题建构解释逻辑。研究发现：(1) 以环境治理事件流阶段、专业性水平与功能定位标准，可将环境社会组织划分为前端、中端和后端/末端三大生态位。(2) 多元生态位环境社会组织成功建构环境问题的行动策略凸显多阶段协同合作的特征，即多层次资源动员、立体式全媒体为我所用、多元化媒体符号的形象表达、环境正义多层次实践以及制度内外策略性呼应等。(3) 通过自上而下环保意识觉醒以及自下而上公众环保行动倡导过程，形成环境主张从专业话语到公众行动实践的接力式建构模式。

关键词： 环境社会组织（ENGO）；环境问题；接力式建构；生态位

一、引言

随着经济持续发展，环境问题不断涌现，大量跨区域与不确定性的环境风险受到广

* 原文发表于《中国地质大学学报（社会科学版）》2021 年第 1 期。

** 作者简介：钟兴菊，社会学博士，重庆大学公共管理学院副教授。
罗世兴，重庆大学公共管理学院研究生。

基金项目：国家社会科学基金青年项目“社会组织合作治理环境的机制创新与路径选择研究”（16CSH062）；中央高校基本科研业务费科技创新专项“‘以公众之名’：公众参与环境治理的实践类型与策略选择”（2019CDJSK01XK01）。

泛关注，既有研究侧重从环境治理策略与模式等方面进行讨论（唐任伍、李澄，2014；范永茂、殷玉敏，2016）。然而，环境问题化是环境治理的前提条件（陈阿江，2019），发现和形成问题常常比解决问题更加困难（默顿，2001：19）。环境问题化，即环境污染问题的发现与形成过程，是公众对环境污染的认知与反映结果。一方面，中国环境政策法规体系建设不断完善且环境治理投入力度不断加大，然而另一方面环境问题却在持续恶化。是环境质量在下降，还是人们对环境质量的标准不断提升？面对相同的环境污染风险，为什么有的环境议题被公众认知并提上政策议程，而有的环境问题却被大众忽略？哪些因素影响公众环保认知并建构环境问题？建构的过程与机制是什么？公众参与环境治理过程中凸显规范性环境政策话语与通俗化公众话语之间的断裂现象，专家与公众“各说各话”，难以“有效参与”统一决策过程并做出“共同”决定。十九大报告指出，环境社会组织①与公众成为环境治理体系的重要参与力量。同时有研究表明，环境社会组织善于运用媒体，从事专业化的活动，将某些环境问题引入政治议程，从而协助国家实现可持续发展目标（Ho and Edmonds，2007：29）。由此可见，环境社会组织具有专家与公众双重角色和桥梁作用，通过自上而下的通俗化政策解读与自下而上的规范性公众行动倡导，建构环境问题。

已有研究将环境社会组织视为动员公众参与的主要力量以及协助政府解决环境问题的重要主体，但较少关注到环境社会组织具有连接权威规范性话语与公众通俗性话语间断裂的独特优势，可以形成以“政府—社会组织—公众”上下联动、合作建构环境问题的网络。此外，环境社会组织并非铁板一块，不同“生态位”类型的环境社会组织基于功能互补，形成共同建构环境问题的组织间合作网络。据此，本文以社会建构理论与组织“生态位”间合作网络视角为基础，根据从事水污染治理的环境社会组织②进行多案例比较分析，以探讨不同类型环境社会组织多层次协同建构环境问题的过程、策略与机制路径。

二、文献综述

梳理文献发现，对环境问题形成机制的探讨主要有两种竞争性视角：客观的结构主义与主观的建构主义。二者均将“政策之窗”作为环境问题触发与建构形成的标志。

第一，结构主义视角预设环境问题客观存在，观察与分析环境污染现象时关注宏观

① 环境社会组织，也称为环保社会组织、环境/环保非政府组织、生态类社会组织等。在本文中，环境社会组织与环保社会组织提法等同，简称为 ENGO。

② 本研究以水污染现象为环境问题建构的对象，原因包括以下方面：（1）要打赢蓝天保卫战、着力打好碧水保卫战、扎实推进净土保卫战，其中，水污染防治是三大攻坚战历时最长、公众关注最直接、参与方式与途径比较便利的环境问题。（2）相较于大气污染的不确定性、土壤监测难度大以及非公开性等特点，水污染的公众参与具有便利性、可见度高以及门槛低等优势。（3）当前从事水污染防治议题的环境社会组织较多，为本研究进行比较案例分析提供了必要的条件。

社会过程与社会结构要素间的联系（霍克斯，2018：9）。该视角认为历史、社会与文化中的事件、行为都是由结构决定，在分析环境问题时将其视为客观存在的“社会事实”。有学者从政治机会论视角分析发现，环境社会组织与政府间的博弈关系呈现出三种类型：低意识形态与政治敏感性形成依赖与合作关系（晋军、何江穗，2008；张虎彪，2013），以政治机会环境获得合作行动空间（郇庆治，2012；叶托，2018）；低政治性生态议题为基础的自我设限的抗争（晋军，2012：22-45），在集体抗争活动中的“集体后退”策略（郇庆治，2012）；从事政治敏感性较低的环境教育倡导活动。

第二，建构主义视角从过程的、动态的角度看待社会现象，认为没有一成不变的“社会事实”（洪大用，2002），强调社会现象的主观性、过程性（洪大用，2001：74），具有不依赖于“有问题的”客观状况的自我构成属性和活动特征（闫志刚，2006），也即环境问题是社会建构的结果。建构主义视角不否认关注过度污染现象的正当性，但认为环境社会学者的中心任务是揭示环境问题是某种动态的定义、协商和合法化等社会过程的产物（汉尼根，2009：32）。既有研究从微观主体实践视角侧重探讨环境社会组织作为“多元主体共构”环境问题模式中的主体之一，与媒体形成共同建构环境问题的亲和性，凸显凝聚与扩大公共舆论、连接整合利益与资源等特点（曾繁旭，2007；龚文娟，2013）；ENGO在环境问题建构中发挥推动议题形成和传播（曾繁旭，2007）、环境问题转化环境议题、案例风险“问题化”制度化倡导（乔永平、郭辉，2016）等阶段性功能定位作用。环境社会组织通过议题加工与包装将私域“环境维权”拓展为公域的“环境保护”议题以获得更多公众参与，同时利用“寻求合作”“利用媒体”等策略拓展重大议题的行动空间，既敦促政府改善决策模式，又为公众参与环境保护提供实践空间（谭爽、任彤，2017），但往往受到污染受害主体自我保护意识的局限，不利于议题空间的建构与拓展。

环境问题形成机制的探讨有利于触发环境污染现象议题，开启污染治理的“政策之窗”。问题产生先于政策。人们可能将困扰大多数人的问题转变成公共政策议题，“政策之窗”是“把日常生活中的困难变成公众争论”的触发机制，将问题感知和政治行动的要求建立联系。问题流、政治流和政策流结合，共同开启“政策之窗”，或因为紧迫问题而敞开，或由于政治流中的事件而敞开，但数量稀少且时间短暂（殷，2017：155-183）。鉴于国际大规模环保运动与国内环境问题严峻性的双重压力，自1972年中国参加联合国环境会议，标志着政府开始重视环境污染问题并不断建立完善环境政策体系，开启了中国环境问题的“政策之窗”，但在环境治理实践中出现“经济靠市场，环保靠政府”的现象，公众与社会组织长期缺席环境治理。由此可见，问题流只能作为“政策之窗”的前提与出发点，公众对环境问题的认知与建构是推动环境污染现象走向公共议题并进入政策议程的关键环节。有研究尝试构建环境问题演进的理想路径，包括“环境污染—社会影响—社会反应—社会问题”四个阶段，然而因科学认知、技术呈现不足，或是社会影响隐蔽、社会反映不足等困境导致环境问题建构的失败。因此，科学认知、技术呈现是污染现象是否成为环境问题的基础性前提（陈阿江，2019）。从科学认识转化为公众看得见的技术测量结果需要经历一个公众化的过程，但较少研究分析实现科学认知向通俗易懂的符号与话语转化的过程。以“政府主导型”的环境治理“失灵”困境还表明，政府主导的规范性政策话语与公众通俗化实践话语的脱节，导致问题流与政策流的断裂，使得部分环境风险议题因缺乏公众关注而难以进入政策议程。

与结构主义探究环境问题客观存在的原因、影响与治理策略等内容不同，建构主义从过程的、动态的角度聚焦于环境议题“问题化”的过程。在复合治理背景下，ENGO作为连接政府与公众的桥梁，相比于一般公众，具有较强的利益整合和表达功能，在环境问题建构中凸显议题推广和行动空间的拓展功能。大量研究侧重从结构主义视角分析环境社会组织与政府、媒体、公众等多元主体的治理实践，也有侧重媒体视角对环境污染现象话语建构的讨论，但对ENGO与多元主体互动实践建构环境问题的过程、环境治理“政策之窗”触发机制条件形成等缺乏深入探究。此外，环境社会组织并非一个整体性单位，不同类型的ENGO在建构行动中功能优势与条件约制具有差异性。为此，本研究重点结合组织的“生态位”合作网络以及社会建构视角，探讨不同环境社会组织对环境议题通过自上而下实现“议题科学认知”—“在地专业实践”—“公众通俗易懂的符号与行动”转化，同时在组织间形成多层次环境问题“接力式”建构的合作行动网络的过程与机制等问题。

三、理论视角与分析框架

（一）理论视角：环境问题的社会建构与组织间合作网络

社会建构认为日常生活现实被普通社会成员在社会行为中建构出来（Berger and Luckmann，1966：85-87）。Kitsuse等（1987：76）认为，社会建构论区别于传统研究，是在于认为社会问题作为一种社会活动或过程而存在，研究社会问题时只需研究问题宣称的活动过程及机制。汉尼根提出相似观点，认为建构主义视角下的环境社会学关注于环境问题是如何被人们所认识、环境知识是如何被建构的，也即是问题化的过程；同时强调社会问题的相对性与条件性。他更进一步提出环境问题成功建构需具备六个必要条件：（1）某种环境问题具有科学权威的支持和证实；（2）有能够把环境主张和科学联结起来的“科学普及者”；（3）受到媒体关注，对环境问题进行真实而重要的声称；（4）用形象化和视觉化的符号和词汇将环境问题生动地展现出来；（5）对环境问题采取积极的行动而产生经济刺激；（6）环境问题宣称成功应有制度化的赞助者，确保环境问题建构的合法性和连续性（汉尼根，2009：82）。在本研究中，环境问题的社会建构是指多元治理主体对环境污染议题的理解与认识，从而形成话语体系与行动策略，推动环境议题“问题化”的过程。不同社会组织对环境污染议题解读具有不同的话语体系，其背后蕴含着话语规则与基础，即处于特定时空背景下的组织行动的空间与约制。在环境问题建构过程中，运用话语分析环境文本、意象和观念的产生、接受与策略性运用（汉尼根，2009：82）。

本文以“生态位”为标准对环境社会组织进行分类。生态位（niche）从生物学角度理解，是一种包含个体、群落或生态系统等不同层级水平对象的生命主体特质（彭文俊、王晓鸣，2016），被认为是生物单元在特定生态系统中，与环境相互作用过程中所形成的相对地位与作用（朱春全，1997），也是指个体或组织在社会结构中所处的位置。在本研究中，环境社会组织的生态位特指从事水污染治理的社会组织与环境治理结构互动所形成的相对位置。根据田野调查经验分析，识别生态位水平的标准包括：（1）事件流阶段，组织参与环保事业发展的阶段与位置；（2）组织专业性水平；（3）在特定位置中的功能定位。三大标准相互作用并受到政策环境的约制，将环境社会组织划分为前、中、后/末端三种类型（如图1所示）。前端环境社会组织包括全国性以及国际性环境社会组织，专业水平较高，但数量较少；中端环境社会组织包括合法注册的地方性社会组织，是当前中国环保力量的主力军；大量处于后/末端未注册的环境社会组织，以从事灰色地带活动为主，由于缺乏统计数据而数量不详。组织发展数量的分析表明，前端、中端与末端生态位的ENGO大致呈现“橄榄型”特点。

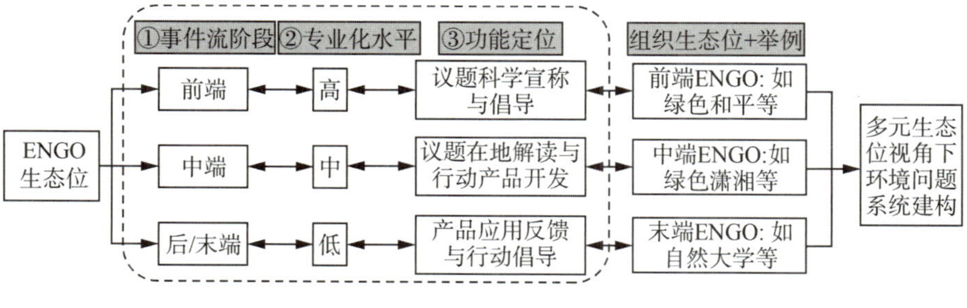

图1　ENGO生态位划分与案例类型

不同生态位环境社会组织如何自发形成环境问题建构的合作行动网络联盟？资源交换理论认为，当一个组织拥有对另一个组织来说有益但却不具备的资源或能力时，组织将会建立联盟，以获得隐性知识、互补技能、新技术和提供超越组织能力限制的产品或服务的能力（Hardy et al.，2003）。ENGO组建的联盟表现为弱联结与强联结两种模式，其中弱联结运作过程是在遇到某一可以表达的环境议题后，由一个或多个ENGO发起，在征得其他NGO授权同意的情况下，以多家NGO联名的形式向社会传递观点与态度，联合表达，扩大影响与关注（童志锋，2009）。社会组织间普遍的松散联合产生积聚效应，使得原本弱小的单个组织通过独特的联合机制，发出能够影响社会的声音。有研究表明，社会组织间自合作网络成功包括四大因素：一是以互助关系形成机构间信任；二是达成广泛共识的制度化；三是以优势互补形成资源供给链条；四是构建去等级化的弹性运作机制（杨柯，2015）。不同类型社会组织基于资源互补需求，自愿纳入合作网络中，被赋予并承担责任。合作所带来的相互增权和总体增值是维持合作关系的动力（徐浩、张永理，2014）。也有研究认为，社会组织合作网络的形成包括两个条件：一是来自外部的压力，如组织的外部政策环境约束使其需要与其他的组织合作应对变化；二是来自内部的动力，如组织间的共同利益诉求和互补空间催生合作（李洪佳，2016）。经验调查发现，从事水污染治理的不同ENGO间自然形成前端组织："只管抛出议题"—中端组织："要活下来，必须做专业化的在地环保行动产品"—末端组织："与公众一起去看到水有多黑，用工具将观察到的问题曝出来，不出系统的结论"等松散的行动实践网络。由此可见，在本研究中，基于不同类型、功能定位与专业化水平的ENGO，根据内部利益诉求动力与外部政策压力需求，自愿形成围绕环境问题建构的自合作网络联盟。

（二）分析框架：多元生态位ENGO建构环境问题的过程

基于建构主义视角，通过不同生态位ENGO形成的合作行动网络探究环境问题的建构过程与逻辑。根据环境问题成功建构的六大条件展开（汉尼根，2009：81-82），不同生态位的环境社会组织呈现多阶段问题建构的条件与行动策略；建构过程中凸显在横向上不同生态位ENGO分工合作共同完成特定阶段的建构条件，在纵向层面环境社会组织合作网络共同实现环境问题建构的六大条件，最终成功建构环境问题并推动政策出台，如出台《中华人民共和国水污染防治法》（如图2所示）。

如图2所示，前端ENGO动员专业化团队进行现场调查，形成科学报告，并依托权威媒体进行新闻发布，为环境议题宣称提供科学权威的支持；中端ENGO结合地方环境风险进行在地化专业实践与行动产品开发，连接宏观科学宣称与本地环保实践，推动地方环境治理网络发展；末端ENGO通过一线调查实践，推动议题的通俗化普及，运用前端与中端开发的行动产品进行公众倡导与信息反馈，实现环境议题由宏观科学倡导向微观公众行动的转化。环境问题建构实质上呈现一幅以建构条件为主的环境社会组织横向多层次生态位互动与纵向多阶段建构的合作行动"图景"。对环境问题建构阶段发展进行纵向分析表明，由于ENGO生态位功能差异，环境问题建构过程是多元ENGO合作协同的结果，即"前端：推动ENGO的议题形成与宣称—中端：形成议题专业化与产品

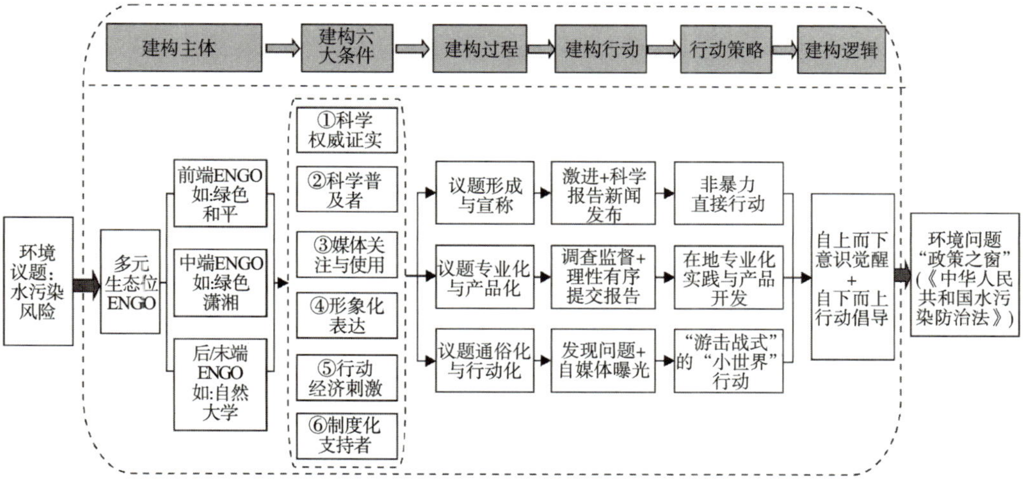

图2　多元生态位 ENGO 建构环境问题过程与逻辑分析框架

化一末端：推动议题通俗化与行动化”。对环境问题建构的不同阶段中 ENGO 行动定位进行横向分析表明，每阶段建构条件的实现是三大生态位环境社会组织合作行动的结果，从而形成“自上而下意识觉醒”和“自下而上行动倡导”的双重建构逻辑，最终开启环境问题的“政策之窗”。

（三）案例研究介绍与资料来源

对特定组织开展案例研究能够更深入地分析组织运行方式以及组织实践者的行动。如要解释既有现象如何形成、如何运行，或对其进行纵深描述，案例研究方法是贴切的（殷，2017：6）。本研究运用多案例研究。在理想条件下，多案例分析可以通过过程追踪分析等方法揭示因果机制。相比于单案例研究，多案例研究结论更具有普遍意义，推广性较强（黄振辉，2010；李朔严，2018）。由于环境议题主张环境问题制度化保障的复杂条件以及多元化生态位 ENGO 行动实践的阶段性，单案例分析难以完整呈现所有建构条件与阶段资料信息，因此，基于多元生态位组织对环境问题建构过程采用多案例比较法。本研究对三种“生态位”的环境社会组织进行目的性抽样与深度访谈；再以环境问题建构的六大条件为依据，对不同类型组织建构实践进行多阶段分析。有关样本组织的基本信息如表 1 所示。

表1　环境社会组织基本信息表

	绿色和平	绿色潇湘	自然大学
成立时间	1971	2007（2011 登记）	2006
所在地	荷兰阿姆斯特丹（2002 年在北京设办事处）	湖南长沙	无

（续表）

	绿色和平	绿色潇湘	自然大学
环保宗旨	推动公开的、有充分信息支持的环境议题讨论，以便让全社会对解决方案达成共识	致力于湖南省生态环境保护，提倡可持续的生活方式	通过自助型人才培养，使公众实地参与调查、探寻自然环境和零距离直面环境问题
从事领域	污染调查	本地水源地保护，行动支持网络	行动倡导环境保护
访谈对象	20180824DP	20180822SC、20180822YN、20190330LSN	20181117ZDG、20180824DP、20190312XB

文中所使用的文本资料来源于两种途径：(1) 深度访谈。2017 年 7 月、2018 年 6—9 月、2018 年 11—12 月以及 2019 年 3—4 月，笔者围绕长江流域，对分布于华东、华中与西南地区的多家从事水污染治理的环境社会组织负责人约 15 人次进行访谈，其中对部分组织核心负责人与相关工作人员进行了实地参与式观察与深度访谈，获得大量有关环境社会组织参与水污染治理的一手资料。(2) 二手资料。从新闻报道、组织官方网站，获得环境社会组织、环保人士等上传于社交媒体平台的报告、照片等资料，进而从多方充实与验证一手资料的真实性和完整性。

四、多元生态位 ENGO 建构环境问题的过程分析

本研究结合组织发展阶段与政策环境空间，以生态位视角将环境社会组织划分为前、中、后端三种类型，分别选择绿色和平、绿色潇湘和自然大学三个环境社会组织作为相应生态位组织的典型案例，基于六大建构条件进行多阶段环境问题建构的过程分析。

（一）ENGO 建构环境问题的过程与策略分析

环境问题大多从科学研究中产生并提出（汉尼根，2009：99），这是因为普通人既没有专家的专业知识背景，也没有发现新问题的条件。环境事件的科学认知常常是环境污染问题化的重要基础和关键环节，然而有些“环境污染”问题对于科学家来说清晰明白，但在公众层面却并非如此，因此，把一般的科学原理转化为民众可视或可理解的技术呈现非常重要（陈阿江，2019）。环境公共问题纳入制度化议程的前提条件是环境问题影响范围较广并受到大多数人关注，公众环境关注度能有效推动地方政府改善城市的环境污染状况（郑思齐 等，2013）。多种条件相互作用，共同构建动态多元化的环境议题网络。

1. 议题形成与宣称：科学权威的支持和证实。科学权威的支持和证实是环境问题建构的起点。为了证实环境问题的科学性，ENGO 采用不同方式：一是前端绿色和平通过现场调查取证或间接行动宣传方式，证实环境问题的科学性。一方面通过强大的专业化

团队开展深度调查研究以获得一线权威的环境数据并形成系统性的调查分析报告。“我以前做一个自然保护区破坏案例，调查自然保护区的法律规定、卫星图像，写报告都有人专门负责，十几个人的团队相互配合从各个方面补充论证材料。”（访谈资料：20180824DP）另一方面通过发布会、国际媒体等方式公开发声与倡导，主动回应公众疑问，并与科研院所联合发布报告，进一步论证报告的科学性与合法性。二是立足本地的中端绿色潇湘，将宏观科学调查报告与在地环境问题嫁接，通过在地调查检测，形成区域性的污染调查报告，提交相关政府部门，通过开发培训课程与工作法等推广专业化解读与产品化实践。“我们开发清水为邻项目，巡河宝小程序等方法和工具供大家使用，通过‘护源行动’将调查的建议函和调研报告邮寄到政府。”（访谈资料：20190330LSN）三是负责产品推广的一线环保行动者自然大学则主要通过一线行动倡议等方式，将专业化产品进行大众化普及。“空气污染议题撕开口子后，就到全国各地倡导公众为祖国检测空气、拍照片等活动，通过连接资源将潇湘开发的巡河产品向公众普及推广。”（访谈资料：20180824DP、20181117ZDG）

为了实现宏观的科学议题转换为通俗化的大众行动实践，不同生态位环境社会组织发挥资源动员的“接力”优势，采取多层次资源动员与合作主张宣传环境议题的策略。首先，具有专业化与时空延展性优势的前端环境社会组织通过动员国内外科学团队进行实地调查并形成专业化的报告，同时运用国内外媒体资源进行发布；其次，具有在地化与合法性优势的中端环境社会组织，动员当地正式与非正式资源系统，通过组织国内专家学者对在地环境问题进行专业化解读，并对产品化环保行动进行科学论证，合法有序提交污染调查报告，与当地政府建立信任与例行沟通机制；最后，具有一线行动倡导优势的末端环境社会组织通过动员当地公众对环境风险进行自力救济。以上即为不同 ENGO 推动宏观的科学环境议题主张走向中观的专业化以及微观的通俗化行动实践的发展路径。然而，具有科学权威支持和证实的环境主张又是如何得以通俗而形象地传达给公众的呢？

2. 议题普及：具有环境专业知识背景的科学普及者。ENGO 通过与专家、记者等合作，对环境问题的科学研究进行解读与发声，以扩大环境议题的公众关注。一是前端的绿色和平与国内外知名高校、科研院所、知名智库、政府部门等合作，通过研讨会、合作项目等方式对国家环境政策实施情况、污染信息公开、产品设计开发等进行分析研究，撰写科学研究报告，引起政府和公众关注。“我们与国内外知名大学建立合作研究团队，对案例进行系统性分析与发布调研报告，并根据观察到的内容、问题成因、解决办法，提出具体的政策或应对策略。”（访谈资料：20180824DP）二是在地中端绿色潇湘致力于“整合在地环保力量”，联合全国或地方科研机构、高校学者、环境专家等论证发布报告以扩大影响力。“我们与湖南绿色发展研究院联合发布报告，邀请国内知名大学老师进行合作研究，中山大学的Z老师是湖南人，也是我们的顾问，共同探索组织发展的理论与实践。”（访谈资料：20180822SC）三是自然大学自身作为科学知识的一线践行者与公众引导者，连接上游科学知识与本土化经验实践，对一线环境问题进行快速反映；同时充分利用自身社会组织网络，动员组织网络中的大V影响力，扩大公众环境知识宣教效果。“我们只讲看到了水有多黑，pH是多少，把观察到的问题通过媒体曝出来，之后便有大量的媒体关注我们。”（访谈资料：20180824DP）

基于组织发展的特定政策环境空间，ENGO寻求与科研机构、政府部门、公众等合作以获得行动的合法性。与环境社会组织拥有的“科学普及者”的社会资本不同，前端ENGO通过与高层次、国际性科研机构等合作，实现环境问题的科学化分析与全球关注；而具有在地优势的中端ENGO则通过与国内和当地科研机构、专家学者和政府部门建立合作关系，针对基于地方性案例的学术研究进行发声，以获得当地政府与公众的信任与支持；而将自身作为环境科学知识宣传实践者与地方经验总结者的末端ENGO，则通过资源动员，组织开展讲座与行动实践，进行科学知识宣传普及；同时自下而上探索本土经验对环境问题的有效回应。不同生态位ENGO及其动员的多方资源成为环境问题的“科学普及者”，通过“宏观专业性”—“中观在地化”—“微观经验性”三个阶段，将共享的“科学权威”进行在地化与经验化解读与实践。那么，经过专业化和通俗化解读的环境问题如何引起媒体注意呢？

3. 议题传播：立体式全媒体的多层次注意，建构议题传播的“全景图”。媒体呈现与关注对于环境主张转化为问题并上升为政策关注具有至关重要的作用。没有媒体报道，一个早先的问题进入公共话语领域或成为行政过程一部分的可能性很低（汉尼根，2009：83）。面对严峻的环境问题，不同生态位ENGO在媒体使用中呈现多元化分工与功能互补的特点。一是前端绿色和平作为全球性的环境社会组织，通过国际媒体或全国性媒体发布权威的环境污染调查报告并引发广泛关注。绿色和平发布的报告被《纽约时报》《卫报》《财新周刊》等众多国内外媒体广泛报道，同时引发国内媒体《南方周末》等深度报道。二是中端绿色潇湘作为在地专业化的环境社会组织，利用地方媒体、组织公众号、非正式关系网络、微博等方式对地方污染调查报告进行发布与宣传，推动地方政府的及时回应与公众的关注。“开始我们想让地方媒体报道，但媒体不愿意，我们就在自己的公众号推送，当晚转发超过十万。环保厅处长在微博上回应，也有省外的一些媒体开始关注并报道此事。”（访谈资料：20190330LSN）三是“以行走的环保实践”为特征的自然大学，通过个人公众号、网络社群、微博、公益电影等形式对受到环境污染风险威胁的当地公众进行宣传与倡导，动员与培训公众对环境风险的认知并监督环境问题等。“我们最大的特色之一是很会运用媒体，在案例推动背后有线上协作社群支持，现场发现问题，分享或直播到社群，大家从各个角度提供建议协助……不断通过自媒体曝光案例，其实就会发现在开始改变。”（访谈资料：20181117ZDG）

不同生态位 ENGO 基于议题内容采用多元化的媒体策略，从单向传播拓展到立体式网络化传播，实现环境信息受众的全覆盖。首先，前端 ENGO 基于专业网络资源链接国内外权威媒体，通过正式化且科学化地进行自上而下的环境议题传播，形成环境风险的“广而告之”；其次，中端 ENGO 结合宏观环境议题与本地环境污染问题焦点，运用地方媒体和自媒体进行“在地化”传播，形成地方性环境问题的特定“舆论压力”，强化地方政府的重视与公众注意；最后，末端 ENGO 将地方环境问题与利害相关公众的环境风险结合起来，借助新媒体形成的“云端”社群协作平台进行实时性、交互性的大众化网络传播，推动公众环境注意转化为“遍地开花”的环保参与行动。多元生态位 ENGO 通过“国内外权威媒体—在地化媒体—个体化自媒体”，对环境议题进行“上下联动的全程媒体，形式不拘的全息媒体以及突破地域边界主体的全员媒体”立体式传播，从宏观科学的“广而告之”到“在地化舆论压力”，再到“大众化传播实践”的路径，构建环境议题传播的“全景图”。那么，环境社会组织与不同层次的媒体合作如何形象化呈现环境议题？

4. 议题传播的艺术化：多元化符号和形象词汇表达，建构议题“大众化”演绎过程。环境主张的符号和形象词汇修饰与解读是科学化走向大众化的重要途径。符号能够迅速捕捉住人们以一种模糊分散的方式感觉到的现实，具有重要的聚焦作用（金登，2017）。不同生态位 ENGO 采取多样化方式，有针对性地向一般大众、政府、利益相关者等主体形象化地呈现环境风险议题。首先，“非暴力直接行动（Non-Violent Direct Action）”是绿色和平的行动准则。媒体通常将绿色和平的行动形容为极富创意又精心策划的“环保秀”和“行为艺术”，通过在全球范围内发起网络签名等活动增加曝光度，提高公众对污染问题的关注度和参与度。如盛世长城为绿色和平打造环保主题 Campaign——“饮水儿童”，用行为艺术警示人们关注中国日益严重的水污染危机①。其次，绿色潇湘坚持“本地人解决本地环境问题”宗旨，组织公众举牌呼吁、拉横幅、签名以及行动产品化等表达诉求，以得到地方政府重视与公众参与。“我们去大坝上面举牌说截污没有完成，倡导以后水退下去了；也曾联合湖南省水利厅文明办等共同发起‘节水护水在行动’万人网络倡议签名活动。”（访谈资料：20190330LSN）最后，自然大学通

① 资料来源：广告门的伙伴们：《“绿色和平”环保 Campaign：“饮水儿童”》，https：//www. adquan. com/post-1-15030. html。

过设立公众环保课堂，定期开展环保主题讲座和观影等活动，通过行动引导公众认识自身面临的环境风险并参与环保行动。**“我们到污染风险当地组织公众观看‘水与村庄’系列片，帮助公众了解水与生活以及环境保护的关系。”**（资料来源：20181117ZDG）科学性知识走向通俗化常识的距离也是多元媒体通过形象化方式表达并建立与公众关系的过程。多元生态位环境社会组织运用阶段化策略与公众建立“亲和性”，以推动环保行动的公众参与。前端 ENGO 所运用的国内外专业权威媒体，通常对发生在异域时空背景中的环境事件通过夸张的“行为艺术”使人们形成强烈的视觉冲击，有利于突破时空维度，超越个人感觉和情绪，进而形成群体环保意识和行动共识（颜景毅，2017）。为了进一步将“他域”印象与“在地化”环境问题建立关联，本土化环境社会组织运用当地媒体或自媒体发起污染调查活动，向当地政府提交调查报告与汇报污染监督进程，对公众签名等活动进行实时传播，为宏观环境议题的宣称印象赋予在地化的实践载体。为了打通环境议题风险印象到公众化行动的最后一公里，末端环境社会组织运用新媒体平台以及行动式陪伴，与环境风险利害相关群体形成“共识圈”，倡导动员环境风险情景中的公众通过举报与曝光等方式维护自身权益。多元化媒体符号的形象化表达实际上是通过“全息”实现“全员”媒体的过程。媒体传播发声形成的共识有利于创造一个大共同体，通过符号和象征分享经验。联合或联结行动是创建共同体的条件，为此，基于形象化符号的多层次表达构建环境关心与公众行动的三大共同体，即突破时空维度的全球环境正义公众、在地化环境关心公众以及环境风险利害相关公众，从而为科学知识到大众化常识的演绎主体提供一种类型分析途径。那么，不同生态位 ENGO 又是如何动员多元主体采取环境行动呢？

5. 议题的行动转化：采取行动可获经济收益。公众参与是环境社会组织参与环境治理的关键。既有研究表明，低成本视角下的利己主义是环境行为的主要动因之一（周志家，2011），而环境社会组织的环保实践作为一种组织化行动有利于突破个体化理性选择困境。基于环境问题的公共性以及利益相关性，不同 ENGO 如何引导具有高度利益分化的公众从“关注环境风险”到“参与环保行动”转变？对环保行动的回报考察成为环境议题建构的关键转折点。一是作为国际组织代表的绿色和平关注全球环境问题，以环境正义原则倡导公众环保意识觉醒。绿色和平呼吁保护水资源，即是保护人类命运共同体。二是在地化环保行动的绿色潇湘则坚持“本地人解决本地问题”的行动原则，以社区为本的环境利益为目的组织倡导“环保湘军”建立“使命共同体”。**“典型湖南人形象是穿着草鞋，一介布衣，心忧天下，爱管闲事，喜欢打抱不平、混论坛、看报纸，乐于公共参与，我们称为‘环保湘军’。我们做家乡环保是为了让家人有干净的空气与水，所以现在很多社会组织都是本地人。我们把市民带去水源地走访，与他们喝水切身相**

关，他们非常乐意参加。”（访谈资料：20180822SC、20190330LSN）三是处于生态位末端的自然大学以污染受害者的环境风险补偿为“痛点”，动员污染受害者以维护个人利益为出发点，进行环保自力救济行动。“我去污染企业，就像职业的调研记者一样，花一个星期和企业周边的利益相关群体打成一片，不断进入到当地人的生活情景，找到他们的痛点，把他们凝聚起来，同时去推动环保部门回应我们的诉求。”（访谈资料：20181117ZDG）

在风险社会背景下，环境问题的长期性、公共性与不确定性特点推动环境保护从传统的“环境靠政府”转向多元主体参与的复合治理体系。面对环境污染风险，公众作为“理性人”，根据环境污染受害程度进行理性选择，出现参与失灵困境。以组织化参与环保实践有利于突破个体化理性选择困境，行动回报成为推动高度利益分化公众环保行动的途径。以形象化符号传播方式建构以公众为主的三大环保行动共同体，并从不同层次解读“环境正义”的实践内涵：前端 ENGO 基于全球环境正义，呼吁突破时空约束的公众建立“人类命运共同体”，促进环境长远利益与当前利益的平衡；为了将抽象模糊的全球环境正义与家庭、集体和社区的环境利益建立关联，在地化的中端 ENGO 基于本土环境问题建立以社区为本的“使命共同体”，实现环境利益区域性与群体性的统一；末端 ENGO 陪伴环境污染受害者共同行动，以粗放的举报与曝光等方式引导受害者进行“游击战”式等自力救济以维护自身权益，实现公共利益与个人利益结合。多元化生态位 ENGO 与公众共同体在环保行动中，对“环境正义”使命形成“全球化环境正义—社区为本的环境正义—个体性环境利益补偿”的多层次解读，从而为公众参与失灵现状提供一种合理化解释。环境污染受害者为利益补偿诉求的抗争，实质上是一种宏观环境公益价值的微观基础，从而基于环境公益与私益的统一，构建公众与社会组织参与环境治理的行动体系。那么，面对日益严峻的环境风险以及公众对环境问题的参与行动诉求，政府应如何进行回应？

6. 议题的合法性保障：制度化的支持者。“把日常生活中的困难变成大多数公众的争论”，将问题感知和政治行动的要求建立联系作为“政策之窗”开启的触发条件。然而，大部分环境议题一旦抛出便进入漫长的宏观认知阶段而缺乏公众行动。环境污染风险如何从个体局部困境演变为公众关注，并最终引起政府重视以及上升到政策议程，从面上回应环境问题？不同生态位 ENGO 在环境问题建构过程中，凸显功能互补的制度化支持演进路径。一是前端绿色和平基于环境正义使命聚集科学团队形成的调查报告，依托国内外媒体进行传播，通过“非暴力直接行动”的环保行动表演艺术产生巨大的社会影响力，为环境议题直接进入环境问题的制度化议程创造契机。2013 年，绿色和平成功推动壬基酚等有害化学品纳入《化学品环境风险防控“十二五”规划》重点防控化学品名单。二是中端绿色潇湘作为在地专业性社会组织，通过打通政府与公众微博互通机制，合法有序提交调查报告，以动员孩子“给市长写信”等特色项目的方式与政府建立例行沟通机制，获得行动的合法性与可持续性。**“守望者发布污染问题的微博，省里的两位官员朋友就会去转发，@当地环保局跟进，让地方环保局觉得上面有人在支持……动员参与‘上游一公里’的小朋友给市长写信，建立公众诉求与政府回应之间的例行沟通机制。”（访谈资料：20190330LSN）**三是处于末端的自然大学以“一线行动为主线”的制度外参与实践，虽然组织分散、规模小，但具有高度的灵活性和自由性。**“我们偏向于个人的做事方式有一个优势，一个地方折腾不成功可以换地方……北京把事情挑出来之后地方组织就有干预的理由了，为一些污染案例或者本地的污染问题撕开口子。”（访谈资料：20180824DP、20181117ZDG）**

基于生态位的“优势互补”，环境社会组织采取制度内外两大行动策略形成内外呼应，上下联动倡导环境问题的制度化进程。一是通过制度体系外的舆论造势与行动倡导策略推动环境问题的宏观关注与利害相关者行动，即前端 ENGO 运用国内外权威媒体优势，形成舆论压力，倒逼相关部门重视，并与社会组织建立例行沟通机制，通过专业化倡导合作，推动环境问题进入政策议程的快车道；而处于末端的 ENGO 则以“一线在地行动”优势，倡导环境风险利害相关公众采用流动作战方式，创造制度外自由行动空间，同时避免身份合法性的困境，形成“凝聚的一团散沙”联盟行动模式。二是为了形成制度内外行动呼应，作为在地环境保护主力军的中端合法性环境社会组织，通过污染监督调查取样、提交污染调查报告、动员公众“给市长写信”等行动产品与政府建立良性的沟通模式，从而有序、合法倡导环境问题进入政策议程。多元生态位 ENGO 通过制度内外行动呼应策略，形成一套合法化政策倡导的“接力”联动逻辑，即“超越制度约制的舆论压力造势—制度内的信任与有序沟通—游离制度外的流动作战快速反应”。由此可见，多元化生态位 ENGO 推动环境议题进入政策议程的过程，实质上是社会组织行动合法空间约制下的策略实践，通过边缘化博弈实践不断为“政策之窗”创造政治行动关注与问题感知的行动空间。为此，ENGO 的博弈实践呈现出从“挑战型舆论影响”到“温和型沟通合作”以及“边缘型流动作战”的内外呼应与联动，推动环境问题获得制度化的回应以及多元主体参与的合法化支持。

环境社会组织通过“议题形成与宣称—媒体关注与形象化传播—在地大众行动与制度化保障”三个阶段“接力式”建构环境问题，实现宏观科学化的环境议题到在地化的公众环保行动实践，从而形成“自上而下环保意识觉醒与自下而上有序环保行动”联动构建环境问题的逻辑。ENGO 建构环境问题的过程实质上凸显为一幅基于纵向多阶段环境议题向行动转化的系统性行动策略与横向多层次环境问题建构条件策略体系形成的接力式联动的“全景图”，从而开启环境问题的“政策之窗”（如表 2 所示）。纵观多元生态位 ENGO 阶段性建构环境问题的策略逻辑，其体现为：“前端的科学调研报告＋激进式新闻发布—中端的在地调查报告＋合法有序提交相关部门—末端的发现问题＋自媒体曝光”。从横向的建构条件分析发现，建构过程经历“议题形成与宣称—议题传播与行动转化—议题制度化支持”三个阶段。不同阶段多元生态位环境社会组织基于专业化与合法性约制形成建构的策略体系，即多层次资源动员合作宣称环境议题，立体式全媒体建构议题传播的“全景图”，媒体符号形象化表达建构议题“大众化”演绎过程，环境正义多层次解读与实践形成环保行动共同体，以及制度内外呼应建构环境问题制度化支持路径等。由此可见，环境问题建构的过程即是环境议题从宏观走向微观，从科学专业化、规范化走向大众化和通俗化，从环境问题意识走向环保行动的转化过程。

表 2　多元生态位 ENGO 建构环境问题的过程与策略分析

建构过程维度		ENGO 生态位各层次行动措施			建构条件策略
建构阶段	建构六大条件	前端：绿色和平	中端：绿色潇湘	后端：自然大学	
Step1：议题形成与宣称阶段	①科学权威支持和证实	科学调查报告与发布	在地专业化解读与实践，污染调查报告发布	大众化实践与产品通俗化应用	多层次资源动员与合作主张宣称议题
	②科学普及者	国内外环境资源整合	在地资源整合与建立信任	专业知识行动实践与本土经验总结	
Step2：议题传播与行动转折阶段	③媒体注意	国内外权威媒体＋大众媒体	地方媒体＋自媒体	自媒体＋网络社群	立体式全媒体建构议题传播的“全景图”
	④符号和形象词汇修饰	“非暴力直接行动”行为艺术	行动产品化与项目化遍地开花，地方实践网络构建	一线行动实践，自媒体曝光	媒体符号形象化表达建构议题“大众化”演绎过程
	⑤采取行动可获得经济收益	环境正义的“环境命运共同体”	社区为本的“使命共同体”	受害者利益补偿的自力救济与抗争	环境正义多层次实践
Step3：议题制度化支持阶段	⑥制度化支持者	社会舆论加速议题制度化进入快车道	制度内有序沟通与支持模式程序合法化	“游击战式”的制度外“小世界”行动	制度内外呼应建构环境问题制度化轨道
建构行动策略		调研报告＋激进式新闻发布	调查报告＋合法有序提交相关部门	发现问题＋自媒体曝光	—
建构结果		议题形成与宣称形成舆论影响	议题“在地化”实践创新	议题“通俗化”公众实践	环境问题“政策之窗”开启

（二）ENGO“接力式建构”环境问题行动策略的原因分析

从ENGO“接力式”建构环境问题的行动策略发现，基于特定政策环境背景下ENGO的行动空间与生存发展方式受到差异性约制。本部分从政策环境、资源动员、媒体传播方式等方面对ENGO建构策略进行原因分析，为明确不同类型ENGO功能定位以及分类拓展社会组织行动空间的政策支持提供实践指导。

1. 以“合法性”为基础建构组织行动的“橄榄型”空间。有学者认为，“利益冲突议题”与“社会动员”成为环境社会组织行动自我审查的“双重小世界”边界（晋军，2012：22-45），表明政府与环境社会组织间是一种协商式共生关系，政府既对ENGO进行严格管控，又与之达成有意识的合作（何、安德蒙，2012：27-59）。十八届三中全会标志着中国进入治理时代，明确指出社会组织、公众成为参与“美丽中国”建设的重要力量，然而自20世纪90年代以来出台但一直未修订的社会组织管理相关条例对当前组织发展凸显一系列约束性：一是“双重管理”制度（即“业务主管单位审查同意”+“登记管理机关申请登记”）导致大量末端环境社会组织因为无法找到业务主管单位而难以获得合法性身份，处于灰色活动地带或退而选择工商注册，后端ENGO以粗放式“一线行动实践”以获得制度外自由行动的“小世界”空间。二是基于“属地管理”以及业务范围的“非竞争性”①，引导在地合法注册的ENGO开展“专业调查报告”以及有序监督，然而作为中端专业化环保行动的“主力军”却难以突破地域限制，进而寻求与前端和末端组织建立合作关系网络以拓展行动空间。三是境外环境社会组织的限制性发展导致前端与中端ENGO发展不足。2017年开始施行的《境外非政府组织境内活动管理法》规定，“境外非政府组织未登记设立代表机构、开展临时活动未经备案的，不得在中国境内开展或者变相开展活动，不得委托、资助或者变相委托、资助中国境内任何单位和个人在中国境内开展活动”，导致自1990年代前后大批进入中国的境外环境社会组织由于缺乏注册资质陆续退出，部分国际ENGO只能通过临时备案方式在“特定区域、特定议题”开展活动，如处于前端的绿色和平以“备案制”方式围绕特定议题在特定区域空间以“行动带来改变”为使命开展激进的环保活动。

由此表明，在特定的环境政策背景下，基于合法性水平，中端的ENGO明显大于前端与后端ENGO，形塑有序参与环保行动的“橄榄型”治理空间，并在此基础上自然形成功能定位以及各司其职的环境正义的“使命共同体”，前端ENGO运用专业团队与资源对环境问题进行科学论证与宣称，借由地方环保主力军对环境议题进行在地化解读与

① “非竞争性”：在《社会团体登记管理条例》以及《民办非企业单位登记管理暂行条例》中有关不予登记的情形中规定，“在同一行政区域内已有业务范围相同或者相似的民办非企业单位/社会团体，没有必要成立的”，表明在同一行政区域内除由环保部门主管的一家环境社会组织外，其他的环境社会团体与民非单位注册可能存在“非环保部门”现象。

产品开发，并通过一线流动作战的ENGO行动倡导实践，从而拓展环境议题内容以及突破行动空间边界，合力实现环境问题建构。

2. 资源导向下以"生存型组织"拓展"专业化组织"的公众性空间。以资源为导向的ENGO发展路径呈现阶段性特点：发展早期依靠境外基金会资助，出现"去政治化"的同质发展，如大多组织集中从事环境教育、物种保护等领域（Yang，2005；Zhan and Tang，2013）。发展中期基于行业"优胜劣汰"选择，逐渐分离为两条路径：一是资源丰富、专业性强的大规模组织，偏向从事污染治理、自然教育等常规"低风险"活动（Carl，1988：16-41）；二是资金不足、规模小的组织主要依靠志愿者的时间和精力展开行动，倾向于采取具有对抗性的活动以引起社会关注（Dalton et al.，2003）。发展后期以国内基金资助为主，侧重推动规模大、专业化强的环境社会组织持续做大做强，而处于成长期的规模较小的组织被排除在资源分配系统之外，面临因缺乏资助而退出的风险。随着2017年境外基金陆续退出，国内两大环保基金会（阿里巴巴以及阿拉善SEE）占据垄断性资助地位，导致环境社会组织发展面临三大困境：资金渠道的单一化风险；对大型的专业性组织支持导致ENGO工作领域的同质性以及资源聚集的"马太效应"；三是凸显组织专业性水平与公众参与的悖论，导致公众性低水平参与组织专业化治理行动。

目前ENGO资源动员环境呈现一幅专业化优势发展型资助的生态图。一方面，专业化的环保话语与实践行动顺应国内外基金资助的方向与偏好，大规模、专业化的国内外ENGO占据国内外丰富的基金会资源，其通过专业化报告发布对环境问题进行科学宣称；而专业化水平较高的在地ENGO将宏观环境问题进行本地化环境污染风险的解读，开发污染监督产品供一线ENGO使用，但同时陷入专业化水平提升与公众化动员不足的悖论；另一方面，基于早期境外基金会孵化培育的小规模、未注册的环境社会组织，以通俗化与粗放的行动倡导实践与公众建立连接，作为大型专业化ENGO与公众的桥梁。面对资源分配排斥的困境，新兴的小规模环境社会组织转向动员公众参与和筹款以获得"求生存"的机会。由此表明，基于专业化优势发展型资助原则，大量处于夹缝中生存的后端ENGO作为共同推动多元生态位的环保实践，成为搭建专业性与公众性策略的桥梁，实现"上下接力式"的环境治理模式；此外，身份合法性是获得项目支持的前提，众筹时代的到来有利于一线ENGO突破制度与空间限制，为获得"求生存"的资源创造契机。

3. 环境议题的融合性媒体传播与多元话语实践。环境议题通过在媒体上不断出现而获得合法性，ENGO通过制造能够引起社会舆论关注某个环境议题事件向政府施加压力，促使政府关注公众的规范、利益和行为等，从而将环境议题推向政策议程（曼纽尔，2006：189；罗伯特，2008：472-474）。首先，环境传播主体从单一主导走向多元话语实践。传统媒体时期，政府通过权力和资源优势，借由权威与主流媒体在环境传播的话语实践中占据主导地位，控制信息选择权、发布权及主要流向。由于资源受限以及合法性压力，早期ENGO负责人通过兼具环保人士与媒体工作者的双重身份为环境传播创造有限的话语空间，如以新闻工作者身份呈现环保公益活动信息，同时为弱势群体维护自身环境生存权益提供表达渠道（何平立、沈瑞英，2012；郭小平，2013：273-277）。1990年代以来，以政府为主导的专业引导媒体与综合性媒体纳入环境专栏传播，尤其是互联网时代的到来，使拥有实时交互优势的新媒体为公众创造了话语空间，自媒体成为公众发布与宣传多元环境议题的重要途径（李淑文，2010；陈虹、潘玉，2018）。其次，从议题表达来看，传统媒体以常规性议题为主，而新媒体创设大量开放性的新议题。传统媒体以生态保护与节能减排议题为主，新媒体则以各类污染议题为主。随着传统“新闻舆论场”以及现代“民间舆论场”的互动合作，环境议题以融合传播方式出现，通过新媒体创设新议题，传统媒体跟进报道，将网络意见推向高潮，发挥各自优点。随着新媒体的发展，环境信息获取与发布获得较大的开放性和自由度，打破了精英话语和专业话语垄断，公众话语成为新媒体语境格局的重要补充，为从多元话语建构环境问题创造了条件。

研究表明，ENGO运用多阶段媒体融合传播路径，为专业化环境问题转向通俗化解读提供了契机。新媒体的使用在打破传统话语垄断的同时，拓展了话语实践主体与空间。前端ENGO采取权威而专业的国内外媒体为环境问题进行激进的“行为艺术”宣称，形成面向自上而下环境问题的专家与专业话语系统；中端ENGO作为传统媒体与新媒体融合使用的桥梁，运用在地官方媒体维持政府的主导话语权，同时结合专业话语与在地环境问题，运用新媒体进行“本土化”的话语实践解读，形成遍地开花的行动产品与项目；末端ENGO得益于新媒体成本低、传播广、时效强等优势，运用自媒体和网络社群形成联盟支持话语平台，通过在地行动倡导与通俗化解读，突破专业与权威话语垄断，从而为“自上而下”多层次话语实践建构环境问题提供公众参与的现实依据。基于媒体转型发展，通过多元生态位的ENGO的话语实践，形成从国内外、权威专业话语到本土化、地方性话语解读环境问题的行动网络。

为此，不同生态位的ENGO通过组织化接力倡导实践，为建立公众环境意识到环境行为关联讨论提供了一种全新的视角。前端、中端与后端ENGO的接力行动实践主要表现为以下方面：一是基于宏观政策对ENGO合法性的约束。不同生态位ENGO通过“备案制”、“合法注册”以及“小世界”自由行动策略，持续构建上下联动的“橄榄型”行动空间，中端的合法行动空间以前端组织的环境议题宣称为基础，同时作为末端ENGO行动实践信息收集反馈的中转站以及专业化有序回应的重要桥梁。二是基于资助环境从国际走向国内的转型变迁，ENGO 根据专业化水平以及与公众关系距离进行自我定位，以“生存型”的行动实践倡导、“专业化”的污染调查报告发布以及在地环境问题监督等工作定位建立多层次的资源动员网络，最终形成可持续与多元化的组织发展资源动员网络生态。三是环境议题融合性传播与多元话语实践宣称。不同生态位 ENGO 基于新媒体发展与运用，打破传统的“权威与专业话语体系”，推动以公众为主的地方性多元主体共建本土化话语实践，搭建公众行动实践与专家专业话语体系之间的桥梁，推动公众环境问题意识向行动转变，从而形成“自上而下意识觉醒以及自下而上行动倡导”的环境问题立体式建构逻辑。

研究发现，组织的合法性、专业性，媒体资源动员能力与公众参与度等因素影响环境社会组织建构环境问题。不同生态位 ENGO 对环境问题的建构过程反映了结构与行动视角下的行动者间的合作与博弈实践过程（如表 3 所示）。基于事件流阶段、组织专业性以及功能定位标准划分前端、中端、后端三大生态位的 ENGO 类型。通过环境问题建构过程中的行动策略分析发现，前端 ENGO 以专业性与资源动员能力优势形成“议题宣称与媒体舆论影响”，中端 ENGO 以合法性为主导成为“议题在地化实践”主力军，末端 ENGO 因与公众联系具有天然优势，成为“议题通俗化与行动普及”的倡导者，通过多阶段行动实践，最终形塑环境议题“宣称与媒体舆论影响—在地化实践—通俗化行动普及”多阶段环境问题建构的过程逻辑。

表 3　ENGO 建构环境问题行动策略的影响因素分析

事件流阶段	前端：绿色和平	中端：绿色潇湘	末端：自然大学
生态位特征	高	中	低
①合法性	+	++	—
②专业性	++	+	—
③媒体资源动员能力	++	+	—
④公众参与度	—	+	++
建构结果	议题宣称与媒体舆论影响	议题在地化实践	议题通俗化行动普及

注：该表只从定性做判断，无量化含义；“++”表示在该维度上具备较高水平表征，“+”表示在该维度上具备中等水平表征，“—”表示在该维度上具备较低水平表征。

五、研究结论与讨论

在风险社会背景下，推动公众环保意识向环境行动转化，成为实现美丽中国环境治理蓝图的必然路径，其前提条件是专业的环境议题以及政府主导话语走向地方性与公众性的环境行动实践。本研究立足于组织“生态位”合作网络与社会建构过程视角，提出“多元生态位—接力式建构—环境问题政策化”的问题建构过程逻辑。在特定政策背景下，基于事件流阶段、专业化水平以及功能定位将环境社会组织划分为前端、中端与后端三大生态位，通过多层次环境问题建构条件策略以及多阶段环境议题向行动转化的系统性行动策略整合，形成“接力式”联动建构环境问题的“全景图”，从而开启环境问题的“政策之窗”。为此，多元 ENGO 建构环境问题“接力式”模式体现为以下三大行动逻辑。

第一，多元生态位 ENGO“接力式”建构环境问题的全景图。前、中、后三大生态位 ENGO 自上而下协同合作，推动环境问题建构的全过程：“议题形成与宣称—议题在地化实践—议题通俗化的公众实践”。经验研究表明，在特定社会结构背景下的 ENGO 参与环境治理实践呈现“生态定位”的功能差异，即以专业性为主导的前端 ENGO，以一线行动倡导公众参与为优势的后端 ENGO 以及以合法有序的在地化行动为主导的中端 ENGO。多元生态位 ENGO“接力式”环境问题建构凸显三大特点：一是多层次性。ENGO 多层次行动策略对问题建构条件的整合性解读。二是多阶段性。ENGO 通过多阶段策略行动，实现环境议题向环境行动转化的过程实践。三是协同性。环境问题科学化与专业化从宣称到公众关注与在地化的行动实践过程，实质上是不同生态位 ENGO 多层次解读与实践建构条件以及多阶段建构环境问题的合作与博弈结果，从而形成“接力式”环境问题建构的全景图。

第二，以多元生态位 ENGO 建构“上下”联动的环保行动网络空间。通过多阶段“专业化到通俗化”的解读，连接宏观科学环境议题关注与微观公众的本土化实践经验。面对环境污染风险，环境社会组织作为治理行动网络的重要主体，基于合法性、专业性以及资源动员能力等约束，在竞争实践中逐渐形成具有差异化优势的生态位划分。多元生态位 ENGO 协同拓展环境议题建构的“上下”联动的行动空间：前端 ENGO 基于专业性优势利用内外媒体进行科学议题宣称，末端 ENGO 具有获得公众支持的制度外自由行动空间的天然优势，作为桥梁中端的 ENGO 以合法性优势进行在地化的实践创新以建构合法有序的地方性行动空间。有学者认为，环境社会组织作为连接政府与公众的纽带，为何以 ENGO 运用媒体符号形象宣称的环境风险议题却未能引起公众关注？其关键可能在于，以政府主导的规范性环保话语与通俗化公众环境行为之间存在断裂。为此，以生态位为基础对 ENGO 进行功能定位分析，建立连接政府与公众之间的纽带，形成宏观科学议题到微观本土化经验实践的有序行动，构建基于政府政策倡导—社会组织专业化实践—公众环保行动的“上下”联动的环保行动网络空间。

第三，橄榄型结构的 ENGO 发挥专业化与在地化优势，形成自上而下环境意识觉醒以及自下而上有序行动回应，联动开启环境问题的“政策之窗”。研究发现，“橄榄型”环境社会组织具有两层涵义：一是 ENGO 的专业发展与规模数量结构凸显“中端为主，前后端为辅”的特点。二是揭示 ENGO 在特定政策环境背景下的行动空间的约制。合法注册的中端 ENGO 成为环境治理的“主力军”，前端 ENGO 对科学环境问题的宣称是中端 ENGO 进行“在地化”环境议题解读与创新实践的前提，末端行动倡导者 ENGO 基于公众支持优势为中端 ENGO 的有序行动拓展行动空间支持与制度外资源，从而基于前端与末端 ENGO 的行动实践，突破了中端 ENGO 的地域性与议题领域限制。末端 ENGO 陪伴式的行动倡导成为打通公众环境意识到环境行为距离的“最后一公里”，通过公众个体为追求自我利益补偿或以社区为本的环境正义等不同层次的实践，推动环境问题进入政策议程，从而通过自上而下的环境意识的倡导与觉醒以及自下而上多元主体的合法、理性有序的行动实践，联动开启环境问题的“政策之窗”。

在复合型治理背景下，从环境社会组织的生态位视角对环境问题建构过程与策略的创新分析，有利于通过建构“政府—环境社会组织—公众”合作行动网络，从中观与宏观维度解读环境意识到环境行动的距离，从而回应公众参与环境治理“失灵”的困境。以“生态位”为基础的环境社会组织类型与功能定位分析表明，环境问题的“接力式”建构模式具有多层次性、系统性、协同性以及动态过程性等特征。

作为探索性的研究，本文还存在以下问题有待进一步讨论：一是以目的性抽样选择典型案例分析，缺乏一定的科学性与严谨性。本文根据研究经验总结与理论视角构建 ENGO 的三大生态位理想类型，并以此作为方法论基础进行目的性抽象选择三个典型案例。实际上，通过案例分析发现，在纵向动态发展过程中同一生态位环境社会组织在环境问题建构中可能具有多生态位特征。与此同时从横向上看，同一建构条件中不同生态位环境社会组织的行动策略也呈现整合性特征，而非单一建构特征类型。二是本文侧重探究不同生态位环境社会组织对环境问题建构的过程性分析，未侧重讨论环境问题建构成效。对不同的建构条件指标以及影响因素分析采用的是基于田野调查研究经验的质性判断与解读，而非精确测量，未来将基于本研究结论的核心变量，即合法性、专业性、资源动员能力、公众参与度等的测量，采用大样本数据进行实证检验。

参考文献

陈阿江，2019，《环境污染如何转化为社会问题》，《探索与争鸣》第 8 期。

陈虹、潘玉，2018，《从话语到行动：环境传播多元主体协同治理新模式》，《新闻记者》第 2 期。

范永茂、殷玉敏，2016，《跨界环境问题的合作治理模式选择——理论讨论和三个案例》，《公共管理学报》第 2 期。

龚文娟，2013，《约制与建构：环境议题的呈现机制 基于 A 市市民反建 L 垃圾焚烧厂的省思》，《社会》第 1 期。

郭小平，2013，《环境传播：话语变迁、风险议题建构与路径选择》，武汉：华中科技大学出版社。
何平立、沈瑞英，2012，《资源、体制与行动：当前中国环境保护社会运动析论》，《上海大学学报（社会科学版）》第 1 期。
洪大用，2001，《社会变迁与环境问题：当代中国环境问题的社会学阐释》，北京：首都师范大学出版社。
洪大用，2002，《试论环境问题及其社会学的阐释模式》，《中国人民大学学报》第 5 期。
黄振辉，2010，《多案例与单案例研究的差异与进路安排——理论探讨与实例分析》，《管理案例研究与评论》第 2 期。
晋军、何江穗，2008，《碎片化中的底层表达——云南水电开发争论中的民间环保组织》，《学海》第 4 期。
晋军，2012，《两种环保小世界：社会转型期中的民间环保组织》，载郭于华主编《清华社会学评论（总第五辑）》，北京：社会科学文献出版社。
李洪佳，2016，《组织间合作网络构建：基于多主体参与的公共服务供给模式创新研究》，《甘肃行政学院学报》第 3 期。
李淑文，2010，《环境传播的审视与展望——基于 30 年历程的梳理》，《现代传播（中国传媒大学学报）》第 8 期。
李朔严，2018，《政党统合的力量：党、政治资本与草根 NGO 的发展 基于 Z 省 H 市的多案例比较研究》，《社会》第 1 期。
罗伯特·K·默顿，2001，《社会研究与社会政策》，林聚任等译，北京：生活·读书·新知三联书店。
罗伯特·K. 默顿，2008，《社会理论和社会结构》，唐少杰等译，南京：译林出版社。
罗伯特·K. 殷，2017，《案例研究设计与方法（第 5 版）》，周海涛、史少杰译，重庆：重庆大学出版社。
曼纽尔·卡斯特，2006，《认同的力量（第 2 版）》，曹荣湘译，北京：社会科学文献出版社。
彭文俊、王晓鸣，2016，《生态位概念和内涵的发展及其在生态学中的定位》，《应用生态学报》第 1 期。
皮特·何、瑞志·安德蒙，2012，《嵌入式行动主义在中国社会运动的机遇与约束》，李婵娟译，北京：社会科学文献出版社。
乔永平、郭辉，2016，《环境问题的社会建构过程与模式探究》，《南京林业大学学报（人文社会科学版）》第 2 期。
泰伦斯·霍克斯，2018，《结构主义与符号学西方人文经典译丛》，翟晶译，北京：知识产权出版社。
谭爽、任彤，2017，《我国环境抗争中社区自组织与民间环保 NGO 之比较——以阿苏卫垃圾焚烧项目反建事件为例》，《南京工业大学学报（社会科学版）》第 4 期。

唐任伍、李澄，2014，《元治理视阈下中国环境治理的策略选择》，《中国人口·资源与环境》第2期。

童志锋，2009，《动员结构与自然保育运动的发展——以怒江反坝运动为例》，《开放时代》第9期。

徐浩、张永理，2014，《灾害救援中非营利组织的自合作趋势及其行动逻辑》，《中国行政管理》第10期。

郇庆治，2012，《“政治机会结构”视角下的中国环境运动及其战略选择》，《南京工业大学学报（社会科学版）》第4期。

颜景毅，2017，《“参与”的传播：社交媒体功能的杜威式解读》，《现代传播（中国传媒大学学报）》第12期。

闫志刚，2006，《社会建构论：社会问题理论研究的一种新视角》，《社会》第1期。

杨柯，2015，《社会组织间自合作成功的关键因素探讨——以“5·12”汶川地震陕西NGO赈灾联盟为例》，《中国行政管理》第8期。

叶托，2018，《环保社会组织参与环境治理的制度空间与行动策略》，《中国地质大学学报（社会科学版）》第6期。

约翰·汉尼根，2009，《环境社会学（第二版）》，洪大用等译，北京：中国人民大学出版社。

约翰·W·金登，2017，《议程、备选方案与公共政策》，丁煌、方兴译，北京：中国人民大学出版社。

曾繁旭，2007，《环保NGO的议题建构与公共表达——以自然之友建构“保护藏羚羊”议题为个案》，《国际新闻界》第10期。

张虎彪，2013，《环保NGO的政治机会空间的营造——以C市环保协会对政府的行动策略为例》，《南京工业大学学报（社会科学版）》第4期。

郑思齐、万广华、孙伟增等，2013，《公众诉求与城市环境治理》，《管理世界》第6期。

周志家，2011，《环境保护、群体压力还是利益波及厦门居民PX环境运动参与行为的动机分析》，《社会》第1期。

朱春全，1997，《生态位态势理论与扩充假说》，《生态学报》第3期。

Berger P L.，Luckmann T. 1966. *The Social Construction of Reality*：*A Treatise in the Sociology of Knowledge*. NY：Anchor Books.

Carl M. 1988. *Community Organizations*：*Studies in Resource Mobilization and Exchange*. New York：Oxford University Press.

Dalton R J.，Recchia S.，Rohrschneider R. 2003. “The Environmental Movement and the Modes of Political Action.” *Comparative Political Studies* (7).

Hardy C.，Phillips N.，Lawrence T B. 2003. “Resources，Knowledge and Influence：the Organizational Effects of Interorganizational Collaboration.” *Journal of Management Studies* (2).

Ho P., Edmonds R L. 2007. *China's Embedded Activism Opportunities and Constraints of A Social Movement*. Routledge: Taylor & Francis E-Library.

Kitsuse J I., Spector M. 1987. *Constructing Social Problems*. New York: Aldine de Gruyter.

Yang G. 2005. "Environmental NGOs and Institutional Dynamics in China." *The China Quarterly*, (181).

Zhan X., Tang S. 2013. "Political Opportunities, Resource Constraints and Policy Advocacy of Environmental NGOs in China." *Public Administration* (2).

间断-均衡理论与农村环境治理政策演进逻辑

——基于政策文本的分析*

高新宇　吴　尔**

摘　要： 农村环境治理是当下社会重点关注的问题之一。基于间断-均衡理论模型，使用政策文本分析方法，将新中国成立至今（1949—2020 年）农村环境治理政策变迁历程划分为 4 个均衡期和 2 个间断期。研究发现，我国农村环境治理政策变迁呈现出一种非线性、伴有偶然性突变、不确定性较高的特征。基于中国场景，农村环境治理政策变迁先后经历绿色发展萌芽、全能政治主义、历史转折、治理转型到生态文明建设启动、发展 6 个阶段的深刻调整。中央政府决策的注意分配、焦点事件的推动和公民环保参与行动通过改变政策场域进而影响了农村环境治理政策变迁。

关键词： 农村环境治理；间断-均衡理论；政策变迁；演进逻辑

一、问题的提出：社会变迁的环境治理之维

公共政策的制定及演化过程是理解政策变迁的重要“窗口”。新中国成立以来，我国农村经济发展在取得历史性成就的同时也付出了巨大的环境代价，农业面源污染、乡镇工业污染与乡村生态系统退化等构成了农村环境污染的主要表征。如何平衡农村经济

---

* 原文发表于《南京工业大学学报（社会科学版）》2020 年第 3 期。

** 作者简介：高新宇，安徽财经大学财政与公共管理学院副教授、博士后，华南理工大学广州特大城市风险治理研究中心研究员。

吴尔，安徽财经大学财政与公共管理学院。

基金项目：教育部人文社会科学青年基金项目“城市邻避风险的社会放大效应与政府回应机制研究”（18YJC840012）；中国博士后科学基金面上项目“共同体视阈下农村工业污染的复合型治理机制研究”（2019M662937）；安徽省高校人文社会科学研究重点项目“共同体视阈下我国农村工业污染治理模式研究”（SK2018A0434）。

发展与生态环境保护，破解农村环境治理难题显得尤为重要。新中国成立以来，党和政府一直积极探索农村环境治理“良方”。第一代中央领导集体依据国情提出了诸如节约资源、节俭消费、植树造林、兴修水利等绿色发展理念（陆波、方世南，2016）。改革开放以来，随着《中华人民共和国环境保护法（试行）》的颁布，农村环境治理进入制度建设阶段，“中央一号文件”连续多年对农村环境问题提出科学合理的治理措施。党的十八届三中全会提出“美丽乡村建设”主张；十九大报告将“生态宜居”纳入乡村振兴战略体系；十九届四中全会延续了对农村环境治理的高度关注，提出“加强农业农村污染防治”的方针政策。在人民对美好生态环境需要日益迫切的当下，系统梳理新中国成立以来农村环境治理政策的流变及其背后的逻辑，既是对社会事实的回应，亦是生态文明建设的题中应有之义。

作为环境治理核心要素之一的环境政策（张萍、农麟、韩静宇，2017），其体系构成与变迁历程一直是学界研究的热点。杜焱强（2019）阐释了农村环境治理 70 年（1949—2019 年）的政策演进及治理逻辑变化；郝就笑等（2019）分析了改革开放以来中国环境治理模式的变迁；董海军等（2017）基于社会变迁理论回顾了环境治理的政策流变及阶段性特征。总体而言，既有研究关注和总结了我国农村环境治理政策变迁的历程、特点与逻辑等。然而，一方面，已有研究多从静态视角聚焦环境政策变迁过程，缺乏对不同时期制度多样性的考量，致使研究呈现出“碎片化”的理论图景；另一方面，政府在环境决策过程中会面临不同的决策语境、政策背景以及所要解决问题的缓急程度等问题，因此较为静态的环境治理政策研究可能会无法准确把握环境治理的动态逻辑演进（彭铭刚，2018）。

鉴于此，本文尝试回答如下问题：新中国成立至今，中央政府在农村环境治理政策的制定过程中发生了哪些变化？农村环境治理政策变化背后的逻辑动因是什么？作为一个快速转型的发展中国家，中国的农村环境治理政策变迁过程是否遵循间断-均衡逻辑？中国特有的制度环境对政策过程会产生什么影响？对上述问题的回答可以加深对中国农村环境治理政策颁布过程的认知，建构具有中国特色的间断-均衡环境治理政策本土化分析框架。故而，本文运用间断-均衡理论（punctuated-equilibrium theory，PET），考察中国农村环境治理的政策演变历程，探讨不同阶段农村环境面临的主要问题及国家应对措施，剖析政策变迁背后的逻辑动因与根源，以期更好地回应环境治理体系和治理能力现代化背景下农村环境治理政策的未来走向。

二、 研究方法与分析框架：间断-均衡模型及其在中国的应用

（一）研究方法

文本分析旨在通过读者对文本的某些特征进行客观的“解读”，挖掘其背后隐含的

深层含义（涂端午，2009）。公共政策文本作为公共政策存在的物理载体，对分析特定领域的政策意图及政策未来走向意义斐然（任弢、黄萃、苏竣，2017）。本文采用政策文本分析（policy documents analysis）的方法，一方面梳理新中国成立至今（1949—2020 年）中央政府层面在农村环境治理领域所颁布的主要政策文件，以期呈现出不同阶段的政策特征及变迁趋向；另一方面对“中央一号文件”中关于农村环境治理的内容展开研究。此外，还将对中央层面涉及农村环境治理的相关法律法规进行分析。不同类型的文件之间可以有效地进行信息交互验证，实现资料的“三角检索”，确保研究的信度和效度。作为中国特色的“文件治国”嵌入行政治理体系，是窥探国家治理“效率-合法性”逻辑的理想场所（李林倬，2013）。

（二）分析框架

间断-均衡理论致力于解释为何公共政策会在长期处于稳定的状态下偶尔也会发生非连续（disjoint）或剧烈（dramatic）的变迁（保罗，2004）。20 世纪 90 年代美国学者弗兰克·鲍姆加特纳（Frank. Baumgartner）和布莱恩·琼斯（Bryan D. Jones）充分吸收政策过程变迁的渐进模型与偏好模型的合理内核，挑战性地提出了间断-均衡理论，该理论源于古生物领域的间断-平衡学说，最早是为了批判达尔文的平稳进化论而提出的（李文钊，2018a）。间断-均衡理论共有两个基本前提：一方面，该理论认为宏观政治系统与政策子系统处于政治体系的不同层面，二者作为制度因素解释了政策渐进或间断的发生（文宏，2014）；另一方面，该理论模型假设拥有决定政策议程权威的机构或组织形成了一个封闭性政策场域，并通过价值理念的输送，促使了国家政策形象被强化，最终达到对政策的垄断，从而达到政策的长期渐进式平衡（李朔严、张克，2016）。

为了更好地理解间断均衡理论的核心要点，有必要对其包含的几组主要概念进行阐释。

① 政策图景（policy image）。政策图景是指有关政策的价值和信仰，与政策制度之间的互动促使了政策动态变迁效应的产生，其又被称为“政策形象”，泛指某项政策在公众和媒体中怎样理解和讨论（Baumgartner and Bryan，1993）。

② 政策场域（policy field）。政策场域是指对某项问题是否进入政策议程拥有决定权的社会机构与组织团体（李文钊，2018b）。

③ 政策垄断（policy monopoly）。政策垄断是指在政策制定过程中，由重要的行动者（包括利益集团、政策官员或政党联盟等）组成的封闭体系，如美国核政策中的“铁三角”关系（Givel and Micael，2006）。

④ 决策者注意力（decision maker attention）。有限理性假设指出，人具有个人层面和集体层面的有限理性。前者是指个人的注意力是有限的，无法一直连续关注某个政策

议题；后者认为囿于决策者的时间和精力，无法处理所有的政策议题，只有那些被提上宏观政治议程的政策问题才有可能得到政策权威的关注（李朔严、张克，2016）。

在公共政策制定过程中，政策图景的变化容易引起政策场域的变迁，而政策场域的变化亦会带来政策图景的变化。当两者同时发生剧烈“摩擦”（friction）时，决策者注意力的转移以及新的政策制定参与者的介入可能会导致政策垄断出现崩溃的状态，从而导致政策发生突发性的间断，最终政策垄断相继终止，新政策出台，公共政策进入下一个平衡期（文宏，2014）。政策间断-均衡的形成逻辑见图 1 和图 2。

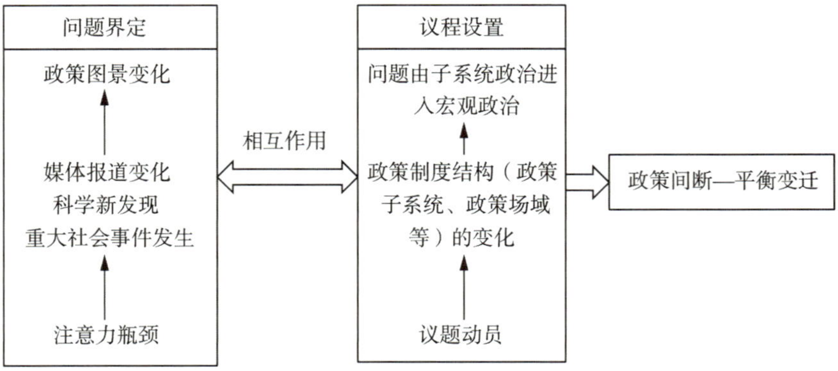

图 1　政策间断均衡变迁过程（文宏，2014）

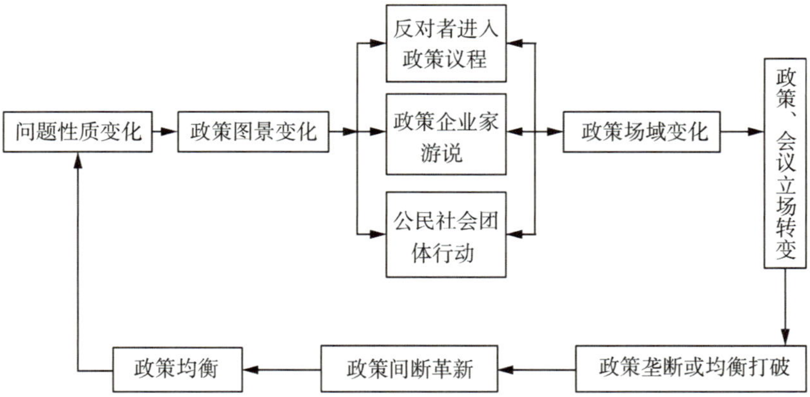

图 2　政策间断—均衡变迁过程（杨冠琼，2009）

近年来，间断-均衡理论逐渐引起国内学界的关注。一些学者对该理论模型进行了评述并分析了其在中国场景下的应用（文宏，2014；李朔严、张克，2016），这对理解间断-均衡理论的中国适用性问题大有裨益。由于间断-均衡理论是西方理论的“舶来品”，而中国的国情与西方国家差异较大，运用该理论对中国的公共政策变迁问题进行剖析时则需要根据现实情境进行相应修正。在环境治理政策研究领域，以间断-均衡理论展开探讨的研究屈指可数，因此，从间断-均衡理论视角考察中国环境治理政策变迁在学理上具有重要的价值。此外，间断-均衡理论的提出及演进过程，回应了社会科学研究中的“科尔曼难题”①。

三、 中国农村环境治理政策变迁的间断-均衡阐释

（一）探索均衡期：绿色发展理念萌芽背景下的政策均衡（1949—1957年）

依据间断-均衡理论可知，政策的起始阶段一般作为研究政策变迁的起点，定为政策发展的均衡期。新中国成立初期百业待兴，社会主义现代化建设的需求大于环境保护的需要。中央政府第一个五年计划中明确提出优先发展重工业和能源工业。《中华人民共和国政治协商会议共同纲领》（以下简称《共同纲领》）提出兴修水利、保护森林、有计划地发展林业等政策目标（张金俊，2018）。1955年毛泽东同志主持起草的《征询对农业十七条的意见》中要求实行消灭荒山与实行绿化并举的环境保护方针（中共中央文献研究室、国家林业局，2003）。1957年国务院发布《中华人民共和国水土保持暂行纲要》，开展了控制水土流失、封山育林等初步环境保护工作。从政策图景来看，发展理念的盛行造成了农村环境问题的凸显，工业“三废”直接排入河道，形成了一定的污染（曲格平，1988）。从政策过程观之，此阶段中央政府的主要任务是恢复国民经济和发展工业，环境保护政策处于零星和萌芽状态。纵观这一时期的环境政策特点，一方面，领袖人物“卡里斯玛权威”及生态保护价值偏好在一定程度上推动了环境保护萌芽的产生；另一方面，环境政策制定主体多限于中央政府，并通过自上而下的科层制权力运作机制，向地方政府及其他主体发布“命令”。这一时期，中国的农村环境保护事业发展相对缓慢，政策出台处于起步阶段，总体呈现均衡期的平稳态势。

（二）强势间断期：“全能主义”政治图景下的强势间断（1958—1977年）

政策图景和政策场域之间的互动触发了政策的动态变迁。在“大跃进”时期，“人定胜天”“人有多大胆，地有多大产”等主观唯心主义观点盛行，全国上下“大炼钢铁”的行动给农村生态环境造成了极大的破坏。在“文革”时期，片面强调“以粮食为纲”的政策，使得农村地区大规模地毁林开荒与围湖造田，破坏了农村生态环境和生态系统（王西琴、李蕊舟、李兆捷，2015）。

值得注意的是，在这一时期，国家也开始关注环境保护问题。1963年5月，国务院出台《中华人民共和国森林保护条例》；1965年12月国务院批转《中华人民共和国矿产

① 科尔曼在《社会理论的基础》一书中，阐释了社会科学的解释重点在于需要打通宏观系统行为和微观个人行为之间的关系，“科尔曼难题”即宏观与微观之间的协调难题，而间断-均衡理论的演进过程则是微观与宏观进行有机协调的探索。

资源保护试行条例》，要求矿产属地基层政府与广大人民群众充分联系，共同做好农村的保林保矿工作；1972 年 6 月，中国代表团受邀参加联合国首次举办的“全球人类环境会议”，1973 年 8 月，国家召开了第一次环境保护会议并提出了环境保护的“三十二字方针”①，审议通过了《关于保护和改善环境的若干规定》；1974 年 5 月，国务院成立了环境保护领导小组与相应的办事机构。旧的政策场域被打破，新的政策场域重新形成。这一时期国家政策的注意力初步聚焦在工业与城市环境治理上，而对农村环境保护政策的关注仍处于相对边缘化状态。纵观此阶段，环境政策决策体制的封闭性使得政策子系统形成政策垄断；“大跃进”、“文革”等焦点事件促成了农村环境治理政策间断期的来临。

（三）弱势间断期：历史转折背景下的弱势间断（1978—1994 年）

党的十一届三中全会的召开，标志着我国进入了新的发展时代，在环境保护领域出现了几件具有重大历史意义的事件，开启了环境保护的法制化进程。1978 年颁布的《中华人民共和国宪法》中明确指出“国家保护环境和自然资源，防治污染和其他公害”；1983 年 12 月召开的全国第二次环境保护工作会议将环境保护明确为中国现代化建设中的一项战略任务，并将其提升到基本国策的高度；1982—1986 年的“中央一号文件”②中开始关注农村环境治理问题，提出诸如“保护和建设草原、发动群众植树造林、绿化祖国、采取措施保护生态平衡、保护天然资源和农村水土保持及改善生态环境”等政策举措；1989 年颁布了《中华人民共和国环境保护法》，至此，我国初步形成了一套以宪法为基础，以环境保护为内容的法律体系。1990 年，《国务院关于进一步加强环境保护工作的决定》进一步强调控制好农药、化肥、农膜对农村生态环境的污染；1993 年颁布的《中华人民共和国农业法》规定“合理使用农药化肥、增加有机肥的使用”等。

该阶段农村环境污染的表现形式主要以乡镇工业污染和农业面源污染为主（杜焱强，2019），国家相应地建立了环境保护机构，颁布了关涉农村环境保护的法律法规、政策文件。由于此阶段处于农村环境保护制度的初创时期，政策的覆盖面和完善度尚需提高。特别是 1984 年以后，党和国家的发展重心由农村转向城市，政府对农村环境治理的注意力亦发生转向，但相应的政策变动并未出现突发式的间断，农村环境治理政策在整个国家宏观政策体系中处于弱势间断状态（陈伟、高力，2015）。

---

① 全文为“全面规划、合理布局、综合利用、化害为利、依靠群众、大家动手、保护环境、造福人民”。

② “中央一号文件”是指中共中央每年发布的第一份文件，1982—1986 年连续 5 年发布了关于“三农”主题的一号文件；从 1987 年开始，党和国家的工作重心转向城市，所以 1987—2003 年的一号文件主要关注城市发展问题，从 2004—2020 年，中共中央又连续 17 年发布关于“三农”主题的一号文件。“中央一号文件”现已成为中共中央重视农村问题的专有名词，体现了国家农村政策走向的“风向标”。因此，选取“中央一号文件”中关于农村环境治理的表述内容，可以较好地反映党和政府在农村环境治理问题上的政策态度。

（四）探索均衡期：治理转型背景下的探索均衡（1995—2006年）

1995年颁布的《中华人民共和国固体废弃物污染环境防治法》对畜禽规模养殖所产生的畜禽粪便的收集、贮存、利用做出有关规定；1998年出台的《基本农田保护条例》提倡农民要合理使用农药化肥，在农业种植上使用有机化肥肥料；1999年出台的《国家环境保护总局关于加强农村生态环境保护工作的若干意见》以国家权威政策文件的形式第一次系统强调农村环境保护的重要地位。为规范村镇卫生保护工作，促进农村环境治理工作的有效推进，国家有关政府部门围绕着农村环境治理工作制定出了具体规划与方针政策，2000年出台的《村镇卫生规划标准》强调对农村的粪便要进行无害化的处理。党的十六大及2003年新一届中央政府重新开始重视“三农问题”。2004年颁布的“中央一号文件”是时隔18年后“三农问题”重新成为党和政府高度关注问题的“元年”，该文件提出要继续搞好生态建设，对天然林保护、退耕还林还草和湿地保护等生态工程，要统筹安排、因地制宜、巩固成果、注重实效。2005年，习近平同志提出“绿水青山就是金山银山”的“两山理论”，成为中国加快生态文明建设的指导思想。之后至今的“中央一号文件”中均提及农村环境治理主题。“退耕还林还草、加强农田水利、发展农村清洁能源、改善农村水环境”等一系列农村生态环境治理举措均体现了国家对农村环境保护工作的高度重视。

在这一阶段，首次出台了专门针对农村环境保护的政策，农村环境污染得到了一定程度的遏制。从治理理念上看，政府摒弃了以往“先污染，后治理”的传统观念，开始重视经济发展与环境保护并驾齐驱，各方力量协同配合，农村环境治理政策未出现明显的波动，基本处于探索均衡期。

（五）发展均衡期：生态文明建设背景下的发展均衡（2007—2012年）

2007年，党的十七大首次提出生态文明建设，在生态文明理念的指导之下，中国农村环境保护事业进入了一个新的历史阶段。为加强基层政府部门及农村社区对环境治理工作的监督力度，生态环境部于2007年下发了《关于加强农村环境保护工作的意见》，要求政府部门督促有关单位定期检查农村环境保护工作。为解决农村环境治理资金问题，2008年全国农村环境保护工作电视电话会议出台“以奖促治、以奖代补”等措施来合理安排农村环境治理资金的使用。2009年，国务院办公厅转发环境保护等部门《关于实行“以奖促治”加快解决突出的农村环境问题的实施方案》，要求开展农村环境综合整治，切实改善农民的生产和生活环境。

整体看来，进入生态文明建设的新阶段，农村环境治理政策呈现出稳步持续完善的过程，政策场域及政策图景尚未发生剧烈变迁，而是处于平缓状态，政府的注意力较多关注农村环境保护并与时俱进地不断跟踪完善有关农村环境治理政策，整个变迁过程具有政策发展变迁均衡期的特征。

（六）完善均衡期：习近平生态文明思想指引下的完善均衡（2012 年—）

2012 年召开的党的十八大进一步提升了生态文明的重要程度，将其纳入“五位一体”的中国特色社会主义总体布局。具体言之，党的十八大之后，中国的生态文明建设进入发展的“快车道”，生态文明建设被纳入国家发展改革的总体规划之中，在农村环境领域连续出台相关治理措施，农村环境治理效果显现出质的“飞跃”。2017 年，党的十九大提出实施乡村振兴战略，建设生态宜居的美丽乡村；2018 年，中共中央办公厅、国务院办公厅印发了《农村人居环境整治三年行动方案》，集中整治农村环境脏乱差问题；2019 年，党的十九届四中全会提出国家治理能力和治理体系化要求，环境治理体系和治理能力的现代化是其中的重要内容，同年，在全国生态环境保护大会上确立了习近平生态文明思想；2020 年出台的《关于构建现代环境治理体系的指导意见》为建设生态文明和美丽中国提供了有力的制度保障。此外，2012—2020 年的“中央一号文件”涉及乡村垃圾治理、农村水环境治理、厕所革命、农村人居环境治理、村庄清洁和绿化行动及“美丽家园”建设等农村环境治理领域，体现了新时代党和国家对农村环境治理工作的高度重视。总体而言，新时代如何处理农村环境治理与乡村振兴的关系已然成为深化农村改革的重要议题。习近平生态文明思想为新时代中国特色社会主义指明了方向，将人民群众对优美环境的需要纳入美好生活需要之中，切实践行了“环境就是民生”的生态民生观。

纵观本阶段的农村环境治理政策，其显著区别于其他几个时期，体现出“治理资源丰富、治理手段多样及治理效能显著”等新时代的环境治理特征，农村环境治理政策在快速发展过程中走向完善均衡。此外，公民环境意识的觉醒、环保组织的价值倡导及环境群体性事件的“倒逼”等因素亦推动了农村环境治理政策的创新。

通过对我国农村环境治理政策的梳理可知，农村环境治理政策的变迁并不具有线性化特征，而是具有间断-均衡式非线性化的变迁特点。在每一个间断期与均衡期内国家治理农村环境的政策不尽相同，各时期内政策方案亦不断变化。在农村环境治理政策变迁过程中，政策场域、政策图景以及政策注意力分配影响着农村环境治理政策的变化。

四、 中国农村环境治理政策变迁的内在机理

基于以上对新中国成立至今中国农村环境治理政策变迁的梳理可知，从整体上看，中国农村环境治理政策变迁历程呈现出非线性化特征，演进过程符合间断-均衡特点。前已述及，间断-均衡理论的提出是基于西方公共政策背景，而西方政治制度中的结构性因素（政策场域）、议程设置［反对者进入政策议程、政策企业家游说等（文宏，

2014)］并不能较好地反映中国的政策实践，因此，必须依据中国的情景进行调适性修正，才能更科学地理解中国的政策变迁。综合考察中国农村环境治理政策变迁的6个阶段可以发现，当政策问题性质发生转变进而引起政策图景变化时，其主要因素来自中央政府的注意力分配、焦点事件的推动以及公民的环保参与行动，其中，政策场域的变化是农村环境治理政策变迁的前提，而中央政府的注意力分配、焦点事件推动、公民的环保参与行动则是促使政策场域变化的基础变量（李健、成鸿庚、贾孟媛，2018）（见图3）。

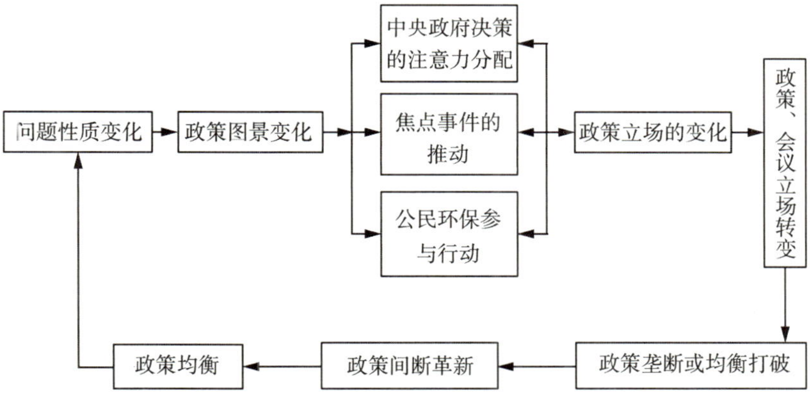

图3　调适后的中国农村环境治理政策间断—均衡模型

（一）中央政府决策的注意力分配

在组织决策过程中，注意力的分配在很大程度上决定了组织决策活动的偏好（周雪光，2003）。新中国成立初期，对内需要解决人民群众的温饱等日常生活需求问题，对外则要防止帝国主义等对新生政权的军事威胁。因此，在这种社会氛围下，党和国家的中心工作是社会主义经济建设与国防安全，而环境保护则在很大程度上被排除出政策子系统。党的十一届三中全会之后，中央政府的工作中心发生转移，环境污染事件的频发引起了党中央政府对农村环境问题的关注和重视，特别是进入21世纪以来的改革深化期，农村环境治理政策颁布的数量、质量、频次等较以往均有质的提升，这与中央政府的注意力转移密切相关。决策情境变化会引致决策者根本偏好及注意力的变化，进而导致政策选择的变化（彭铭刚，2018），在“科学发展”“生态文明”“环境治理共同体”等关涉环境保护的理念的推动下，促使农村环境治理问题进入国家公共政策议程设置（王绍光，2006）之中且愈发重要。

（二）焦点事件的推动

焦点事件（Focus Event）是政策变迁的重要触发机制，同时构成了公共政策间断式变迁的约束条件与激励机制（李健、成鸿庚、贾孟媛，2018）。前者是指焦点事件在政策图景与政策场域互动中发挥“摩擦”功能，从而阻止政策议程进入。回顾1958—1977年国家层面的政策变迁过程中，“大跃进”、“文革”等具有政治典型意义的焦点事件容易打破中央政府的注意力瓶颈（bottleneck of attention）（Howell，2015），致使政策场域封闭，进而引发政策的垄断与强化。在上述焦点事件的影响下，农村环境治理政策并非该阶段政府的主要关注点，间断也就成了一种必然。后者阐释了焦点事件有助于开启政策议程设置中的“机会之窗”（王郅强、张晓君，2018）。从政策范式转变视角观之，作为焦点事件的“十一届三中全会”引发了政策宏观系统的变化。21世纪以来引起社会广泛关注的污染事故与环境突发事件，可以迅速吸引决策者的注意力，促使政府调整现有环境政策，推动农村环境治理问题进入政府的“公共政策议程设置”之中，进而催化政策变迁过程。

（三）公民环保参与行动[①]

一方面，随着公民素质的提高与环境意识的觉醒，越来越多的民众开始关心环境政策，尤其是接受过正式环境教育的公众表现出更强的环境关心（洪大用 等，2015），这部分群体在遭受环境不公及环境利益损失时，倾向于采取行动，维护自身利益。不同于西方国家，中国的压力型政体及多年的行政思维惯性使得制度内的环境维权往往流于形式，被“政经一体化”（张玉林，2006）的“合谋”逻辑所消解。故而，公众常常通过非制度化的途径实现对公共政策的影响。例如，安徽蚌埠秋岗村民反对九彩罗化工厂的集体行动事件，最终影响政府决策，促使化工厂搬迁[②]。另一方面，环保NGO通过理念倡导、与政府部门和民众建立良好的互动关系等方式，开展环境保护行动影响政府决策。例如，“怒江反大坝”运动中的“绿家园”、农村生活垃圾分类活动中的“绿满江淮”等环保NGO均推动了农村环境问题进入决策者视野，成为政策议程设置和形成的关键变量。

五、 结论与讨论：农村环境治理政策演进逻辑与未来走向

间断-均衡理论是研究政策变迁驱动因素的主流思想之一，本文尝试将该理论嵌入中国具体公共政策的变迁过程，通过对新中国成立以来农村环境治理政策变迁过程进行系统的梳理与追踪，建构中国场景下的环境政策间断-均衡分析框架，并基于政策文本阐释其演进逻辑。

---

① 关于公民环保参与行动在本文中有两层意涵：一方面指民众为了自身合法的环境权益而采取的制度化诉求与非制度化的集体行动，如环境抗争、邻避运动等；另一方面是指环保NGO所倡导的旨在改变政府部门环境理念和价值选择的倡议行动与社会学习。

② 依据惯例，对村名和公司名称做了技术处理，关于本次事件的分析参见：高新宇，许佳君．权变式反向运动：社会转型期农民环境抗争的社会学阐释——Q村个案研究［J］．河海大学学报（哲学社会科学版），2015（3）：39-44.

第一，作为一个快速转型的发展中国家，中国农村环境治理政策变迁过程呈现出4个间断期和2个均衡期的间断-均衡变化逻辑。新中国成立至今，中央政府对农村环境治理领域的注意力分配呈现出日渐增强的趋势，焦点事件在政策场域变化中处于重要位置，构成了政策间断的双重条件（约束条件和激励机制）。近年来互联网的叠加效应加速了政策场域的开放。此外，公民环保参与行动也成为政策议程设置和形成的关键变量。

第二，历史制度主义在解释政策时强调制度环境的重要性，以制度模式和形态解释社会政策和现象（河连燮，2014）。农村环境治理的政策演进与国家制度变迁密切关联。在新中国成立伊始，经济发展成为当时时代的主旋律，农村环境治理不被重视。“大跃进”、“文革”时期的“大炼钢铁”“围湖造田”“毁林开荒”对农村生态环境和生态体系造成了严重的破坏。党的十一届三中全会之后，国家的发展重心发生转移，政治领域的松动与经济体制的转轨使得政府更加重视农村环境治理议题。进入新时代，社会主要矛盾发生转移，在环境领域表现为人民对美好环境的需要日益强烈，“生态文明”“绿水青山就是金山银山”“环境治理共同体”等话语理念的提出，进一步加强了农村环境治理的合法性。至此，党的十八大以来，党和政府出台了众多关于农村环境治理的重大决定决议，在很大程度上推动了农村环境治理政策的创新及农村生态环境的改善。

第三，党的十九大报告提出实施乡村振兴战略，要建设生态宜居的美丽乡村。2018年2月，中共中央办公厅、国务院办公厅印发的《农村人居环境整治三年行动方案》指出，改善农村人居环境，建设美丽宜居乡村，是实施乡村振兴战略的一项重要任务。党的十九届四中全会要求加强农村农业污染防治。2020年“中央一号文件”明确要求扎实搞好农村人居环境整治，支持农民群众开展村庄清洁绿化行动，推进美丽家园建设。展望未来，农村环境治理政策要有机融入乡村振兴和脱贫攻坚战略，以期推动环境治理体系和治理能力现代化。

参考文献

保罗·A·萨巴蒂尔，2004，《政策过程理论》，上海：三联书店。

陈伟、高力，2015，《间断-均衡模型：中央“一号文件”农业政策变迁的一种分析框架》，《云南行政学院学报》第2期。

董海军、郭岩升，2017，《中国社会变迁背景下的环境治理流变》，《学习与探索》第7期。

杜焱强，2019，《农村环境治理70年：历史演变、转换逻辑与未来走向》，《中国农业大学学报（社会科学版）》第10期。

郝就笑、孙瑜晨，2019，《走向智慧型治理：环境治理模式的变迁研究》，《南京工业大学学报（社会科学版)》第5期。
洪大用、范叶超、邓霞秋、曲天词，2015，《中国公众环境关心的年龄差异分析》，《青年研究》第1期。
李健、成鸿庚、贾孟媛，2018，《间断均衡视角下的政社关系变迁：基于1950—2017年我国社会组织政策考察》，《中国行政管理》第12期。
李林倬，2013，《基层政府的文件治理——以县级政府为例》，《社会学研究》第4期。
李朔严、张克，2016，《中国计划生育政策变迁研究（1956—2015）——基于间断均衡模型的视角》，《公共管理与政策评论》第4期。
李文钊，2018a，《向行为公共政策理论跨越——间断-均衡理论的演进逻辑与趋势》，《江苏行政学院学报》第1期。
李文钊，2018b，《间断均衡理论：探究政策过程中的稳定与变迁逻辑》，《上海行政学院学报》第2期。
陆波、方世南，2016，《绿色发展理念的演进轨迹》，《重庆社会科学》第9期。
彭铭刚，2018，《间断均衡与中国地方污染治理的逻辑》，北京：中国社会科学出版社。
任弢、黄萃、苏竣，2017，《公共政策文本研究的路径与发展》，《中国行政管理》第5期。
涂端午，2009，《教育政策文本分析及其应用》，《复旦教育论坛》第5期。
文宏，2014，《间断均衡理论与中国公共政策的演进逻辑——兰州出租车政策（1982—2012）的变迁考察》，《公共管理学报》第2期。
王西琴、李蕊舟、李兆捷，2015，《我国农村环境政策变迁：回顾、挑战与展望》，《现代管理科学》第10期。
王绍光，2006，《中国公共政策议程设置的模式》，《中国社会科学》第5期。
王郅强、张晓君，2018，《改革开放40年以来中国应急管理变迁——以“间断-均衡”理论为视角》，《华南理工大学学报（社会科学版)》第6期。
杨冠琼，2009，《公共政策学》，北京：北京师范大学出版社。
张金俊，2018，《我国农村环境政策体系的演进与发展走向——基于农村环境治理体系现代化视角》，《河南社会科学》第6期。
张萍、农麟、韩静宇，2017，《迈向复合型环境治理——我国环境政策的演变、发展与转型分析》，《中国地质大学学报（社会科学版)》第6期。
张玉林，2006，《政经一体化开发机制与中国农村的环境冲突》，《探索与争鸣》第5期。
河连燮，2014，《制度分析：理论与争议》，北京：中国人民大学出版社。
周雪光，2003，《组织社会学十讲》，北京：社会科学文献出版社。
中共中央文献研究室、国家林业局，2003，《毛泽东论林业》，北京：中央文献出版社。
曲格平，1988，《中国环境保护事业发展历程提要》，《环境科学动态》第3期。
Baumgartner, Frank R., Bryan D. Jones. 1993. *Agendas and Instability in American Politics.*

Chicago: University of Chicago Press.

Givel, Micael. 2006. "Punctuated Equilibrium in Limbo. The Tabacco Lobby and U. S. State Policy Making from 1990—2003." *Policy Studies Journal* 34 (3): 405-418.

Howell J. 2015. "Shall We Dance? Welfarist Incorporation and the Politics of State-Labour NGO Relations." *The China Quarterly* 223 (8): 702-723.

环境风险与环境公平

特殊的主体与普遍的诉求：环境正义的多维张力与进路*

王 芳 毛 渲**

摘 要： 从表面看，环境正义问题表现为环境弱势群体权益与风险的失衡，是特殊群体特殊诉求的呈现。但究其根本，在特殊主体的背后却存在普遍的社会正义诉求。普遍性与特殊性在经济发展的平衡性与环境分配不公、权力结构的层级性与环境制度不公、表达渠道的通畅性与环境参与不公、信息资源的对称性与环境认知不公、身份地位的平等性与环境承认不公等之间形成了多维张力。环境正义的实现，需要在张力的平衡中寻找多元进路。

关键词： 环境正义；特殊主体；普遍性诉求；不平衡；社会关系

当代关于环境正义的研究，学术界普遍认为源自西方环境正义运动的兴起。20世纪70、80年代发生在美国的拉夫运河（Love Canal）事件和沃伦（Warren County）抗议是环境正义运动的标志性事件。两次事件的参与主体分别是美国普通民众、少数族裔和低收入群体，通过对所在社区承受严重的有毒废弃物污染造成环境风险的抗议，要求平等地享有环境权益，在健康安全的环境中生活和工作。自此之后，种族之间、职业之间、性别之间、地域之间等环境正义问题开始引起人们的广泛关注，形成了不一样的主体与不一样的环境的特殊正义问题，进一步引发人们关于特殊群体特殊环境利益诉求的思考。

---

* 原文发表于《理论导刊》2021年第3期。

** 作者简介：王芳，华东理工大学社会与公共管理学院教授、博士生导师。
毛渲，华东理工大学马克思主义学院博士研究生。

基金项目：国家社科基金项目“超大城市环境治理现代化实践体系创新研究”（19BSH056）；浙江省社科规划课题“‘绿水青山就是金山银山’理念视阈下大花园建设：理路逻辑与实践创新”（20LLXC12YB）成果。

正是基于这样的思考，环境正义将环境伦理学的视域从对人与自然关系的关怀逐渐拓展至对人类内部因自然环境而导致的群体分化与差异的关怀。然而，在这些有差异性的特殊群体特殊利益的表相背后，是否存在更深层次的正义缺失问题？环境正义的实质，究竟是某一群体特殊正义缺失还是普遍性正义的缺失？从差异性主体到普遍性缺失的思考，将会带领我们对环境正义进行更深入的理解，同时也有助于对中国环境正义问题的进一步研究深耕。

一、特殊主体环境不公的面相描绘

从总体上看，因环境不公而受害的群体似乎是一些特殊的群体，主要表现在不同种族、不同性别、不同职业和不同地域之间的差异性，存在着如下环境不公的面相。

（一）种族之间的环境不公

1982年沃伦运动的爆发推动了人们对种族之间环境不公现象的关注。这场运动后，各研究机构和学者相继展开了对“环境种族主义”的研究，其中最具影响的是1987年联合基督教会种族正义委员会公布的《美国的有毒垃圾与种族》。报告指出60%的非洲裔和拉美裔美国人生活在有废弃垃圾场的社区，商业性垃圾处理站与少数族裔人口的分布呈现正相关。表面看，因肤色不同而导致的少数族裔被差异对待在美国具有普遍性，种族之间环境正义诉求表现为特殊种族对于环境公正分配的特殊诉求；但是从更深层看，这些弱势群体所遭遇的环境不公又并非仅仅出自于特殊的种族性，种族主间所诉求的也并非仅仅是环境公正。正如在沃伦抗议中，州政府考虑将填埋场选址在沃伦郡的原因，是因为“这里的居民主要是在政治上和经济上都处于无权地位的黑人和穷人，有色人种容易欺负”（高国荣，2011）。因此，较之种族的特殊性，在环境弱势群体中，还有更多的诉求张力。

（二）性别之间的环境不公

对性别之间环境不公的关注来自于生态女性主义者。在生态女性主义者看来，女性本质上比男性更接近自然，从某种意义上而言，女性与自然具有同源性。由此，女性社会地位的失衡与人与自然的失衡也具有同构性，均源自社会关系中的父权原则。为此，生态女性主义者指出，以父权思想为主导的发展思想对资源与环境构成破坏，在破坏自然权益的同时，也破坏着女性的社会关系。正如在一些发展中国家的乡村，由于环境的恶化，女性取得干净水源以及捡柴的地方离家越来越远，使得女性必须耗费更多时间与体力从事家务（施奕任，2010）。研究表明，在我国农村地区，许多地方更是出现了“农业女性化”（杨玉静，2010）现象，妇女要承担修梯田、植树造林等诸多环境事务，这一现象是由于现代性别分工的不同导致妇女在农村的滞留而产生的。总之，生态的失衡与女性地位的失衡，使得生态女性主义者不断强调女性的环境诉求。与此同时，他们指出，“在对妇女、有色人种、儿童及穷人的不合理统治与对自然的不合理统治之间，存在着重要的联系”（Karen，2000）。可见，生态女性主义并非仅仅出于环境的诉求抗争而声讨男性统治还是女性统治的问题，从更深层看，他们是在声讨社会的非正义统治秩序与支配结构。

（三）职业之间的环境不公

由于工作场所、工作性质等因素，一些职业的工作者往往会遭受更严重的环境风险与危害。早在产业革命初期，随着城市化的发展，污染等环境问题开始涌现时，恩格斯就对英国工人阶级的生活环境状况进行了描述，指出“一切能污染空气的东西都聚集在那里”（中共中央马克思恩格斯列宁斯大林著作编译局，2009：410），恶劣的环境导致了伤寒病、热病、流行病等在工人中的蔓延。时至今日，职业差异造成的不同环境影响依然未见消退。在美国，“每年大约有 2 500 万工人在工作场所不同程度地受到有毒物质的侵害”（Patrick，2000）。在日本，高速经济发展期导致的四大公害病（水俣病、新泻水俣病、疼痛病和四日市公害哮喘病）中，受害最多的职业群体分别是渔民、半农半渔民、农村的经产妇（饭岛伸子，1999）。在我国，在城乡二元结构的作用下，由于社会分层和社会断裂的场域背景，农民成为环境的弱势群体。总之，职业之间的环境不公，看似在不同国家有不同的面相，但差异性的弱势职业主体，却呈现与社会精英阶层无关的普遍态势。

（四）地域之间的环境不公

从地域上看，国家之间、区域之间、城乡之间在环境利益分配与面临环境危害上也存在不公现象。国际上，发达国家在发展中国家开发产业的同时也进行着“生态殖民”，将污染重、能耗大的行业企业转移至发展中国家和落后地区，甚至对这些地区直接进行“公害输入”。据联合国商品贸易统计数据库统计，从 20 世纪 80 年代初至 2018 年我国固废进口禁令颁布前，全世界超过 70%的废塑料和 37%的废纸都出口至中国（戴佳、袁烨，2020）。在国内，一段时期以来，我国区域之间存在着“资源东送、污染西进”的不平衡关系，西部地区在为东部发展提供能源资源的同时，不仅未能充分享受到东部发展带来的社会福利，反而成为“最少受惠者”。同时，我国城乡之间也存在“产品进城、污染下乡”的偏移现象（王泽琳、金德禄、张如良，2020），农村相较城市，在环境治理重视程度、投入上存在巨大差异，环境风险与日俱增。这些问题，均为差异性地域增添了新的环境诉求。

随着人们认识的发展，环境正义运动的主体正扩展至更广泛的范围，有学者清晰刻画出这些特殊群体的面貌特征，指出“后发国家、劣势民族、落后地区、弱势群体已经无可置疑地成为环境污染的承载体”（曾建平，2007）。也有学者指出，只要他们的环境权被剥夺了，那么他们就都是环境正义所要关怀的对象（Julian，2005）。在环境正义问题中，弱势群体的特殊诉求各有其表现，以主体的差异性指向了环境正义问题的事实性存在，并在不同的社会关系中体现出不同的意义。然而，在特殊群体不公正的环境待遇背后，是特殊正义问题的呈现，还是普遍社会正义的缺失？环境正义，究竟是特殊群体的特殊诉求，还是普遍性的正义诉求？

二、特殊问题中的普遍张力

当作为特殊主体特殊诉求的环境正义问题逐渐普遍化发展，考虑到决策人群的理性选择，普遍性与特殊性的正义张力就开始显现。哈特指出，“同样情况同样对待”本身不能作为行为的确定指引，在其之上有一个特别条件，即“就现有目的来说，何时有关情况应被视为同类的，什么差异是有意义的”。就环境正义问题而言，在共同的环境利益与危害面前人们理应被视为同类，这是不影响“同样情况同样对待”的有意义因素，但其却成为有差异的特殊群体。然而，在特殊性差异背后，又是何种因素导致了这些主体不能被“同样对待”而流为特殊？特殊性中的普遍特质，或者说是这种普遍性与特殊性的张力问题，回答了这些主体为什么不能被“同等对待”，这是环境正义的核心本质，也是解决环境正义问题的良药。正如大卫·哈维所指出的，“这些运动是为了回应生态稀缺性、生存威胁以及对长期生活方式的破坏等事件而出现的。但是，就像环境正义运动一样，象征的维度、争取权力的斗争、争取承认和尊重的斗争，以及更重要的，争取从物质短缺和被他人压迫中解放出来的斗争，必然发挥强有力的作用”（哈维，2015）。

（一）经济发展的平衡性与环境分配不公的张力

一般意义上讲，环境分配指环境善物与环境恶物的分配，主要表现在两个方面，“一方面是环境利益（如风景、有河流灌溉的农场土地）的平等分配，另一方面则是环境危害、风险与成本（如靠近有毒废弃物的倾倒场所、受到侵蚀的土壤）的平等分配”（奥康纳，2003：535）。这里存在着两种逻辑，一种是肯定性的获取逻辑，另一种则是否定性的处置逻辑，而所谓环境不公意味着肯定性环境善物获取与否定性环境恶物处置的失衡。大多数情况下，影响环境分配不公的首要因素是经济因素而非通常理解的种族主义，“财富在顶层积聚，而风险在底层积聚”（贝克，2018）的效应正是其表现。

造成这种现象的原因，其一，由国家与地区要素禀赋结构的不同所导致。在原材料—产品—废弃物的链条中，发达国家和地区凭借较高的资本密集度和财富水平，占据全球价值链高端环节，通过对他国环境资源的利用提取产品的高附加值，成为“环境善物”的享有者；欠发达国家和地区则处于价值链中低端的加工组装环节，生产高资源环境成本、低附加值的产品，消耗环境资源的同时处理“环境剩饭”废弃物，承受资源与污染的双重压力。其二，环境成本作为经济活动的外部化成本，具有可转移性。“最低成本”和“最小抵抗途径”原则，使得环境阻力弱、土地与劳动力价格低、垃圾处理与污染成本较低的地域成为污染型企业与废弃物工厂建厂选址的首要选择。从污染成本、补偿费用等视角来看，贫穷国家和地区由于低污染和低收入水平，污染的边际成本更低，为环境成本转移提供了看似合理的借口。其三，在环境库兹涅茨曲线的作用下，经济发展梯度引领了差异化的环境发展路径：处于经济上升期的发达国家和地区，追求环境发展质量，主动降低发展速度、调整产业结构；处于经济爬坡期的欠发达国家和地区，更看重发展速度和规模扩张，大量承接产业转移。这进一步推动了经济发展水平较低国家、地区和人群的“近视效应”，促使他们为短期经济境况的改善牺牲环境权益。更有甚者，对“污染—索赔—继续污染—继续索赔”的模式孜孜以求（熊易寒，2007），毕竟，相较于环境危害，人们更倾向于生存的尊严与收入的保障。

多重因素作用推动形成了“经济条件与环境资源的利用成正比，却与环境污染责任的承担成反比”的格局，聚积成为环境问题上的“马太效应”。换句话说，经济梯度与发展差距很大程度上决定了环境分配的不均衡。正如戴维·哈维（2015）所言，“任何问题一旦按照货币交换的不对称（特别是以成本效益分析）来安排，穷人和边缘人也就输掉了比赛”。由此，经济水平较低的国家、地区和人群不可避免地成为了环境弱势群体，但这与他们因为缺少财富而承受的其他的不平等并没有什么两样。有学者一针见血地指出，“即使没有污染问题需要处理，他们与较为富裕的同胞相比，仍然生活在相对不充足的住房、享用相对不充分的饮食、有更少的交通便利和不那么充分的卫生条件”（马晶，2005）。

（二）权力结构的层级性与环境制度不公的张力

环境资源作为公共物品，很大程度上受到政策的天然影响。由复杂权力关系的嵌套形成的不平等权力结构，制约着环境制度的公平性，造成在权力结构中占优势地位的群体，受到政策倾向性与战略选择性的保障，在环境制度上占据了同样的优势地位；而一些长期在权力结构边缘地带的群体，在环境政策制定、制度安排中会被有意或无意地忽略，进而产生明显的环境制度落差。

在全球事务中，不合理的权力关系与权力结构导致了发达国家与发展中国家环境话语的差异性，进而造成了环境制度不公。发达国家多主导与自身利益关切的环境议题，如全球变暖、臭氧层空洞、生物多元性消失等，而与发展中国家关系密切的环境议题，如与发展有关的环境问题等，往往难以成为国际事务的重要议题（程平，2010）。权力结构的不平衡加剧了弱权国家的边缘地位，正如圭亚那外交部长克莱蒙特·罗西

(Clement Rohee) 所言，“我们来自小经济体，结果却处在一个实际上已被较富裕的发达国家劫持进程中被完全边缘化的地步”（施朗斯伯格、文长春，2019）。这进一步导致了发达国家与发展中国家“共同但有区别”的环境责任原则难以真正施行。如作为制造业大国，中国在为世界提供商品的同时，却承担了本应计算在进口国的二氧化碳排放量，在不平衡的国际机制的作用下，呈现出“发达国家消费，中国污染”的境况（谭娟、陈鸣，2015）。

在我国国内，城乡之间发展的根本目标是一致的，但在现实发展中还是存在不同的政策倾向与制度安排。其一，城市在乡镇的重要人事任免中拥有直接控制权，致使城乡之间处于单向度强制性权力控制体系中，造成了农村的弱权地位。其二，我国环境保护行政机构只设立到县级，乡镇级政府环境管理职权部门存在缺位现象（曹树青，2014）。2017 年公布的《2015 年环境统计年报》显示，2015 年，全国环保系统机构总数 14 812 个，而其中乡镇环保机构仅有 2 896 个①，且绝大多数的环境保护机构分布在县级以上的城市中。在这样“城市偏重”的制度结构与体制安排下，在既有环境资源和要素无法满足所有地区和人群需要的条件下，城市可以利用其政治权力，借助所指定的工具理性，优先占据绝大部分资金、人员、设施等环境要素；而农村由于处于相对较弱的权力结构中，难以拥有与其资源消耗相应的环境要素配置，在面临环境风险与危害时，形成“管不了”或“无人管”的困境（曹海晶、杜鹃，2020），对环境不公问题只能选择默认或接受。

（三）表达渠道的通畅性与环境参与不公的张力

如果说，权力结构在环境事务中关系到自上而下强势权力群体的环境利益保障，那么，环境决策中民主参与渠道的通畅性，则关系到弱势群体自下而上的环境利益表达，是环境程序公正的重要影响因素。

西方社会中掌控资本的群体借助资本权力取得了话语权，在环境参与中占据强势地位，他们可以动用所拥有的社会资源，充分表达话语、参与环境决策过程，对决策结果产生直接影响。而弱势群体在表达利益时，由于话语权的缺失，自身声音微弱，往往需要依靠政府和大众媒体的话语，“如果政府和媒体都不为他们说话，他们自己很难具有有效地表达和追求自己利益的手段”（孙立平，2003）。而由于资本叙事的插入，媒体在很大程度上成为资本的助推器，这进一步增强了弱势群体的环境参与壁垒。

在我国一些地区，受差序格局的影响，居民在遭受环境危害时，如果其他条件相

① 数据来源：中华人民共和国生态环境部，《环境统计年报》（2015）. http：//www. mee. gov. cn/hjzl/sthjzk/sthjtjnb/201702/P020170223595802837498. pdf.

同，选择抵抗或沉默更多程度上取决于他们所在的社会关系网络以及该网络的疏通能力（洪大用，2007）。因此，如果缺乏有效的社会关系，人们就难以寻求表达渠道为自己的环境利益发声。同时，相较于城市更为紧密的社会关系网络，农村缺少可借助的社会关系，加上信息缺乏、资金有限、环保非政府组织的欠缺，农民难有渠道表达自身环境话语，在环境问题上很少能为自身发声，只能成为环境政策的被动执行者。

（四）信息资源的对称性与环境认知不公的张力

信息的不对称客观上造成了行为人的有限理性，获取信息资源能力的有限性则从主观上限制了人们的环境认知水平。由于处理、避免或补偿风险信息的不平等分布，加上不同职业、不同教育程度人群之间收集、获取和理解环境污染信息能力的参差性，一部分群体成为环境弱势群体。

环境信息公开不充分、不透明造成的信息不对称，使一些群体客观上缺失了获取环境资源与避免环境风险的机会。如我国已废止的《环境信息公开办法（试行）》，在该制度实施过程中，对于环境信息披露的各项内容、公开方式、程序等标准缺少明确规范，这就造成一些地区和企业出于成本顾虑，以涉及“商业秘密”为理由对相关环境信息不予公开（杜万平、王梦怡，2012），或对不利环境污染信息进行有意隐瞒，由此滋生了“欺骗性转移”等环境不公问题。

同时，由于教育的分层所导致的获取环境信息能力的不平衡，从主观层面推动了环境弱势群体的生成。一些地区的工人由于教育水平的欠缺，对自身在分配、拆卸、埋置处理和再加工过程中存在的重金属污染等环境风险（郭琰，2015）了解不够，从而成为环境受害者。我国城乡之间，城市居民与农村居民在受教育水平上的差异，也导致其在环境风险应对、规避能力上的差异性。如农村留守老人、妇女和儿童，他们多数受教育程度较低，固守旧有生活习惯，对新信息、知识的认知与接受水平较低，对环境风险与危害不甚了解，不可避免地成为“弱势中的弱势群体”（王京歌，2017）。

（五）身份地位的平等性与环境承认不公的张力

社会身份是个体对自身或他人社会层级的一种定位。马克斯·韦伯曾指出，身份（status）作为社会对一些人或职位所得到的荣誉与名声的肯定性或否定性评价，不同于由经济地位决定的“阶级”，而是往往表现为以消费模式、生活方式和社会声誉等为象征产生于社会的某种承认（许欣欣，2000）。一些环境弱势群体在社会生活中自身身份的不被承认或被错误承认、社会地位缺失，被人忽视、贬低甚至歧视，往往是导致其在环境事务上被不公正对待的重要原因。

自1958年第一部户籍制度《中华人民共和国户口登记条例》颁布以来，我国逐渐形成了一套严格按照户口登记制度执行的教育、卫生、医疗、就业等政策差异体系，造成了城乡之间、东部发达地区和不发达地区之间居民身份的差异性。同时，由于目前我国社会结构仍处于中下级阶层偏大的“洋葱头”型，还未完全形成社会中间阶层占多数的“橄榄型”（孙立平，2009），间接拉大了受户籍影响的身份差异鸿沟，形成了我国居民身份与权利上的二元或三元社会利益格局，进一步加剧了一些群体在环境承认上的不公待遇。如一些城市居民常常放大城市环境问题，弱化农村环境问题的严重性，甚至脸谱化、丑化农村，站在道德制高点批评农民环保意识差，认为农村的环境问题是由于农民自身原因造成的；也有人以乡村“天生丽质”为理由，认为农村环境治理不需要投入过多资源，保持原貌即可，这些都是对农村与农民身份认知的曲解或误解。与此同时，身份承认关乎对不同文化差异性、偶然性的认知，由于缺少差异特质的考量，仅仅以某一标准进行的一致性对待，常常导致了一些群体的不公正遭遇。如“近年来中国实施的一系列生态环境保护政策都是建立在农村社会之外的知识基础上的……按照外来的标准进行评判和决策”（王晓毅，2010）。这样的问题，正是对农村、农民文化差异性不承认而导致的环境不公。

三、我国环境正义的推进路径

综上，特殊的环境正义与普遍的社会正义具有张力的平衡性，人们对环境正义的诉求建立在对更为普遍的社会公平公正诉求的基础之上。解决环境正义问题，需要从社会公平着眼，对环境正义进行多维度全方位推进。

（一）协调“绿水青山与金山银山”的关系，保障环境分配正义

“人们所达到的生产力的总和决定着社会状况。”（中共中央马克思恩格斯列宁斯大林著作编译局，2009：532）环境正义问题的根本在于经济发展问题，发展在环境正义问题中占据先决位置，是环境质量提升的基础保障。正如曲格平所强调的，“第三世界广大人民所处的恶劣环境，不是发展过分造成的，而正是发展不足造成的，贫穷就是最大的环境问题”（曲格平，2007）。只有充分发展生产力、从根本上消除贫困，才能真正解决由于片面追求经济增长带来的环境不公。但是，粗放式发展以及仅仅依靠资源坐吃山空的发展，不仅解决不了环境正义难题，反而会落入“资源诅咒”的假说，锁定在低端资源开采产业驱动的粗放式发展道路上，加剧资源与贫困的双向恶化趋势，并进一步形成经济与环境发展的双重压力。因此，只有立足绿色发展前提，才能进一步处理好“绿水青山与金山银山”的关系，进而为环境正义的实现做好发展铺垫。

（二）确立平衡协调的政策导向，促进环境制度正义

习近平强调，“良好生态环境是最公平的公共产品，是最普惠的民生福祉”。环境权利与环境义务均等分配，应是善治的重要标准之一。在以人民为中心的导向下，我国政

府有责任通过公共财政为社会不同阶层提供公平、均等的环境资源与服务，这不仅需要解决环境权力结构体制的不公平问题，也需要在环境政策、环境制度、环境决策模式等方面作出积极的转变。如城乡之间、区域之间在基础设施、资金、技术、人员等方面存在的环境投入差异，政府需要进行积极的调控与补偿，尽可能对环境资源与风险的平衡性进行调节。又如在城乡环境差异中，需要调节城乡权力结构，弥补由于政策的倾向性而导致的城乡环境制度不公，对农村环境问题进行具体施策，在农村生活垃圾、土壤污染等环境问题上制定针对性、专门性的法律法规与指导规范，保障农民适宜、干净、整洁、美丽的人居环境。

（三）保障公众实质性环境参与权利，实现环境参与正义

完善公众环境利益表达和协商机制，使公民能够有效表达环境诉求、参与环境政策制定，是环境参与正义的应有之义。如曲格平所言："一个有效的公众参与机制，就是一个能把在'上街'和'下跪'两个极端间摇摆的公众纳入理性、建设性参与的机制。"（潘岳，2007）这一方面需要理顺调查、讨论、听证、决策等相关程序设置，畅通自上而下、自下而上的环境程序通道，使环境弱者的诉求得以倾诉、环境话语得以阐释。如农村相关环境政策的出台，不仅仅需要听取政府与专家的意见，还需广泛开展社会调研、畅通参与渠道、听取当地群众的意见。另一方面，也需要培育社区环境组织、环境社会团体、社会组织等中间力量，作为桥梁起到上传下达的作用，全面畅通环境沟通参与渠道。

（四）拓展信息传播渠道，推动环境认知正义

保障环境认知，需要畅通信息传播渠道，这既取决于外在环境信息的公开透明度，也取决于由环境教育与环境知识决定的环境信息获取能力。为此，一方面要完善环境信息公开制度，使环境决策背景、决策依据、决策目标以及环境公共资金和公共物品的使用与分配等公开透明，保证公民环境知情权的完整落实。另一方面，要借助政府、企业、社会组织、媒体等多元化途径推动环境教育的发展，加大对环境利益主体尤其是弱势群体在环境知识、环境技能、环境法规、环境道德等方面的环境信息普及度。

（五）构建生命共同体，实现环境承认正义

环境正义的根本目的在于消除主体在环境资源利用与环境危害上的差异性。因此，破除身份与地位的障碍，认识到每个人都"有权在一种能够获得尊严和福利的生活环境中，享有自由、平等和充足的生活条件的基本权利"（《斯德哥尔摩人类环境宣言》），重塑人与自然、人与人之间的生命共同体关系，不仅是承认正义的需要，也是环境正义的根本诉求。这就需要理解并接受不同族群、不同文化、不同地域之间的多样性与差异性，从整体维度认知自然界—人—社会之间彼此影响与制约的关系。在这样的视角下，

环境正义不应仅仅是非此即彼的零和博弈，而应是利己但不损人的共同发展模式，从“不要在我家后院”到“不要在任何人后院”是其应有的发展逻辑。在社会现实问题的不断碰撞与发展中，环境正义将在各群体唇齿相依的关系中得以实现与完成。

参考文献

曹海晶、杜鹃，2020，《环境正义视角下的农村垃圾治理》，《华中农业大学学报（社会科学版）》第1期。

曹树青，2014，《法律效率价值导向下的城乡环境正义探究》，《政法论丛》第5期。

程平，2010，《环境正义视域下的气候变化问题——评哥本哈根峰会中的博弈》，《理论探讨》第4期。

大卫·施朗斯伯格、文长春，2019，《重新审视环境正义——全球运动与政治理论的视角》，《求是学刊》第9期。

戴佳、袁烨，2020，《全球视野下的环境正义：垃圾跨境转移报道比较研究》，《湖南师范大学社会科学学报》第7期。

戴维·哈维，2015，《正义、自然和差异地理学》，胡大平译，上海：上海人民出版社。

杜万平、王梦怡，2012，《中美对比浅析我国环境信息披露制度的不足》，《生产力研究》第12期。

饭岛伸子，1999，《环境社会学》，包明智译，北京：社会科学文献出版社。

高国荣，2011，《美国环境正义运动的缘起、发展及其影响》，《史学月刊》第11期。

郭琰，2015，《中国农村环境保护的正义之维》，北京：人民出版社。

洪大用，2007，《中国环境社会学——一门建构中的学科》，北京：社会科学文献出版社。

马晶，2005《环境正义的法哲学研究》，博士学位论文，吉林大学。

潘岳，2007，《告别风暴建设制度》，《资源与人居环境》第11期。

曲格平，2007，《中国环境问题及对策》，北京：中国环境科学出版社。

施奕任，2010，《社会性别、环境议题与发展研究》，《妇女研究论丛》第7期。

孙立平，2003，《断裂——20世纪90年代以来的中国社会》，北京：社会科学文献出版社。

孙立平，2009，《重建社会：转型社会的秩序再造》，北京：社会科学文献出版社。

谭娟、陈鸣，2015，《基于多区域投入产出模型的中欧贸易隐含碳测算及分析》，《经济学家》第2期。

王京歌，2017，《环境正义视角下的农民环境权保护》，《河南大学学报（社会科学版）》第3期。

王泽琳、金德禄、张如良，2020，《中美环境正义问题及实践差异的比较研究》，《中国人口·资源与环境》第8期。

王晓毅，2010，《沦为附庸的乡村与环境恶化》，《学海》第2期。

乌尔里希·贝克，2018，《风险社会》，张文杰、何博闻译，南京：译林出版社。

熊易寒，2007，《市场“脱嵌”与环境冲突》，《读书》第9期。
许欣欣，2000，《当代中国社会结构变迁与流动》，北京：社会科学文献出版社。
杨玉静，2010，《生态女性主义视角下的中国妇女与环境关系评析》，《妇女研究论丛》第7期。
曾建平，2007，《环境正义——发展中国家环境伦理问题探究》，济南：山东人民出版社。
中共中央马克思恩格斯列宁斯大林著作编译局，2009，《马克思恩格斯文集（第1卷）》，北京：人民出版社。
詹姆斯·奥康纳，2003，《自然的理由——生态学马克思主义研究》，唐正东、臧佩洪译，南京：南京大学出版社。
联合国人类环境会议，1983，《斯德哥尔摩人类环境宣言》，《世界环境》第4期。
Julian Agyeman. 2005. *Sustainable Communities and the Challenge of Environmental Justice*. New York: New York University Press: 17.
Karen J. Warren. 2000. *Ecofeminist Philosophy: A Western Perspective on What It Is and Why It Matters*. Washington: Rowman and Littlefield: 1.
Patrick Novotny. 2000. *Where We Live, Work and Play: The Environmental Justice Movement and the Struggle for a New Environmentalism*. Westport Connecticut: Greenwood Publishers: 41.

耳听为虚，眼见为实？媒体接触、风险体验与风险接纳研究

——基于F省重化工PX项目的调研[*][①]

龚文娟　范丽娜[**]

摘　要： 媒体接触不仅传递风险信息，还通过提供风险意义建构的工具和空间，形塑人们的风险接纳度。基于2014年和2018年在F省开展的PX[②]项目相关调研，本文发现：(1) 面对相似环境风险，公众的风险接纳度在不同时空中呈现差异化表现；(2) 风险体验与风险接纳的关系并非直接相关，还受居住空间调整、补偿安置满意度等因素影响；(3) 传统媒体与新媒体的接触强度对公众的风险接纳度呈相反影响。本文认为：对于大型技术类项目的建设、运营和管理，风险决策的民主模式比单纯的技术模式更深得人心。优化空间布局、建立公众参与风险决策机制、重视和规范媒体在风险传播中的作用，可以有效防控大型技术类项目带来的风险。

关键词： 媒体接触；风险体验；风险接纳；PX项目

一、研究背景

厦门、大连、宁波、九江、昆明、茂名、古雷等地曾先后发生了多起抗议PX项目的集群事件，其中九江与古雷两地项目落地。2015年4月6日，F省古雷腾龙芳烃PX

---

* 原文发表于《国际新闻界》2021年第9期。

** 作者简介：龚文娟，厦门大学社会与人类学院副教授。
范丽娜，厦门大学社会与人类学院博士研究生。

基金项目：国家社会科学基金一般项目“乡村生态环境协同治理效应评价与机制创新研究”（19BSH082）。

① 按照学术惯例，本文对所有人名、地名进行了匿名化处理。

② PX是英文P-Xylene的缩写，属芳烃类化工产品，其学名为对二甲苯，是一种提自石油的无色透明液体，也是重要的大宗化学基础原料。人们衣食住行涉及的医药、汽油、衣服等产品原料就是PX，因此PX下游产业链条长，附加值高，其市场需求旺盛。

项目发生爆炸，再次将重化工 PX 项目及风险话题带回公众视线。随着我国社会发展及科技快速更新，以大型重化工项目为代表的邻避设施的建设和以 PX 为代表的高新技术的运用日渐增多。了解公众如何评价此类项目带来的风险和收益、能否以及多大程度上接受项目带来的风险，分析哪些要素影响公众的风险接纳等，是为社会良治的重要前提，唯此才能更好地满足人民日益增长的美好生活需要。

古雷“4·6”爆炸事故发生后，爆炸产生的巨响、震感、烟雾及刺激性气味对当地公众造成强烈感官冲击。同期新闻媒体对此进行了系列报道，爆炸事故以及事故影响下的公众成为外界关注焦点，同时，发达的社交媒体为当地公众获取相关资讯以及表达自身的主张提供了多元途径。负面的风险体验会造成公众对该技术及相关项目接纳度下降（田愉、胡志强，2012；韩自强、顾林生，2015；Huang et al.，2013）。如果说公众对高新科技及风险项目的“我怕，所以我反对”是一种直线认知反应模式，那么随着互联网时代到来，媒体覆盖面扩大，媒介使用便捷性提升，媒体接触可能成为影响公众风险接纳中“刺激-反应”关系的重要变量。媒体接触的便捷性、时效性、多样性及可参与性，为信息传递和社交方式变化创造了无限可能。鉴于风险感知、信任、环境价值观、风险沟通等因素对风险接纳的影响已经过多次检验（卫莉、李光，2006；Huang et al.，2013；龚文娟、方秦华，2017），本研究更有兴趣去讨论媒体接触及风险体验对重化工项目风险接纳可能产生的影响。环境事件提示人们，单纯的科学与技术判断越来越难以满足环境风险决策日益扩大的需求。随着风险不确定性增长、专业知识民主化、公众风险感知增强等要素变迁，传统环境风险决策和环境风险治理面临多重困境，需寻求新的进路（杜健勋，2019）。鉴于以上考虑，本文以 F 省重化工 PX 项目为例，从行动者的媒体接触和实际风险体验“虚-实”两个维度，构建对重化工项目风险接纳的解释框架。在此基础上，对比不同风险决策模式中，参与主体、知识运用、解决措施、行动策略等方面的差异，并讨论完善 PX 类项目环境风险管理和防控的措施。

二、文献回顾

（一）风险体验与风险接纳

自然科学中的风险接受，关注工程、技术、项目等的风险接受标准（risk acceptance criteria），其所用的风险接受概念是指在规定的时间内或某个阶段内可接受或管理的风险等级水平，它决定了工程中各项风险需要采取的管理控制措施（Ohtsubo and Sumi，2000）。与自然科学对风险承受水平进行客观的量化不同，社会科学中的风险接纳研究更关注多元社会主体对各类风险的评价、判断、感知、应对行为及其造成的社会影响，尤其是公众情感和心理层面上对各类风险的主观感知、判断和接纳程度（龚文娟、方秦华，2017）。

人类对于危险的恐惧和风险态度并非与生俱来，而是一种积累性经验生成。人们会对一些事件的表面特征进行比较，并判断这类事件在未来发生的概率与风险（Tversky and Kahneman，1974）。在环境事件和风险中的暴露和体验会明显影响人们对未来类似风险及风险事件的接纳度。以福岛核事故为例，跨国研究发现，无论事故发生前公众对核能的接纳水平有多高，核事故发生后公众对核能技术和核电站的接纳度显著降低（Kim et al.，2013），即便随时间推移公众对核能的接受度会有所恢复，但也难以恢复到事故发生之前的状态（韩自强、顾林生，2015）。更为有力的例子是雾霾，其作为一种明确有害的风险，弥漫于广大公众的日常生活中，持续的雾霾暴露风险经历影响公众的风险感受（余红、张雯，2017），进而影响全社会抗击雾霾的决心和行动。过往的亲身体验使得相似的情景/项目/事件成为一种刺激“信号”，影响人们对风险的感知和接纳。既往研究在考察风险接纳的影响因素时，认为风险感知、预期收益、系统信任、风险沟通等发挥重要作用（卫莉、李光，2006；菲施霍夫、斯洛维奇、利斯腾斯坦，2000/2007：138－155；龚文娟、方秦华，2017），同时，熟悉性、可控性与知识水平也影响着感知到的风险、感知到的收益与风险接纳程度之间的关系（菲施霍夫、斯洛维奇、利斯腾斯坦，2000/2007：156－176）。作为风险感知来源之一的亲身体验，可能通过以下机制降低风险接纳：其一，风险体验尤其是经历突发性环境事件后，受众往往会遭受各类损失，公众原本的风险感知从“耳闻”到“眼见”，实际产生的损失强化原有的风险感知，降低风险接纳度；其二，负面体验导致对同类事物/机构污名化，以达到预防性自我保护的目的，进而降低群体的风险接纳度；其三，风险体验后形成征兆信号，未来类似的场景就会对公众形成刺激，那些在陌生领域中发生的小事故也会被认为是后续的毁灭性灾难的前奏，可能带来巨大的社会后果（菲施霍夫、斯洛维奇、利斯腾斯坦，2000/2007：156－176）。

综观相关研究，风险体验，尤其是发生在大众不熟悉的科技领域的突发性事件带来的风险体验，会明显降低公众对此类风险的接纳程度。

（二）媒体接触与风险感知

如果说货真价实的风险经历和体验是人们厌恶风险的本源，那么那些没有亲身经历风险的人群，为何同样厌恶不熟悉的科技/项目带来的各类风险呢？大多数社会成员通常通过信息系统而不是个人直接体验来感知风险和风险事件，所以大众传媒成为风险传播、放大和污名化的主要途径（卡斯帕森、高尔丁、图勒，2005/2010：13－34）。媒体在风险的解释和意义再造过程中力量非同小可，“被用来理解风险的媒介会提供风险的感受并因此而卷入对风险的生产、操纵、协商和置换”（亚当、贝克等，2000/2005：

37）。媒体大规模报道导致的“可记忆性”影响公众对危险的感受（Slovic，1987）。

有关媒体接触与行动主体的风险感知的关系，有以下几种解释：其一，媒体工具性。媒介话语不一定能改变公众观点，但它提供了易得的“诠释包”（media packages），为公众的意义建构提供了便利的工具，从而影响公众的感知（Gamson and Modigliani，1989）。媒体不仅是公众信息输入和输出的重要渠道，更为公众加工相关信息、建构风险意义和影响他人观点提供了重要的物理空间和社会空间，多元社会主体在其中完成意义构造、资源链接、主张宣称与竞争等社会活动，进而影响风险感知。其二，媒体建构性。媒体并不是无差别地传送信息，不同媒体会依据自己的利益和立场选择性呈现信息，以争夺公众“注意力”。传统媒体和新媒体在对环境风险信息进行建构的过程中，在报道主题、信息源选择、报道立场等均表现出差异（曾繁旭、王宇琦，2014）。新媒体对PX项目的风险感知甚为敏感且有放大感知倾向，传统媒体则对环境风险的感知表现出复杂、矛盾的特征（项一嵚、张涛甫，2013）。其三，选择性接触。现代社会各行动主体的媒体接触并不是单向被动的，根据不同诉求、立场和对媒体的信任水平，行动主体有选择地接触不同类型媒体信息，进而影响受众的风险感知和判断。当受众选择强化风险的相关信息时，媒介接触程度会加强风险感知；当受众选择缓解风险的信息时，高程度媒介接触会降低风险感知（薛可、王丽丽、余明阳，2015）。

而从传播学角度来看，传播效果的产生也是一个非常复杂的社会过程。信息从发出到被受众接收并对其认知、态度、行动等产生影响，中间任一环节或因素都会对传播效果产生重要影响（郭庆光，1999：201）。有关传播效果的研究历经了从“子弹论”“皮下注射论”“两级传播”和“有限效果”论，到以“议程设置功能论”、“沉默的螺旋”及“知沟”研究等为代表的宏观效果理论（麦格雷，2003/2009），从中不难看出，大众传播媒体并不是影响传播效果的唯一重要因素。

总体来看，媒体通过提供空间和工具，供行动主体构造风险意义，而受众有选择性地接触不同类型媒体，使得风险信息的传播及风险意义的构造呈现放大与弱化并存的现象。我们注意到，既往研究集中考察了媒体使用与风险感知之间的关系，而对媒体接触与风险接纳的关系并没有给予充分讨论，尤其是基于重化工项目一手调查数据的分析较少。因此，从风险体验和媒体接触“虚-实”两个层面探讨公众对重化工项目的风险接纳，具有较大的现实意义和讨论空间。

三、研究设计

（一）研究思路与假设

本研究选择F省重化工PX项目为例，探讨不同时间区间（2014年、2018年）和不同居住空间（地理位置）中，公众对该项目的风险接纳状况，对于防范化解重大风险、污染防治等社会治理具有相当实践意义。具体研究路径如下：第一步，将 2014 年和 2018 年两个时段采集的一手数据进行比较分析，判断风险事件（“4・6”爆炸）带来的风险体验对风险接纳变化的影响；第二步，通过区分传统媒体和新媒体，探讨媒体接触强度、媒体信任度和报道内容-体验吻合度对风险接纳的影响。

根据文献回顾和研究设计，本文提出如下研究假设以待检验：

受众生成的累积性经验，形成记忆痕迹，当再次面临类似情境时，作为理性行动者会主动规避和排斥相关风险项目和事件。由此，我们提出有关风险体验与风险接纳的关系假设。

研究假设 1：风险体验负向影响风险接纳水平，即风险体验越强，风险接纳水平越低。

研究假设 1A：距离风险源越近的公众，风险体验越强，风险接纳水平越低（空间维度上的假设）。

研究假设 1B：风险事件发生前公众对 PX 项目的风险接纳水平高于风险事件发生后的风险接纳水平（时间维度上的假设）。

现代媒体技术发展，拓展了信息交流渠道和社交空间，多元媒体不仅提供了信息传输的渠道，更营造了社会互动与意义构造的空间。不同类型媒体在内容呈现、话语风格等方面的差异化表现，公众对不同媒体的差异化信任，公众选择性地接触媒体等因素，使得风险传播及风险意义的构造，呈现放大与缩小并存的现象。由此，我们提出有关媒体接触与风险接纳的关系假设。

研究假设 2：传统媒体接触状况正向影响风险接纳水平，新媒体接触状况负向影响风险接纳水平。

研究假设 2A：传统媒体接触频率越高，公众的风险接纳水平越高；

研究假设 2B：公众对传统媒体的信任度越高，其风险接纳水平越高；

研究假设 2C：新媒体接触频率越高，公众的风险接纳水平越低；

研究假设 2D：公众对新媒体的信任度越高，其风险接纳水平越低。

在媒体接触过程中，公众对媒体的信任及报道“信息可信度”的考量（Hughes et al.，2014），会参照他们在日常生活中的体验，尤其是对风险事件的体验，如果报道内容与体验接近，则可能提高公众对媒体的信任，进而影响风险接纳水平。由此，本文进一步提出研究假设 2E。

研究假设 2E：公众对媒体报道内容与体验评价的一致性程度会显著影响其风险接纳水平。

（二）数据来源

数据来自 2014 年和 2018 年本研究团队在 F 省进行的田野调查。资料收集方式包括问卷调查和访谈。2014 年调查采用多阶段混合抽样方法：第一阶段，以 F 省 PX 项目曾经的选址地 X 市和项目实际所在地 GL 半岛为抽样框，立意抽取社区和村庄；第二阶段，在抽中的社区/村庄中采用简单随机抽样方法抽取被调查者。2018 年调查开展时，石化园区已完成规划和原村落整村搬迁，仍采用多阶段混合抽样方法，以 XGC 及与 GL 半岛隔海相望的 L 镇为抽样框，随机抽取社区和村庄，在抽中的社区/村庄中采用简单随机抽样方法抽取被调查者。两次问卷调查均由经过培训的调查员一对一向被访者面访。对于典型案例，我们采用深度访谈的形式收集资料。

有效样本构成情况如下：在 2014 年问卷调查的受访者中，男性 205 人（53.9%），女性 175 人（46.1%），年龄在 18—70 岁之间（M＝33.17，SD＝10.98），受教育年限分布在 0—20 年之间（M＝11.17，SD＝3.89）。其中，有 54.5%的受访者居住在城镇社区，45.5%居住在农村社区。在 2018 年问卷调查的受访者中，男性 276 人（50.5%），女性 271 人（49.5%），年龄在 18—76 岁之间（M＝33.72，SD＝11.96），受教育年限分布在 0—22 年之间（M＝12.00，SD＝3.19）。其中，有 84.8%的受访者居住在城镇社区，15.2%居住在农村社区。

（三）变量测量

1. 因变量

本研究中的风险接纳，指公众对重化工 PX 项目带来的风险及可能造成损失的判断和接受程度。本文以一组李克特量表对其进行测量，询问受访者“大型化工项目运营过程中可能带来以下问题，您的接受程度如何?”（包括“空气污染、水污染、噪声污染、土壤污染、爆炸/火灾、有毒物质泄漏”等 12 小题）答案选项包括 1（完全不能接受）、2（基本不能接受）、3（不关心）、4（基本能接受）、5（完全能接受）。对风险接纳量表进行可靠性分析，2014 年数据的 Crobanch's Alpha 为 0.903，2018 年该系数为 0.930，表明该量表具有较好的内部一致性。将各项得分加总，得到一个新变量，命名为“风险接纳”。

2. 预测变量

(1) 媒体接触

对媒体接触的测量分为媒体接触强度、媒体信任、媒体报道内容-体验吻合度三方面。

媒体接触强度的测量通过询问受访者使用不同类型媒体获取重化工项目信息的频率来实现，备选项包含电视、报纸、广播、社区公告栏、新闻网站/论坛、社交软件（如

QQ、微信)、与亲友邻居聊天、工作人员上门宣传，选项频率依次为“非常多”“比较多”“一般”“有一些”“很少”“不使用”，分别赋值为5到0分。该量表的Crobanch's Alpha为0.834。运用主成分法进行因子分析，经最大方差法旋转后共提取到“传统媒体接触强度”和“新媒体接触强度”两个因子。

通过询问受访者对各种渠道获得信息的信任度来测量媒体信任，包括电视、报纸、广播、社区公告栏、新闻网站、社交软件、与亲友邻居聊天、工作人员上门宣传等渠道，依据信任程度高低分为“非常信任”“比较信任”“一般”“较不信任”“很不信任”，赋值为5到1分。对于不使用上述媒介渠道的，以选项“不使用”来表达，赋值0分。量表的Crobanch's Alpha为0.855。对应于媒体接触强度分类，命名两大类媒体信任，分别为“传统媒体信任”和“新媒体信任”。

通过询问受访者“新闻媒体关于PX项目的报道内容在多大程度上与您的体验相符”来测量媒体报道内容－体验吻合度，根据吻合度高低分为“绝大部分内容和我的体验不符”“较多内容与我的体验不符”“大部分相符”“和我的体验几乎全部符合”，赋值为1到4分。对于不了解新闻媒体报道的，以选项“我不了解”表达，赋值0分。

(2) 风险体验

本研究中的风险体验指调查对象对重化工PX项目风险的感受和体会，包括对突发环境事件的评价。环境事件对公众态度的影响既包括核心事故体验（如爆炸产生的巨响、烟气、震感等）造成的影响，也包括事故处置阶段各项措施的影响。

通过询问“本地化工项目运营过程中产生的空气污染、水污染、噪声污染、土壤污染、爆炸/火灾、有毒物质泄漏等问题在多大程度上已经影响到您的家庭生活”来测量重化工项目对当地公众的影响，选项包括5（非常严重）、4（比较严重）、3（一般）、2（比较不严重）、1（非常不严重）、0（不存在此问题/不清楚/不了解），得分越高说明公众对大型化工项目的风险体验越强。经检验，2014年数据中该量表的Crobanch's Alpha为0.922，2018年为0.915。将各项得分加总，得到一个新变量，命名为“风险体验”。

对于民众而言，除了亲身经历“4·6”爆炸事件的风险过程，也体验了事故发生后相关部门对事故的系列处置。本文将事故处置措施满意度作为2018年风险体验的另一维度进行分析。该变量通过询问受访者对爆炸事故后以下五个方面处置措施的满意度来测量，包括“高层领导在爆炸现场指挥”“FHC取代TL成为PX项目管理方”“对相关责任机构与负责人的处罚”“PX装置停工整改”和“对PX产业园重新规划布局”五项，选项为5（非常满意）、4（比较满意）、3（一般）、2（比较不满意）、1（非常不满意）、0（不知道），得分越高说明公众对爆炸事故后的处置满意度越高。将各项得分加总，得到一个新变量，命名为“事故处置满意度”。

（3）是否风险源所在地

本研究对被访者居住地“是否为PX项目所在地”做二分变量处理，将PX项目所在地的样本编码为1，非PX项目所在地样本编码为0，命名为“是否PX项目所在地”。

（4）安置满意度

本研究从“拆迁补偿款”和“安置房”两方面衡量搬迁民众的安置满意度，依据满意度高低分为“非常满意”“比较满意”“一般”“比较不满意”和“非常不满意”，赋值为5到1分。

3. 控制变量

人口因素和社会经济地位与风险接纳的关联在既往研究中得到了证实（龚文娟，方秦华，2017），为更准确地反映媒体接触和风险体验对风险接纳的影响，本研究将人口学变量和社会经济地位变量设置为控制变量。性别作虚拟变量处理，男性赋值1，女性赋值0；年龄与受教育年限为连续变量；居住社区类型作虚拟变量处理，城镇社区赋值1，农村社区赋值0；收入则是对去年家庭总收入进行对数处理。

另外，考虑到公众对PX项目本身的接纳度会对自变量与风险接纳之间的关系产生影响，本研究亦将公众对PX项目的接纳度作为控制变量。问卷中以公众对重化工项目在本地落户及复产的态度来测量公众对项目本身的接纳度，选项包括5（接受）、4（勉强接受）、3（无所谓）、2（反对）、1（强烈反对），命名为“项目接纳”。

四、分析与发现

（一）公众对PX项目的风险体验和风险接纳状况

1. 空间维度

在空间维度上的分析通过两步来实现：第一步，检验“PX项目所在地”和“非PX项目所在地”受访者在风险体验和风险接纳上是否存在差异；第二步，分析2014年和2018年风险体验与风险接纳的关系。需要说明的是，对于两个独立样本，参数检验和非参数检验都可用来进行统计推断，但参数检验需满足独立、正态、方差齐性这三个前提条件，而非参数检验对数据的要求则宽泛得多（武松 等，2015：72/195）。在本研究中，总体情况是未知的，且样本未通过方差齐性检验，因此，本文采取非参数检验的方法对不同地区受访者的风险体验和风险接纳是否存在差异进行比较（见表1）。

表 1　风险体验和风险接纳的空间比较

	2014 年				2018 年			
	风险体验		风险接纳		风险体验		风险接纳	
	PX 项目所在地	非 PX 项目所在地	PX 项目所在地	非 PX 项目所在地	PX 项目所在地	非 PX 项目所在地	PX 项目所在地	非 PX 项目所在地
N	140	240	139	235	259	207	257	202
秩均值	220.04	173.27	179.83	192.03	231.2	236.37	245.81	209.89
秩和	30 805	41 585	24 997	45 128	59 882	48 929	63 173	42 397
均值	32.49		21.09		24.29		23.34	
标准差	9.27		8.48		11.06		9.30	
极小值	0		12		0		12	
极大值	45		60		45		59	
Mann-Whitney U	12 665		15 267		26 212		21 894	
Wilcoxon W	41 585		24 997		59 882		42 397	
Z	−4.008		−1.058		−0.412		−2.888	
渐近显著性（双侧）	0.000		0.290		0.680		0.004	

注：分组变量为“是否 PX 项目所在地”，1＝PX 项目所在地，0＝非 PX 项目所在地。

分析发现：2014 年，风险体验存在显著的地区差异，即 PX 项目所在地民众的风险体验显著高于非 PX 项目所在地民众；而风险接纳则没有呈现显著的地区差异。2018 年，风险体验的地区差异不显著，风险接纳则呈现显著的地区差异，即 PX 项目所在地民众对风险的接纳程度显著高于非 PX 项目所在地民众。进一步分析发现，在 2014 年，风险体验与风险接纳呈现显著的负相关关系（$rs=-0.353$，$p\leqslant 0.01$），即风险体验越强，风险接纳度就越低；但这种负相关在 2018 年变得不显著（$rs=-0.082$，$p>0.05$）。

研究假设 1A 部分得到证实。一方面，强烈的风险体验确实在一定程度上削弱民众的风险接纳度，但两者之间的相关关系或许还受到其他因素的影响；另一方面，2018 年 PX 项目所在地公众的风险接纳程度反而高于非 PX 项目所在地公众。通常我们认为风险项目所在地的公众更排斥相关风险，这里的发现提示我们，风险体验同风险接纳之间可能存在其他变量的影响。事实上，早在 X 市 PX 项目因受当地“散步”抵制而迁址 GL 半岛不久，隔海相望的 L 镇就发生了群体抗议行动。作为技术含量高的石化产业，其气相毒物、道路运输和溢油在不同时间（如季节）对不同空间及群体产生不同程度的影响（如风向影响）。环境影响和风险外溢，使受影响的群体不局限于项目所在地；此外，受风险—收益分配、系统信任及媒体接触等因素影响，风险源属地与受影响区域之间往往形成截然不同的风险体验和认知。Kasperson 等人（1988）提出的“风险的社会放大”

(social amplification of risk) 理论为这种跨区域风险研究提供了基石。相关研究也注意到，政府基于技术安全框架的风险传播无法满足公众的环境正义需求，地方利益集团的社会动员强化了公众的高风险感知，这些因素都可能对 L 镇公众放大环境风险并诉诸行动产生影响（邱鸿峰、熊慧，2015）。

2. 时间维度

通过比较 2014 年和 2018 年风险体验和风险接纳的平均数，发现在 2018 年，公众的各项风险体验得分均低于 2014 年，对重化工项目所带来风险的接纳度则略有提高（见表 2）。

表 2 风险体验和风险接纳的时间比较

	风险体验			风险接纳		
	2014 年	2018 年	2018—2014 年	2014 年	2018 年	2018—2014 年
空气污染	4.15（372）	3.00（559）	−1.15***	1.68（376）	1.99（558）	0.31***
水污染	3.85（372）	2.93（559）	−0.92***	1.63（376）	1.89（556）	0.26***
噪声污染	3.88（372）	2.49（558）	−1.39***	1.79（376）	2.14（559）	0.35***
土壤污染	3.57（372）	2.50（555）	−1.07***	1.82（376）	2.03（559）	0.21**
有毒物质泄漏	3.67（372）	2.80（556）	−0.87***	1.45（376）	1.64（559）	0.19***
爆炸/火灾	3.52（371）	3.08（557）	−0.44***	1.47（376）	1.63（558）	0.16**
心理恐慌	3.74（372）	3.06（559）	−0.68***	1.76（375）	1.89（557）	0.13*
危害身体健康	3.75（372）	2.25（554）	−1.5***	1.48（376）	1.76（555）	0.28***
危及生命安全	3.12（372）	2.14（557）	−0.98***	1.43（376）	1.76（556）	0.33***
人口向外迁移				2.18（376）	2.26（553）	0.08
周边地价贬值				2.46（376）	2.23（554）	−0.23**
婚育问题				1.99（376）	2.29（557）	0.30***
总计	33.28（371）	24.29（545）	−8.99***	21.09（374）	23.34（534）	2.25***

注：Z 检验显著性，* 表示 $p\leq 0.05$，** 表示 $p\leq 0.01$，*** 表示 $p\leq 0.001$；括号内为样本量。

具体而言，公众对“危害身体健康”的风险体验得分下降最多，对“噪声污染”“空气污染”和“土壤污染”这三项的风险体验得分下降均在一分以上。在风险接纳上，有 10 个题项的均值显著提升，而对“人口向外迁移”的接纳度没有显著变化；但在 2018 年，公众对于“周边地价贬值”一项的接纳度较 2014 年显著下降。总体而言，从 2014 年到 2018 年，公众的风险体验下降更为可观，风险接纳度则小幅提升。

我们非常好奇，是什么原因导致经历风险事件后的公众，其风险接纳度非降反升？带着疑问，笔者重返田野调查时的质性材料中，寻找线索。

3. 风险源距离、安置补偿政策的影响

在 2014 年和 2018 年的调查中，研究者分别对原住民、搬迁居民、管委会工作人员和安居中心工作人员等不同人群进行了访谈。

2014 年时，搬迁工作刚刚起步，大部分行政村仍处于现在的石化基地范围内，按照规划，搬迁将分期分批进行。当时，本岛居民对石化基地带来的各类影响有着直观而强烈的体验，包括刺鼻的气味、扰人的噪音和飞灰等。

> （气味）很重……这边还好一点，你再往上走，到上面那个拐弯（气味）就更重了。（访问编号：2014GLMZ16）
>
> 最主要的是我们每天都闻到那一种臭味，难受，刺鼻，头都晕了……那个（机器）整天很大的噪音，有时候睡觉都被（那种噪音）吵醒。……什么环保（语气强烈、气愤）！那个运煤车从我们那边码头上来的时候，沿路都是黑的（飞灰），路两边都是，民宅里面一层黑灰。（访问编号：2014GLMZ24）

到 2018 年，GL 已完成整岛搬迁。

> 原先那边我真的不敢住，味道太重了……就觉得说对我们身体肯定有害，因为那时候我嘴唇经常会裂开，很烫很烫。现在到 XGC 这边就没有这种情况……可能是距离的原因。（访问编号：2018XGCMZ42）
>
> （研究者：还担心对健康有影响吗?）不会啦，因为距离拉远了，因为当时正常搬迁距离（安全防护距离）是 800 米，那一个红线范围，现在都二十几公里了。（访问编号：2018GLAJ09）
>
> （研究者现在住在这边啊，绕到那边石化园区二十多公里啊，这个距离的话还会有以前那种担忧吗?）之前的话是都在下面（原住地），企业刚进来的话建在旁边老百姓肯定反感。环保目前讲不是老百姓的关注点，现在关心的是就业。（访问编号：2018GLGW02）

优化石化园区布局，增加居住地与石化基地间的空间距离是降低公众风险体验的一项重要举措；此外，随着公众关注点的变化——从环保、健康问题转移到就业、教育问题——通过采用各类补偿的方式，也在一定程度上抵消了公众的负面风险体验。在 2018 年的访谈中，公众对目前的生活比较认可。

> 衣食住行都会比以前便利一点，就是比较集中啦……对我个人而言，我觉得拆迁比较好，现在小孩读书的话比较集中了，师资力量也会比较好，我们最主要考虑的还是小孩子教育。（访问编号：2018XGCMZ22）
>
> 以前就是我们在那边收入比这边好，不是说我个人这样子，现在是大家都没工作没收入，但有（赔偿款），其他的倒还好。（访问编号：2018XGCMZ35）

都可以，觉得环境和配套（设施）什么的都好，但是收入没有那时候高。（研究者：您家当时是做什么的?）我老公当时是搞养殖的，现在没有了。搬过来主要是这一个就业问题啦，很多待业的。（访问编号：2018XGCMZ42）

综合上述材料分析，新的居住空间规划、安置和补偿及公众满意度可能是影响公众风险体验与风险接纳关系的因素。首先，相对于2014年来说，2018年由于完成了整岛搬迁，新的居住地与石化基地之间的缓冲距离拉大，对风险的体验有所下降；其次，迁入地的基础设施和休闲娱乐设施日渐完善，居民生活更加便捷丰富；再者，新居住地教育资源优化，为子女教育提供了保障。除此之外，丰厚的补偿款让公众的收益感知在一定程度上平衡了他们的风险感知，上述因素都在一定程度上提高了人们的生活质量和满意度，减弱了公众的风险体验。

基于质性材料分析，我们使用安置满意度变量（包括拆迁补偿款满意度和安置房满意度）与风险接纳进行了相关分析。结果表明，拆迁补偿款满意度和安置房满意度与风险接纳之间均存在显著的正相关关系，同时，拆迁补偿款满意度（$rs=0.558^{**}$）与风险接纳的正向影响大于安置房满意度（$rs=0.245^{**}$）。这一发现佐证了上述分析，在一定程度上说明风险体验与风险接纳之间或许并非直接相关，还可能存在如优化空间布局、民众满意度等影响因素。

（二）媒体接触、风险体验对风险接纳的影响

前文分析展现了公众对PX项目风险体验和风险接纳在时空维度上的变化，本部分我们将分析公众媒体接触、风险体验对风险接纳度的影响。结果见表3。

表3 媒体接触、风险体验对风险接纳的预测

	2014年		2018年			
	模型一	模型二	模型三	模型四	模型五	模型六
性别（男性=1）	−0.040 (0.976)	−0.016 (0.977)	0.069 (0.970)	0.048 (0.978)	0.055 (0.969)	0.086 (0.976)
年龄	0.032 (0.050)	0.035 (0.049)	−0.139** (0.043)	−0.145** (0.042)	−0.133* (0.042)	−0.186*** (0.044)
受教育年限	0.075 (0.134)	0.067 (0.133)	−0.008 (0.16)	−0.002 (0.163)	−0.021 (0.161)	0.002 (0.164)
居住社区类型（城镇=1）	−0.098 (0.453)	−0.096 (0.446)	−0.099* (1.267)	−0.110* (1.269)	−0.107* (1.260)	−0.117* (1.288)
家庭总收入（取对数）	0.019 (0.977)	−0.048 (1.013)	−0.02 (0.477)	−0.010 (0.477)	−0.015 (0.470)	−0.024 (0.473)
项目接纳度	0.292*** (0.473)	0.268*** (0.473)	0.159*** (0.376)	0.167*** (0.389)	0.139** (0.394)	0.131* (0.396)

(续表)

	2014 年		2018 年			
	模型一	模型二	模型三	模型四	模型五	模型六
风险体验		−0.208** (0.066)		−0.019 (0.042)	−0.035 (0.042)	−0.034 (0.044)
事故处置措施满意度					0.142** (0.066)	0.174*** (0.071)
媒体报道-体验吻合度						−0.080 (0.341)
传统媒体接触						0.141* (0.543)
新媒体接触						−0.130* (0.575)
传统媒体信任						0.141* (0.131)
新媒体信任						−0.076 (0.217)
N	292	287	433	422	416	394
F	5.353***	6.454***	4.450***	4.029***	4.834***	4.515***
Adjusted R^2	8.200%	11.800%	4.600%	4.800%	6.900%	10.400%

注：(1) 表中为标准回归系数，括号内为标准误。
(2) *、**、*** 分别表示系数在 0.05、0.01、0.001 的水平上显著。

首先，模型一至模型四显示：在 2014 年，项目接纳度和风险体验对公众风险接纳度有显著影响。具体来讲，模型一中，项目接纳度提高 1 个单位，公众的风险接纳度提高 29.2%，该模型解释力为 8.2%；在模型二中纳入风险体验变量之后，项目接纳度的正向影响仍十分显著，风险体验对风险接纳度则呈现显著的负向影响，模型解释力上升到 11.8%。到了 2018 年，项目接纳度对公众风险接纳度的正向影响力有所下降，但仍然显著，而风险体验的负向影响变得十分微弱且不再显著，纳入风险体验前后模型的解释力变化不大。同时，模型三和模型四中年龄和社区居住类型对公众的风险接纳度呈显著的负向影响，即随着年龄增长，公众的风险接纳度逐渐降低；相比于农村社区，居住在城市社区的人风险接纳度更低。通过上述比较我们可以看到，从 2014 年到 2018 年，风险体验对风险接纳度的负向影响出现了大幅度下降，并且经历了显著到不显著的过程。这与上文的分析结果是一致的。

模型五纳入了事故处置措施满意度，模型解释力从 4.8%上升到 6.9%。事故处置满意度对风险接纳有显著的促进作用，即公众对事故后处置的满意度越高，越能提高其风险接纳度。GL 的 PX 项目在 2015 年 4 月 6 日发生了爆炸，高层领导在爆炸现场指挥。2017 年，GL 的 PX 项目管理方重组。PX 产业园也进行了重新规划和布局，搬迁范围从原来的 800 米红线范围扩大至二十几公里，整个产业园实行封闭式管理；同时，PX 装置被停工整改，政府监管力度加强，截至 2018 年调研时仍未正式复工复产。访谈材料中呈现了相关信息：

“4·6”事故我一直在现场，前前后后我都在，真正有休息也就四个小时左右，确确实实很多领导参与了这次救援，并发挥了很大的作用。（访问编号：2018GLAJ01）

现在都搬出来了，里面基本上没有常住居民，而且进入园区的主要通道，你们下去也可以看到，现在已经实施封闭式管理了。（访问编号：2018GLGW02）

百分百要检，每条管道、每个焊口都要检……是政府的力度大才会检修这么久，我们这边都停（工）四年了。（访问编号：2018XGCMZ16）

“4·6”爆炸事件发生后，政府及相关机构的处置措施比较及时且有针对性，后续的 PX 产业园重新规划及 PX 装置停产检修等，让搬迁居民远离石化基地，最大限度减弱 PX 项目对民生的影响，进而提高公众的风险接纳度。爆炸事件及政府处置都是当地公众亲身经历过的重要体验。

模型六纳入了媒体接触的五个变量，模型解释力上升到 10.4%。传统媒体接触频率与新媒体接触频率对风险接纳呈现出相反作用，即传统媒体接触频率越高，风险接纳度越高，新媒体接触频率则反之，证实了研究假设 2A 和 2C。同时，数据分析显示传统媒体信任对风险接纳有显著的正向影响，新媒体信任、新闻报道内容-体验吻合度对风险接纳的影响则不显著，这一结果证实了研究假设 2B，而研究假设 2D、2E 未得到证实。

GL 整岛搬迁后，新居住地 XGC 建立起管委会、安居中心、物业和居委会的管理体系，政策通知通过宣传栏、广播及入户等方式传达到各户。除此之外，GL 网、ZP 电视台等成为民众获取本地新闻的信息来源，GL 镇人民政府、安居服务中心、就业服务中心等也相继开通了微信公众号。

管委会通过安居服务中心给我们物业下达文件，然后用广播，如果是做一些宣传的话，就有宣传栏嘛。……如果 GL 有什么事情，会通过 ZP 电视台发布，老年人大多喜欢看电视啦，年轻人更愿意去网上了解，现在网络很发达，我们这边还有一个综治中心的微信公众号。（访问编号：2018XGCWY01）

有时候看宣传栏，有时候就喇叭来，小区里面都有物业。上级政策下来，物业就要来（传达）。我知道有一个网（指 GL 网），但是我很少看，里面七嘴八舌的，有重要的事情我还是看宣传栏和听上门通知。（访问编号：2018XGCMZ30）

搬迁前后民众的信息来源渠道和传递方式发生了变化，在保留传统的宣传栏、广播和入户通知等方式的基础上，网页平台、公众号、论坛等渠道也发挥作用。传统媒体着重传递政府政策类信息，以主流正面消息为主，新媒体的话题和传播方式则更为多样化（如GL网中包含了“GL生活”“啉茶配话”“便民信息”“求助互助”等栏目③，民众在网站上分享信息、吐槽闲聊、发表意见。只是从目前看，传统媒体与新媒体接触对公众风险接纳的影响效果存在差别，未来新媒体的作用是否改变有待追踪研究。传播理论中有关传播效果产生过程的研究显示，信源的可信性和传播对象自身属性（如人口统计学特征、人际传播网络、个人过去的经验和经历等）会对传播效果产生重要影响（郭庆光，1999：209)。本研究的发现也从以下几方面支持“大众传播效果的产生是一个极为复杂的社会过程”这一判断：其一，信源的可信度和权威性显著正向影响人们的风险接纳；其二，人们不仅通过媒体报道进行风险判断，也通过人际传播（如与亲朋邻居聊天，与工作人员交流等）传递风险信息，塑造风险接纳；其三，诸如风险事件体验、政府对事故的处置措施等个人过往经验影响公众风险接纳。诚如Kasperson等人所见，在风险的社会放大框架中，大众传媒是风险放大或缩小的重要信息源，但它并非唯一的影响因素（Kasperson et al.，1996)。

五、结论与讨论

社会群体在不同时空中对相似风险产生差异性接受度，除了受风险感知、环境价值观、风险沟通状况等因素影响（龚文娟、方秦华，2017)，与媒体发展的关系亦密不可分。风险社会中的媒体不但传播环境信息，还将环境事实从实体空间中抽离出来，在虚拟空间中加以意义构造，生成环境议题。本研究在时间和空间两个维度上，考察了公众对PX项目的风险接纳状况，并分析了媒体接触、风险体验对风险接纳的影响。与常规认知相反，2018年调查显示，居住在PX项目所在地的公众，其风险接纳度反而高于非PX项目所在地的公众；爆炸事件发生后，当地居民对PX项目风险接纳度并没有降低，其中的逻辑是什么？一方面，石化工业的环境影响具有外溢性，随着风向、水流、气候等因素的变化，使得本地产生的环境影响跨地界向外推延和扩张，诸如气相毒性、溢油等，由此，项目所在地下风向或下游的人群可能经历更强烈的风险体验；另一方面，搬迁和补偿等安置措施通常针对项目所在地公众，而那些受到影响却没有获得相应补偿和安置的非PX项目所在地公众，其风险评价更高，风险接纳度更低。

在差异性风险接纳生成过程中，媒体接触扮演了重要角色。媒体多元化发展既改变

③ 均为GL网中的栏目，每个栏目均有备注，如：“GL生活”备注为“关注GL港经济开发区社会百态，厝边头尾大小代志”；“啉茶配话”备注为“灌灌水，吐吐槽，闲聊闲聊，多么美好的一天啊!”；“便民信息”备注为“分享便民信息，生活中碰到的问题都可以在这里提问”。

了人们的信息传递方式，又改变了人们的社交和意义建构方式，进而改变了风险传递速度和规模。例如，本研究发现与传统媒体接触越频繁，人们的风险接纳度越高，相反，与新媒体接触越频繁，公众的风险接纳度越低。新近的有关应急管理和风险沟通研究也发现，与非官方信息源相比，官方信息源在民众中有更好的信誉（王俊秀、周迎楠，刘晓柳，2020）。以广播、电视、宣传栏为代表的传统媒体，以单向传递信息为主要功能，虽可引导舆论，但公众参与话题发酵的空间有限，而新媒体具有“多向参与”的特性，后者具有更大的话语建构和意义再造空间，但其提供的信息也鱼龙混杂，有关项目负面信息的传播更快，更易引起利益相关群体的关注。

基于本研究主要发现，我们认为媒体接触对公众风险接纳的塑造作用，至少通过以下三种路径实现。其一，公众对不同媒体（信源）的信任度。媒体作为信息传输系统，传播它们接收到的风险信息和评估，向接受者发送风险信息，接受者则对信息进行解码和吸收（休斯、基青格、默多克，2006/2010：231-249）。多元化信息来源、多层级传播媒介和海量信息使得信息接收者需从整体上考虑信息本身以及传播媒介的可信度（Sundar，2008：73-100）。公众对不同媒体的差异性信任导致其选择性解码和吸收，进而导致差异性风险接纳。其二，媒体建构意义的方式反映的权力关系。作为社会意义构造平台和空间，媒体锻造和淬炼着风险社会的一个核心话题，即权力，哪些可以报道、何时报道、如何报道等，塑造受众的风险认知框架。风险社会中，媒体提供的从来不止于信息，更为重要的是它所构造的社会关系及其质量。其三，唤起经历或未经历某类风险的陌生人彼此之间的情感和共鸣。正如前文所述，为何那些非项目所在地和风险事件中心的公众，也表现出对重化工项目的风险拒斥？大众媒体在特定条件下，穿越各种不同的边界创造出想象的风险共同体，媒体受众接触到各种新闻，对受众本人和远方的陌生人都产生影响，制造了共同的恐惧和担忧（贝克、邓正来、沈国麟，2010）。恰恰是这些意义构造、情感体验，使得 PX 类科技项目的影响不是精确的测算技术能够度量的。

在风险社会放大框架看来，“风险与心理、社会、制度和文化进程的互动，会强化或弱化公众对风险或风险事件的反应”（卡斯帕森 等，1988/2010：79-92）。本研究发现，在 PX 案例中，人们体验到风险，通过媒体“听闻”风险，并经过相互交流（包括日常谈话和邻里趣闻轶事讲述等）解读、再造风险。媒体接触和风险体验在时空维度上差异化地作用于公众的风险接纳。“风险体验不仅仅是一种物理伤害的经历，还是群体和个体学习、获得或创造风险解读过程的一个结果”（卡斯帕森 等，2003/2010：184-212）。公众对重化工 PX 项目的风险体验、接纳亦可认为是一个沟通、学习和创造的过程。因此，“尽管在技术上制定定量标准作为调整可接受性的最低条件在理论上是可行的，并且有必要让风险产生源头遵守这一标准，但它本身并不能保证公众和政治的可接受性”（奥特韦，2005：250）。藉此，我们看到了社会多元主体参与环境风险决策的重要性、必要性和紧迫性。

PX项目作为科技类风险项目，其客观存在常规环境影响和环境风险是不可避免的。社会多元主体对其认识、决策参与度、行动策略在不同风险决策模式中，呈现差异化（见表4），进而影响参与主体对PX项目的风险接纳度。在技术模式中，普通公众如果单纯地被告知项目低风险性，各路专家试图通过技术性劝说打动公众，以提高公众对PX项目的了解和风险接纳，那么这种努力注定是徒劳。在民主模式中，结合专业技术知识与地方文化经验，让多元社会主体公开、广泛地实质参与到风险决策过程中，通过沟通而不是劝服（一种变相的权力），建立彼此间的信任和合作，“理解和倾听”比单纯“劝服”更有效。

表4　风险决策模式比较

	技术模式	民主模式
参与主体	各路专家/精英决策	多元社会主体公开、广泛地参与
知识运用	专业技术知识	专业技术知识＋地方文化知识
解决措施	技术方式处理问题（基于技术维度考量）	系统方式处理问题（基于科技-制度-文化-政治-经济-生态-社会多维考量）
行动策略	工具性说服	反思性沟通

基于民主模式的优越性，我们认为可以从以下几方面完善对PX类项目的风险管理和防控。其一，通过规划在空间上优化布局防范PX项目的环境和社会风险，作为PX类大型建设项目，其建设应该首先进行上位规划的环境影响评价和社会影响评价，避免在区域中出现结构性的不可逆风险；其二，建立公众全过程参与风险决策机制，保障公众在公共事务方面的知情权、参与权和监督权，范围应包括受影响的利益群体、个人及其他感兴趣的非政府组织，而不局限于项目所在地的部分公众；其三，重视媒体在风险传播和决策中的作用。在互联网时代，媒体发挥着揭露、强调、浓缩和具象化“风险”的功能，但媒体的传播机制及其传递的信息本身的不确定性也可能引发风险或危机（郭小平、秦志希，2006）。不同类型媒体、机构、社会团体等信息主体对风险的争议性解读和建构常会增加公众的疑虑和恐慌，出现感知风险高于技术风险的情况（曾繁旭、戴佳、王宇琦，2015），而政府、企业、民众等主体间的信息不对称、沟通不畅与风险放大一起往往成为引发环境群体性事件的重要因素（刘德海、陈静锋，2014；汪伟全，2020）。这是否意味着“耳听为虚、眼见为实”的生活准则适用于环境风险传播？本研究发现，拆迁安置满意度、居住空间调整等因素一定程度上消解了风险体验对风险接纳的负向影响，而不论传统媒体接触还是新媒体接触则都对风险接纳有直接的影响。“耳

听未必为虚”，媒体接触也是影响公众风险接纳的重要因素，因此，亟待规范媒体在风险传播中的作用，引导公众理性参与和讨论，并借助新媒体的特点促进主体间沟通对话，以实现有序公共参与和民主风险决策。

本研究的意义在于，通过对PX项目环境风险与社会风险的追踪研究，系统考察了大型技术项目的环境风险与社会风险耦合机制，并从经验层面探讨了不同时空维度中公众风险接纳及影响因素，为大型技术类项目的风险防控提供了依据。当然，本研究仅基于F省的重化工PX项目进行了观察和讨论，未来需要更大范围的经验数据来检验研究的发现。

参考文献

埃里克·麦格雷，2003，《传播理论史——一种社会学的视角》，刘芳译，北京：中国传媒大学出版社。

艾玛·休斯、詹尼·基青格、格拉姆·默多克，2010，《媒体与风险》，载彼得·泰勒-顾柏、詹斯·O·金编著《社会科学中的风险研究》，黄觉译，北京：中国劳动社会保障出版社。

芭芭拉·亚当、乌尔里希·贝克、约斯特·房·龙，2005，《风险社会及其超越：社会理论的关键议题》，赵延东、马缨译，北京：北京出版社出版集团。

巴鲁克·菲施霍夫、保罗·斯洛维奇、萨拉·利斯腾斯坦，2007，《权衡各种风险：哪些风险是可接受的》，载保罗·斯洛维奇主编《风险的感知》，赵延东、林土垚、冯欣等译，北京：北京出版社。

贝克、邓正来、沈国麟，2010，《风险社会与中国——与德国社会学家乌尔里希·贝克的对话》，《社会学研究》第5期。

杜健勋，2019，《论环境风险治理转型》，《中国人口·资源与环境》第10期。

龚文娟、方秦华，2017，《重化工项目环境风险评价与公众风险接纳研究》，《中国地质大学学报(社会科学版)》第1期。

郭庆光，1999，《传播学教程》，北京：中国人民大学出版社。

郭小平、秦志希，2006，《风险传播的悖论——论“风险社会”视域下的新闻报道》，《江淮论坛》第2期。

哈里·奥特韦，2005，《公众的智慧，专家的误差：风险的语境理论》，载谢尔顿·克里姆斯基、多米尼克·戈尔丁编著《风险的社会理论学说》，徐元玲、孟毓焕、徐玲等译，北京：北京出版社。

韩自强、顾林生，2015，《核能的公众接受度与影响因素分析》，《中国人口·资源与环境》第6期。

刘德海、陈静锋，2014，《环境群体性事件“信息-权利”协同演化的仿真分析》，《系统工程理论与实践》第12期。

罗杰·E·卡斯帕森等，2010，《风险的社会放大：一个概念框架》，载珍妮·X·卡斯帕森和罗杰·E·卡斯帕森编著《风险的社会视野（上）：公众、风险沟通及风险的社会放大》，童蕴芝译，北京：中国劳动社会保障出版社。

罗杰·E·卡斯帕森、多米尼克·高尔丁、赛斯·图勒，2010，《有害物质填埋场选址与风险沟通中的社会不信任因素》，载珍妮·X·卡斯帕森、罗杰·E·卡斯帕森编著《风险的社会视野（上）：公众、风险沟通及风险的社会放大》，童蕴芝译，北京：中国劳动社会保障出版社。

邱鸿峰、熊慧，2015，《环境风险社会放大的组织传播机制：回顾东山PX事件》，《新闻与传播研究》第5期。

田愉、胡志强，2012，《核事故、公众态度与风险沟通》，《自然辩证法研究》第7期。

汪伟全，2020，《风险放大、集体行动和政策博弈——环境类群体事件暴力抗争的演化路径研究》，《公共管理学报》第1期。

卫莉、李光，2006，《论信任与公众对风险技术的认知与接纳》，《科学技术与辩证法》第6期。

武松、潘发明等，2015，《SPSS统计分析大全》，北京：清华大学出版社。

王俊秀、周迎楠、刘晓柳，2020，《信息、信任与信心：风险共同体的建构机制》，《社会学研究》第4期。

项一嵚、张涛甫，2013，《试论大众媒介的风险感知——以宁波PX事件的媒介风险感知为例》，《新闻大学》第4期。

薛可、王丽丽、余明阳，2015，《社交媒体的媒介行为对受众风险感知的影响研究——以古雷半岛PX项目爆炸事件为例》，《新闻大学》第6期。

余红、张雯，2017，《媒体报道如何影响风险感知：以环境风险为例》，《新闻大学》第6期。

曾繁旭、戴佳、王宇琦，2015，《技术风险VS感知风险：传播过程与风险社会放大》，《现代传播（中国传媒大学学报）》第3期。

曾繁旭、王宇琦，2014，《新媒体时代的环境风险、环境事件和参与式沟通》，《世界环境》第1期。

珍妮·X·卡斯帕森、罗杰·E·卡斯帕森、尼克·皮金、保罗·斯洛维奇，2010，《风险的社会放大：15年的理论与研究》，载珍妮·X·卡斯帕森、罗杰·E·卡斯帕森编著《风险的社会视野（上）：公众、风险沟通及风险的社会放大》，童蕴芝译，北京：中国劳动社会保障出版社。

Gamson, W. A., Modigliani, A. 1989. "Media Discourse and Public Opinion on Nuclear Power: a Constructionist Approach." *American Journal of Sociology* (95): 1-37.

Huang, L., Zhou, Y., Han, Y., Hammitt, J. K., Bi, J., Liu, Y. 2013. "Effect of the Fukushima Nuclear Accident on the Risk Perception of Residents Near a Nuclear Power Plant in China." *Proceedings of the National Academy of Sciences of the United States of America*, 110 (49): 19742-19747.

Hughes, M. G., et al. 2014. "Discrediting in a Message Board Forum: the Effects of Social Support and Attacks on Expertise and Trustworthiness." *Journal of Computer-Mediated Communication* 19: 325-341.

Kasperson, R. E., & Kasperson, J. X. 1996. "The Social Amplification and Attenuation of Risk." *The Annals of the American Academy of Political and Social Science* (*May*): 95-105.

Kasperson, R. E., et al. 1988. "The Social Amplification of Risk: a Conceptual Framework." *Risk Analysis* 8 (2): 177-187.

Kim, Y., Kim, M., Kim, W. 2013. "Effect of the Fukushima Nuclear Disaster on Global Public Acceptance of Nuclear Energy." *Energy Policy* (61): 1-7.

Ohtsubo, H. & Sumi, Y. 2000. "Committee Reports on Risk Assessment. Proceedings of the 14th International Ship and Offshore Structures Congress." *Nagasaki*, *Japan* (2): 1-4.

Slovic, P. 1987. "Perception of Risk." *Science*: 236, 280-285.

Sundar, S, Shyam. 2008. "The MAIN Model: A Heuristic Approach to Understanding Technology Effects on Credibility". In *Digital Media*, *Youth*, *and Credibility*, edited by Metzger, M. J., Flanagin, A. J. (Eds.), pp. 73-100. Cambridge, MA: The MIT Press.

Tversky, A., Kahneman, D. 1974. "Judgment under Uncertainty: Heuristics and Biases." *Science* 185 (4157): 1124-1131.

被牺牲的“局部”：污染转移的逻辑与后果*

陈占江　范晴雯**

摘　要： 作为中国环境演变的阶段性现象，污染转移具有深刻的制度根源。政绩考核制度、环境准入制度和产业升级政策在城乡、区域间的差异化实践，是污染持续性、规模性转移的动力机制；转出地与转入地在制度空间中形成某种程度的理性共识，是污染转移的内在逻辑。然而，无论是制度文本的选择还是制度实践的选择，都是在中国—世界、城市—农村和东部—西部三者所形成的结构性约束中进行的。由于制度安排的系统性调整无法与中国内外的结构性变化同步相应，现行制度在为污染转移开启空间的同时，逐渐蕴育反对自身的制度合法性危机和“环境—社会”治理危机。

关键词： 发展梯度；制度选择；污染转移；制度合法性；“环境—社会”治理

一、引言

改革开放以来，奋进与困顿同在，成就与教训共生，欣悦与悲叹交集。经济奇迹与环境恶化相生相克无疑是改革开放辩证法最为棘手、亟待破解的实践难题。然而，经济增长所引起的环境破坏在具体空间中既非线性恶化亦非均衡分布。20 世纪 90 年代，中国在承接发达国家污染转移的同时出现了城市向农村、东部向西部、沿海向内地转移污染的现象。《1991 年中国环境状况公报》首度披露“全国遭受工业污染和城市垃圾危害的耕地达 1 000 万公顷”，《1995 年中国环境状况公报》明确指出“以城市为中心的环境污染向农村转移”的客观事实，《2010 年中国环境状况公报》则称“城市污染向农村转

* 原文发表于《云南社会科学》2020 年第 4 期。

** 作者简介：陈占江，浙江师范大学法政学院副教授。
范晴雯，浙江师范大学法政学院硕士研究生。

移有加速趋势”。几乎在同一进程中，东部向西部、沿海向内地转移污染的趋势有增无减且成为一个众所周知的事实。[①] 颇为悖谬的是，在污染转移持续进行的过程中，中国发展理念不断“增绿”、环境立法日趋严苛、治理力度愈益加大、公民环境意识普遍提升。那么，污染何以能够在如此背景中成功转移？污染转移将会引发何种后果？

国际学术界关于污染转移的研究主要形成两大较有影响力的理论，即“污染避难所假说”和“公害输出论”。流行于欧美经济学界的“污染避难所假说”认为，发达国家之所以能够借助于自由贸易将高污染企业不断地迁移到欠发达国家，原因在于发达国家与欠发达国家之间所存在的环境规制差异为污染企业趋利避难提供了空间。日本环境社会学界所提出的“公害输出论”几乎同样认为，在世界经济一体化的过程中，发达国家的环境规制严格于欠发达国家，因而产生从规制严格的发达国家向规制宽松的欠发达国家直接和间接转移污染的现象。[②] 两者均着眼于跨国污染转移，并将其归因于环境规制的程度性差异。在解释国内污染转移现象时，经济学整体上接受了“污染避难所假说”，将之归因于城乡、区域间的环境规制差异以及由此形成的比较优势。与经济学从污染输出者角度进行研究不同的是，社会学更倾向于从污染承接者所面临的外部约束中寻求答案。洪大用认为城市向农村转移污染之所以可能，原因在于城乡二元控制体系的长期存在，而区域污染转移主要源于区域发展失衡和产业结构调整。[③] 王晓毅指出城市向农村转移污染的根源在于，农村的本土知识逐渐让位于外来知识以及外界力量在农村取得越来越强的支配权力，最终致使农民失去抵御污染转移的能力。[④] 罗亚娟则从社会文化心态的角度解释污染转移的成因。在她看来，欠发达地区面临着因经济差距所产生的社会性焦虑和追赶式心理，为发达地区转移污染提供了社会基础。[⑤]

应当承认，既有研究从不同视角对污染转移动因给出了具有一定解释力的答案。遗憾的是，它们在对污染转移后果存而不论的同时几乎都忽略了这样一个事实：污染转移是特定时空中政府、市场和社会互动、博弈乃至合谋的结果，而非仅仅由环境规制、产业政策、控制体系、权力结构、社会心理等单一因素所致。进言之，污染转移是一个总体性社会事实，其发生的逻辑内在于中国特定的发展阶段、社会结构、制度体系和社会意识形态之中，各种因素相互嵌套、彼此强化而难以独立发挥作用。在诸多因素中，制度文本具有表征、联结或强化其他因素的功能，而制度实践则是政府、市场和社会三者

① 王刚：《中国污染迁徙路线图》，《中国新闻周刊》2006 年第 4 期。

② 包智玥：《环境问题研究的社会学理论——日本学者的研究》，《学海》2010 年第 2 期。

③ 洪大用：《中国城乡二元控制体系与环境问题》，《中国人民大学学报》2000 年第 1 期；《经济增长、环境保护与生态现代化——以环境社会学为视角》，《中国社会科学》2012 年第 9 期。

④ 王晓毅：《沦为附庸的乡村与环境恶化》，《学海》2010 年第 2 期。

⑤ 罗亚娟：《历史性焦虑与三重追赶压力：苏北地区承接污染企业转移的社会机制》，《南京工业大学学报（社会科学版）》2016 年第 3 期。

互动的过程。基于这一认识，本文拟从制度文本与制度实践的关系视角对之作出解释，并对其引发的后果进行反思，藉此揭示中国环境问题的复杂性及其治理的艰巨性。

二、梯度发展格局中的制度选择

从世界范围看，现代化进程中必然出现不同程度的环境污染。发达国家与欠发达国家的区别在于，前者因工业化和城市化所产生的污染在经济一体化过程中不断向后者转移，后者却在很大程度上因“后发劣势”而必须接受。作为欠发达国家，中国现代化建设在取得经济奇迹的同时，也付出了环境恶化的惨重代价。无论是发达国家向中国转移污染，还是中国内生污染的迅速增加，从根本上与“时空压缩”式现代化有关，而两者之所以成为可能则取决于中国的制度选择。“任何一个国家政权都面临着竞争生存的压力，面临着所属疆域内经济与社会发展的挑战。”① 外部压力和内部挑战成为一个国家制度选择的逻辑起点。中国的外部压力和内部挑战，来自于世界—中国以及中国城市—农村、东部—西部之间的发展梯度格局所蕴含的结构性紧张。在某种意义上，中国内部的污染转移正是在上述三种结构性约束中制度选择的结果。所谓制度选择，既包括制度文本的选择，也包括制度实践的选择。

（一）外生性压力与制度的“追赶”取向

16 世纪以降，西方资本主义国家借由殖民战争和市场扩张逐渐将各个相对孤立的国家连接起来并形成一个现代世界体系。现代世界体系是一个由发达、中等发达和落后三个发展梯度的国家构成并依次处于中心、半边缘与边缘地位的同心圆结构。② 这一结构实质上是一个由中心国家主导的不公平竞争性系统。中心国家试图借助不平等的游戏规则直接或间接地实现对半边缘、边缘国家的殖民并由此固化这一结构。19 世纪末 20 世纪初，中国被迫卷入由西方主导的世界体系，坠入世界边缘并屡遭侵略和凌辱。历史的辉煌记忆和现实的残酷处境激发和加剧了中国人的发展焦虑。从孙中山到毛泽东再到邓小平，强烈的发展焦虑始终不曾纾解。民国初肇，孙中山将快速推进经济建设视为中国摆脱弱国地位的第一要务。③ 中华人民共和国成立初期，毛泽东忧心于经济发展缓慢会被开除“球籍”。④ 改革开放之初，邓小平同样有着发展缓慢的焦虑：“现在，周边一些国家和地区经济发展比我们快，如果我们不发展或发展得太慢，老百姓一比较就有问题了。”⑤ 而这种社会性焦虑与发展主义具有高度的亲和性。

---

① 周雪光：《中国国家治理的制度逻辑：一个组织学研究》，北京：三联书店，2017 年，第 12-13 页。

② 参见［美］伊曼纽尔·沃勒斯坦：《现代世界体系》（第 1 卷），郭方等译，北京：高等教育出版社，1998 年。

③ 黄彦编：《孙文选集》（中册），广州：广东人民出版社，2006 年，第 373-374 页。

④ 毛泽东：《毛泽东文集》（第 7 卷），北京：人民出版社，1999 年，第 89 页。

⑤ 邓小平：《邓小平文选》（第 3 卷），北京：人民出版社，1993 年，第 375 页。

源起于现代西方的发展主义，自20世纪中期从中心向边缘迅速扩散并成为一种社会意识形态被普遍接受。发展主义将“发展”等同于“经济增长”，将丰富多元的人类需求和自然生态化约成单一的向度并仅以经济指标来衡量；同时，发展主义的另一迷思，即为“落后”国家或地区若能采取有效的方法完全可以追赶甚至超越发达国家①，处于世界体系边缘却渴望跻身中心的中国，显然更容易接受发展主义这一思想和策略。1978年以来，中国通过对外开放以引进最为稀缺的资本、技术和管理，对内进行体制、制度变革，以释放政府、企业和社会发展经济的潜力和激情。从“多快好省”到“又快又好”再到“又好又快”，经济高速增长始终是制度文本与实践所追求的核心旨趣。基于这一旨趣所作出的制度选择必然是重经济增长轻环境保护。在制度体系中，政治制度与经济制度具有高度的同构性，这种同构性在很大程度上消解了出现相对迟缓的环境制度的有效性。制度体系内部的这种矛盾和失调为中国实现“赶超式发展”提供了空间。其结果是，日趋严苛的环境制度仍无法阻抑长时期内环境污染的持续恶化。

（二）内生性压力与制度的“权宜”取向

现代世界体系形式上是一个梯度发展格局，其内部产生的结构性压力对半边缘尤其是边缘国家的制度选择有着深刻的影响。处于世界体系边缘的中国选择了赶超式现代化战略，并围绕这一战略进行了相应的制度设计。然而，中国的制度选择并非仅仅源于外生性压力，从“五亿人挨饿”到“人民日益增长的物质文化需要”，这一充满变动性的内生压力对其产生的影响或许更为重要。改革开放之前，高度集中的计划经济体制和“以阶级斗争为纲”的政治路线，从根本上抑制了经济增长；改革开放以后，国家通过“以经济建设为中心”的体制变革、制度调整、政策创新，激活了政府、市场和社会发展经济的潜能。在这场前所未有的深度改革中，行政分权与财政分权改革赋予地方政府相对独立的政策制定权和财政使用权，地方政府的利益很大程度上从计划经济时代的中央集权体制中解放出来。中央与地方分权的结果，是使双方利益目标不尽相同甚至相互冲突。也即此因，地方政府在执行中央政府的环境政策与法律上往往存在不同程度的偏差，选择性执行或象征性执行；在制定地方性环境政策与法律时，地方利益往往是其出发点和落脚点。面对这一情况，中央无法有效干预地方的政策执行或制定。原因在于，改革的核心目标是要通过放权来加速国内生产总值的增长，而中央若放慢经济增长以利环境保护，显然与改革的初衷相背离。② 所以，在相当长一段时期内，中国环境制度的执行存在名实分离的倾向。

---

① 许宝强：《前言：发展、知识、权力》，许宝强、汪晖编：《发展的幻象》，北京：中央编译出版社，2000年，第1-30页。

② 李侃如：《治理中国：从革命到改革》，胡国成、赵梅译，北京：中国社会科学出版社，2010年，第296页。

中国环境治理所陷入的困境，在一定程度上被中国内部的梯度发展格局强化。众所周知，中国区域之间历来发展不平衡，改革开放以后这种不平衡尤为严重。在改革过程中，国家实施了“一部分地区、一部分人先富起来”的策略，并以政策调节、激励的方式将资源配置向“一部分地区”倾斜。在政府这只“有形之手”和市场这只“无形之手”的合力下，区域差距被不断拉大，由此形成了较发达、中等发达与欠发达的梯度格局。这种格局在空间上相应地表现为东部、中部和西部。[①] 相比于区域关系，城乡关系在很大程度上被以户籍制度为核心的“一国两策”所形塑，两者差距同样被“两只手”不断拉大。20 世纪 90 年代，城市—农村、东部—西部的双重梯度格局日渐凸显。双重梯度格局决定了经济增长与环境保护之间的矛盾在城乡、区域之间有所差异。一是宏观层面的环境政治话语、中观层面的环境法律与微观层面的政策工具之间存在一定程度的冲突[②]，这种冲突在同一地区不同时间、同一时间不同地区表现有所不同。二是城市和东部在快速经济增长的过程中所累积的环境污染逐渐逼近临界值，对经济增长和社会稳定形成巨大压力，而农村和西部却因“后发”而有强烈的追赶压力和较大的环境容量。在此背景下，当东部发达地区更加追求经济发展质量和环境保护而主动降低发展速度、调整产业结构时，中西部地区却更看重增长速度和规模扩张，大量承接东部地区的产业转移。[③] 一言以蔽之，经济增长与环境保护发生冲突的城乡、区域差异为制度选择提供了权宜性空间。

综上所述，现代世界体系和中国梯度格局是中国制度选择的结构约束。受此约束，制度文本与制度实践是最大限度回应内外压力并从中寻求平衡的理性选择。然而，“任何一种制度都存在三种状态。制度的当然状态指称制度的文本或要义；制度的实然状态标示制度的执行状况；制度的应然状态暗示制度改进的目标”[④]。理想的情况是三者统一于实然，而现实却是三者之间常常存在差距。对中国环境制度而言，尤其如此。在世界体系中，中国的地位迅速从边缘向中心迈进；中国城乡、区域之间的差距在分权制和市场化的改革中被不断拉大。高度的时空压缩几乎决定了中国内外的结构性变化与制度安排的结构性调整很难实现同步相应。

三、制度空间中的污染转移逻辑

中国城乡、区域之间的污染转移是环境问题演变到一定阶段的特殊现象。这种现象

① 孙立平等：《改革以来中国社会结构的变迁》，《中国社会科学》1994 年第 2 期。

② 冉冉：《中国地方环境政治：政策与执行之间的距离》，北京：中央编译出版社，2015 年，第 53-62 页。

③ 洪大用：《经济增长、环境保护与生态现代化——以环境社会学为视角》，《中国社会科学》2012 年第 9 期。

④ 辛秋水等：《制度堕距与制度改进——对安徽省五县十二村村民自治问卷调查的研究报告》，《福建论坛》2004 年第 9 期。

之所以能够规模性、持续性地发生，显然有着复杂的动力机制和制度逻辑。众所周知，制度既是不同行动主体发生互动的规则前提，亦是彼此发生交换的激励结构。“一个国家的运行过程、解决问题的能力与方式、应对危机的抉择、中央与地方政府间的关系、国家与社会的关系，都是建立在一系列制度设施之上的。”① 在这个意义上，污染转移与其说是地方政府、污染企业违背环境制度的非法行为，毋宁说是两者在一定的制度空间中所作出的介于合法与非法之间的理性选择。污染转移的制度空间包括文本空间和实践空间，前者是制度文本允许或不同制度间相互冲突所留有的空间，而后者则是在制度文本的模糊地带由地方政府或污染企业寻求利益最大化所营造的空间。无论是文本空间还是实践空间，均是制度在梯度发展格局中差异化设计或执行的结果。

（一）政绩考核制度的“硬”与“软”

改革开放的启动标志着中国从“以阶级斗争为纲”向“以经济建设为中心”的制度转型。然而，任何一个制度的成功实施都离不开切实有效的激励机制。为了激励地方政府发展经济的积极性，中央政府对地方官员实施以“经济发展”为核心指标的绩效考核制度，并以此作为决定地方官员政治前途的依据之一。政治晋升无疑对地方官员构成了一种强有力的激励，各级地方官员因此积极参与到这场由中央政府充当裁判的“晋升锦标赛”之中。② 由于同级政府在辖区规模、人口总量、资源禀赋、经济基础等方面存在不同程度的差异，政绩考核制度将“经济发展”转换为GDP增长速度和可量化的经济指标体系而非单一的GDP总量。在晋升锦标赛的压力下，地方政府竞相制定更高的发展指标并自上而下层层分解、层层加码。在此压力传导系统中，地方官员竭力整合和动员一切所能控制和影响的经济与政治资源，最大限度地提升辖区的经济增长速度。相比于在政绩考核指标体系中占有最高权重的“经济发展”这一“硬指标”，“环境保护”显然属于等而次之的“软指标”。在“硬”“软”之间，地方官员理性地选择力促经济增长而弱化环境保护，甚至沦为“污染保护主义”的信奉者，无疑是制度逻辑的必然结果。

然而，政绩考核制度具有多重指标，而这些指标的次序排列和权重设定在不同时间、不同地区亦非一成不变。20世纪90年代以后，中国进入社会矛盾多发期，“社会稳定”逐渐成为与“经济发展”并重的政绩考核指标。城市和东部地区在经历高速增长之后，环境遭到严重破坏，引起民众的强烈抗议。历年《中国环境统计年鉴》的数据显示，环境信访呈增长态势且存在明显的区域差异，发达地区的信访数量高于欠发达地区。作为环境抗争的极端表达，在某一个阶段，环境群体性事件呈上升趋势。2003—

① 周雪光：《中国国家治理的制度逻辑：一个组织学研究》，北京：三联书店，2017年，第9页。
② 周黎安：《中国地方官员的晋升锦标赛模式研究》，《经济研究》2007年第7期。

2012年间，全国环境群体性事件，广东最多，占全国总数的17.0%，江苏、浙江为第二、第三，分别为11.3%、10.0%。① 曾经长期奉行的“污染保护主义”在居高不下的环境抗争事件面前遭遇发展与稳定之间的尖锐对立。在“稳定压倒一切”的政治逻辑中，地方政府被迫从“污染保护”转向“环境保护”。应该看到的是，这种转向更多地发生在城市和东部地区，农村与西部地区面临的首要任务依然是经济发展。政绩考核制度的变化在梯度发展格局中所引发的结果是，城市与农村、东部与西部的制度目标出现差异和错位，由此为污染转移提供了制度空间。

（二）环境准入制度的“严”与“宽”

基于任何区域的环境容量和资源承载力都有其限度这一事实，国家通过制定一定的法律政策、准入条件、指标体系对项目类型及其选址、布局、规模、改建、扩建、改造等活动予以限制和约束。此即所谓的环境准入制度对于工业污染具有源头控制的功能。环境影响评价及其审批是环境准入制度实施的关键环节。1979年《中华人民共和国环境保护法（试行）》规定：“在进行新建、改建和扩建工程时，必须提出对环境影响的报告书，经环境保护部门和其他有关部门审查批准后才能进行设计”，继而指出，“省、自治区、直辖市人民政府可以根据本地的实际情况，要求对本辖区的县级人民政府编制的规划进行环境影响评价”。以此而言，环境准入制度的设计者和执行者主要是地方政府。在政绩考核制度和行政与财政分权体制下，地方政府为了能够最大限度地招商引资，一方面竞相提供廉价土地、原材料、劳动力、财政优惠政策以及优先发展资本回报率较高的基础建设项目，另一方面在环境准入制度上弱化规制强度或降低门槛。某种程度上，环境准入的“逐底竞争”几乎成为地方政府推动经济增长的重要策略。某些地方政府甚至采取“编而不评”“评而不用”“未评先批”“未批先建”“擅自变更”“虚假环评”等背离制度文本的方式营造机会空间。

如果说“逐底竞争”在相当长时期内是一种普遍现象，那么这种“普遍性”自20世纪90年代以后逐渐出现城乡、区域的分化。事实证明，粗放式增长方式和“污染保护主义”的盛行必然导致“先发先污、后发后污”的结果。某种意义上，环境污染的速度、程度取决于经济增长的速度和总量。城市和东部地区较早地逼近环境容量与资源承载力的极限，而农村和西部地区却与之相反。严格环境准入制度因此成为城市和东部地区化解环境危机、缓和社会紧张的理性选择和倒逼结果。正是在这一背景下，城市和东部地区开始从“逐底竞争”转向“逐顶竞争”，竞相提高环境准入的门槛。环境准入在

① 张萍、杨祖婵：《近十年来我国环境群体性事件的特征简析》，《中国地质大学学报（社会科学版）》2015年第2期。

制度文本上由“宽”变“严”。[1] 在制度实践上，环评程序更加规范、环评审批更加严格、社会监督更加深入。制度文本与制度实践趋于统一。然而，这一变化却为严重落后于城市和东部地区的农村与西部地区提供了“历史机遇”。为了抓住这一“机遇”，农村和西部地区采取城市和东部地区曾经使用的“逐底竞争”策略，环境准入制度在实践上变得更为宽松。可以说，环境准入制度与政绩考核制度的同构性以及两者在城乡、区域之间的非同向变化，加剧了城市向农村、东部向西部的污染转移。

（三）产业升级政策的“先”与“后”

世界经验表明，第二产业在现代化初始阶段既是经济增长之源亦是环境污染之源。中国经济快速增长与环境日益恶化在很大程度上源于第二产业在产业结构中比重的急遽提升。尤其是第二产业长期沿袭“三高一低”，即“高投入、高能耗、高污染、低效益”的粗放型增长模式，而比例失调的产业结构对其又具有一定的“锁定效应”。事实上，发达国家在进行环境治理过程中始终将产业结构转型升级作为其重要着力点。对中国而言，调整产业结构、促进产业升级在发展理念革新和经济制度变革中被不断强化。1987年党的十三大报告首次提出“合理调整和改造产业结构”以来，产业结构转型升级逐渐成为地方政府必须承受的“阵痛”和努力方向。产业升级的政策实践一般将“关、停、并、转、搬”辖区内的“三高一低”企业作为首要工作。众所周知的“腾笼换鸟”“退城进郊”“退二进三”等即是产业转型升级政策的形象表达。北京市自1985年开始，分阶段地将污染企业搬离，至2008年完成四环路以内全部污染企业的搬迁工作。上海自20世纪90年代开始，第二产业比重不断下降，而第三产业的比重则于2000年首次超过50%。2007年以来，上海进行三次产业结构调整，污染企业陆续搬迁或淘汰。浙江、广东分别于2004年、2008年实施“腾笼换鸟”政策，以第二产业的空间转移推动产业结构转型升级。

实践表明，产业升级是经济增长与环境保护之间矛盾难以调和的结果。城市和东部地区为了快速实现产业结构转型升级，将其纳入经济社会发展规划并作为政绩考核的重要内容。围绕产业升级的政策目标，城市和东部地区主要采取以下两种方式。一是直接“关、停、并、转、搬”辖区内污染企业，为新兴产业、现代服务业和先进制造业腾出发展空间。二是严格环境准入制度，从源头限制污染企业进入。前者直接转移污染，而后者则属于间接转移污染。在政绩考核制度和发展主义的合力下，城乡、区域之间的梯度发展格局为污染转移提供了相应的基础。尤其是2000年开始实施的西部大开发战略加速了污染转移的进程。产业升级政策对于城市和东部地区而言是经济增长与环境保护

① 李胜兰、初善冰、申晨：《地方政府竞争、环境规制与区域生态效率》，《世界经济》2014年第4期。

实现双赢的契机，通过制度“合法”地将大量污染产业转移出辖区范围。而对于农村和西部地区则是通过承接污染转移在短期内推动经济快速增长，并以此调整第一产业比重过高、第二产业过低的产业结构。在一定意义上，城市和东部地区的产业升级政策推动了农村和西部地区产业结构的另一种调整以及彼此之间的经济联结，两者形成鲜明的优势互补。这种“互补”是政绩考核制度、环境准入制度和产业升级政策共同创造的。

综上而言，政绩考核制度、环境准入制度与产业升级政策之间相互嵌入、彼此强化是中国环境演变的动力机制。三者在梯度发展格局中表现出明显的时间差异和空间差异。这一双重差异在很大程度上决定了经济增长与环境保护的矛盾呈非均衡空间分布，以及由此产生的落差效应所引发的追赶压力和社会焦虑。当城市和东部地区优先保护环境时，农村和西部地区却面临经济增长的压力。在行政与财政分权和“条块结合、以块为主”的体制中，地方政府的制度设计与执行无疑具有鲜明的“利己主义”色彩。这种“利己主义”既不同程度地偏离了中央政策和整体利益，也与其他地区有所冲突。可以说，政绩考核制度、环境准入制度和产业升级政策在梯度发展格局中的实施是污染持续性、规模性转移的动力机制，而政府、市场和社会三者在制度文本与制度实践之间形成某种程度的理性共识是污染转移的内在逻辑。

四、污染转移的非预期后果

如前所述，中国在世界体系中所作出的制度选择成为经济奇迹和环境危机的同一根源，而在城乡、区域梯度格局中所进行的制度变革则为污染转移营造了合法性空间。世界发展梯度和国内发展梯度对中国制度选择的结构性约束和差异性型构深刻影响着环境污染的产生与演变。20 世纪 90 年代以来，中国与世界的关系发生深刻变化，发达国家向中国转移污染的趋势由强转弱。但同一过程中，中国城市向农村、东部向西部转移污染的趋势却由弱转强。“东部—西部”经济转移过程中引致的污染转移弹性甚至高于“世界—中国”传导机制。① 不同于跨国污染转移，国内污染的转出地与转入地之间，政府、市场和社会三方主体寻找到一个利益结合点和汇聚点，并借由制度文本与制度实践予以实现。然而，随着转入地环境危机的恶化和居民需求结构的升级，污染转移所依凭的利益结合点日趋裂变，并渐次引发制度合法性危机和“环境-社会”治理危机。

（一）制度合法性危机

制度稳定的基础在于合法性。“通常在制度里的服从，除了受形形色色的利害关系

① 林伯强、邹楚沅：《发展阶段变迁与中国环境政策选择》，《中国社会科学》2014 年第 5 期。

的制约外，还受到传统的束缚和合法观念的错综复杂的制约。"[1] 在马克斯·韦伯看来，任何统治都企图唤起并维持对制度的合法性信仰，而民众信仰的动机则可能来自于风俗习惯、情感认同或理性计算。中国改革开放标志着制度合法性的基础从对"卡斯司玛权威"的情感认同、信仰崇拜转向对"政府绩效"的心理感受、主观评价，而政府绩效主要是指政府为社会提供物质财富、福利保障等公共物品的能力。[2] 在这个意义上，改革开放以来的制度合法性主要立足于它所能够满足民众需求的程度，也即绩效合法性。在"告别革命"之后，政府通过制度设计及其成功实践创造了举世罕见的经济奇迹，民众的生活水平、经济收入获得了前所未有的普遍提高。在绩效合法性的基础上，中国的制度实践充满了韧性和弹性，即使一定程度地背离制度文本亦未遭到根本质疑和挑战。以此而言，污染转移所带来的经济增长在一定时期能够唤起农村和西部地区居民对制度合法性某种程度的信仰。之所以强调"一定时期"，是因为污染转入地居民的需求层次和结构随经济增长而变动不居，当环境侵害的深度和广度扩大到居民明确感知甚至危及生命健康时，所谓的绩效合法性就会发生动摇。尤其是，绩效合法性与政治意识形态的合法性宣称发生严重冲突时，制度合法性危机便难以避免。

众所周知，"公平"作为社会主义制度的重要承诺已深入人心。然而，以"公平"为追求的制度实践却在相当长一段时期内不断制造城乡、区域之间的发展差距。这种差距与其说是自由公平的市场竞争使然，毋宁说是在政府和市场"两只手"的合力下以非自由、不公平的机制将农村劳动力和西部自然资源源源不断地向城市和东部供应的结果。根据环境公平的原则，所有人都应有享受清洁环境而不遭受不利环境伤害的权利，以及环境破坏的责任应与环境保护的义务相对称。[3] 污染转移的实质却是，转出地经济增长的环境代价直接或间接地由为其做出牺牲和贡献的转入地分担。农村和西部地区开发的主体主要是具有资本、技术、管理等优势的外来者，而非处于劣势地位的本地居民，而经济利益分配与环境风险分配却沿着相悖的逻辑进行。以此而言，污染转移是社会不公平和环境不公平在农村和西部地区生产与再生产的过程，是"发达与欠发达""绿与非绿"空间区隔形成乃至固化的社会机制。现实表明，"发达与欠发达""绿与非绿"的空间区隔已经成为农村和西部地区居民产生相对剥夺感的渊薮，而相对剥夺感本身即构成对以"公平"为承诺的社会主义制度的合法性质疑。经济增长所蕴含的绩效合法性很大程度上被环境不公平和社会不公平所唤起的相对剥夺感抵消或吞噬。

① ［德］马克斯·韦伯：《经济与社会》（上卷），林荣远译，北京：商务印书馆，2004 年，第 68 页。
② 赵鼎新：《国家合法性和国家社会关系》，《学术月刊》2016 年第 8 期。
③ 洪大用：《环境公平：环境问题的社会学视点》，《浙江学刊》2001 年第 4 期。

（二）"环境-社会"治理危机

不言而喻，在所有的环境问题中，都存在施害者、受益者与受害者。工业污染的施害者、受益者与受害者一般并不重叠，尤其在外源污染中，施害者往往是最大的受益主体，而受害者却是"弱势的大多数"。污染转移在农村和西部地区所引发的不仅是环境危机，也包括社会危机。环境危机与社会危机之间并非彼此孤立、隔绝而是相互型构、强化。环境危机是"人类的、为了人类的、由于人类的"行为所导致的自然的、物理的、化学的环境的变化或恶化，[①] 而"人类"显然是由无数个差异化的个体和社群构成。污染转移在某种程度上促进了社会性差异的再生产以及社会不公平的再扩大。由于受益群体与受损群体的分离，抑或不同群体损益程度的差异，环境破坏主体与环境受损主体之间将不可避免地发生冲突。反之而言，社会危机所隐含的利益冲突、共识缺席和结构失衡将进一步加剧环境危机。污染转移的持续进行无疑与之有关。在这个意义上，环境危机与社会危机的互构性决定了环境治理与社会治理应相互吸纳而非彼此分割。环境治理不能外在于社会治理，社会治理同样不能孤立于环境治理。然而，以重塑制度合法性为旨归的环境治理和社会治理因治理结构的失衡陷入不同于城市和东部地区的危机，也即"环境-社会"治理危机。

从污染转移的发生机制看，地方政府与污染企业在制度空间中的"共谋"意味着两者难以真正成为"环境-社会"治理的主体。事实上，无论是政府机构还是市场主体，一旦完全脱嵌于社会，政府、市场与社会之间无法形成一个各安其位、良性互动、微妙平衡的功能体系和稳定结构，那么任何形式的治理都难以实现其目的。对农村和西部地区而言，"环境-社会"治理尤其离不开由个体、家庭、社区、社会组织等构成的"社会"的充分参与。然而，农村和西部地区的"社会"在梯度发展和污染转移的作用下已趋溃散。二十余年来，因贫困引起的人口流动和因污染引起的环境移民导致农村和西部地区家庭空巢化、社区空心化的趋势日渐明显。与家庭、社区的主体缺失相应的是，社会组织的发育亦无应有的个体之源。在城市和东部地区"社会"蓬勃兴起并积极参与环境治理的同时，农村和西部地区的社会组织无论在数量、规模、发育程度还是角色扮演、功能发挥上均处于"先天不足、后天乏力"的状态。其结果是，"环境-社会"的治理主体错位、结构失衡，资本和权力越出经济场域和政治场域不断向社会场域侵蚀和扩张。[②] 农村和西部地区的"环境一社会"治理危机即在于此。尤其值得注意的是，西部是少数民族较多且集中聚居的地区，污染转移所引发的环境危机和利益冲突可能向族群

① ［日］饭岛伸子：《环境社会学》，包智明译，北京：社会科学文献出版社，1999 年，第 5 页。

② 包智明、陈占江：《中国经验的环境之维：向度及其限度》，《社会学研究》2011 年第 6 期。

矛盾转化。这种转化既转移了“环境-社会”治理的方向，亦部分失去了“环境-社会”的治理主体。

应当看到，制度合法性危机与“环境-社会”治理危机互为因果，彼此型构。两者是现行制度安排在梯度发展格局中实践的非预期后果。在污染转移持续推进的过程中，居民生存处境恶化和需求结构升级之间张力的增大，不断加剧着制度合法性危机与“环境-社会”治理危机。沿着污染转移的历史延长线，双重危机在经验现实中愈益凸显。短期来看，污染转移是城市和东部地区向农村和西部地区转嫁环境风险的行为，前者环境的改善以后者环境的恶化为代价；长期的结果却是，农村和西部地区的环境危机和社会危机将反向扩散或传导到城市和东部地区。在这个意义上，污染转移所具有的“飞去来器效应”决定了城市与农村、东部与西部都没有真正的赢家。

五、余　论

作为一个超大规模的转型国家，中国在现代世界体系和国内梯度格局中的制度选择有力刻画着社会变迁的历史图景。在这幅历史图景中，经济增长这抹鲜艳亮丽的红色与环境恶化这道黯淡无光的黑色构成尖锐的对比。围绕这种对比所形成的学术讨论、所衍生的理论话语，在很大程度上是基于对中国模式抑或中国现代转型的反思，但却总体性地陷入了现代性/反现代性、科学主义/反科学主义、市场化改革/反市场化改革、经济增长/环境保护等一系列二元对立的窠臼之中。然而，这种非此即彼的二分思维却忽略了中国现代转型的历史前提、结构约束和社会过程，从而无法深刻理解转型困境的根源和准确把握制度变革的方向。经济奇迹与环境恶化的悖论性存在正是转型困境的表征之一，而污染转移则在更深层次上暗含着中国现代转型的全部复杂性。某种意义上，整体性地讨论中国环境问题更易于简化中国现代转型的复杂性，尤其是遮蔽城乡、区域之间的环境不公平和社会不公平。透过污染转移，能够看到中国与世界、中央与地方、整体与局部、城市与农村、东部与西部、经济增长与环境保护以及政府、市场与社会之间的复杂联结和矛盾冲突。

作为中国环境演变的阶段性现象，污染转移是政府以制度调整应对环境危机的意外后果。政绩考核制度、环境准入制度和产业升级政策在城乡、区域间的差异化实践是污染持续性、规模性转移的动力机制，而转出地与转入地在制度空间中形成某种程度的理性共识是污染转移的内在逻辑。制度在为污染转移开启空间的同时逐渐孕育反对自身的力量，即制度合法性危机和“环境-社会”治理危机。制度改革因此成为预防风险、治理污染、化解危机的必然之途。然而，应对污染转移所进行的制度改革必将是牵一发而动全身的系统工程。处于世界体系之中并试图摆脱边缘、跻身中心的中国，其复杂性不仅在于人口众多、疆域辽阔、民族多元、生态多样、历史悠久，而且在于“工业化初期的资本积累阶段、工业化中期的产业升级阶段和工业化后期的结构转型阶段”[①] 三个发展阶段同时并存于不同区域甚至同一空间之中。在一统体制下，发展梯度的客观存在必然阻碍着制度共识的形成。面向污染转移的制度改革，如何在经济增长、环境保护与社会公平之间保持动态平衡，以及在政治、经济、社会、文化与环境之间实现协调发展，无疑是一道巨大的难题。

① 李培林：《现代性与中国经验》，《社会》2008 年第 3 期。

工作场所有害物质暴露及其健康后果的社会学研究

——美国学者的贡献及启示*

耿言虎**

摘　要： 工作场所有害物质暴露及其健康后果是环境社会学、健康社会学、职业社会学等社会学分支研究方向的交叉领域，国内社会学界对其关注不足。美国工作场所有害物质暴露的受害群体主要是社会分层体系中处于较低层次的蓝领工人群体以及农业从业者。"有害物质暴露—疾病"因果关系难证实、社会地位弱势加之组织能力不足等因素进一步加剧了受害群体有害物质暴露的应对困境。工作场所有害物质暴露问题的治理面临多重困境。美国职业健康与安全运动通过与环境保护运动联合，加强其组织化程度，注重邀请科学家和普通工人、社区居民参与，积极利用媒体发声等，在揭露行业隐藏危害和争取知情权、促进危害源头的治理等方面取得了较好的效果。美国工作场所有害物质暴露及其后果的社会学研究对中国今后相关研究路径的确立、研究议题的展开具有重要的启示意义。

关键词： 工作场所；环境治理；职业病；有害物质暴露；环境与健康

一、被忽视的工作场所有害物质暴露问题

有害物质排放造成的环境及社会后果是环境社会学的重要研究内容。作为有害物质的排放单元——工作场所，在国内既有的社会学研究中往往被视为一个与外部环境相对

* 原文发表于《南京工业大学学报（社会科学版）》2020年第4期。

** 作者简介：耿言虎，安徽大学社会与政治学院副教授。

基金项目：国家社会科学基金青年项目"我国西南地区资本下乡的环境风险及其治理机制研究"（15CSH028）。

应的空间单元。在“工作场所—外部环境”的分类体系中，大量的研究关注工作场所（如工厂）的环境负外部性以及工作场所和周边社区的关系等方面，但是，工作场所内部生产空间的环境问题却被有意无意地忽视了。美国社会学界一度也忽视了对此问题的研究，但一些嗅觉敏锐的学者仍然发现了这一议题。迈尔（2009）指出，“当人们发现有害物质从工厂排出时，他们将整个工厂看成是他们的敌人，但也许工厂里的人也有同样的担心，并且他们首先遭受这些有毒有害物质的危害”。为了对工作场所环境问题进行研究，希恩和文德恩等人（1993）提出“毒素圈”（toxic circles）的概念，他们认为一个工厂的污染物质扩散至少经过 3 个递进的空间：工作场所（the workplace）、围栏社区（fence-line community）、广阔的环境（the broader environment）。“毒素圈”概念的提出将工作场所危害性暴露问题（hazardous exposure）纳入研究视域。

美国的职业病与工作场所环境关系密切，但历史上由于没有官方统计记录，美国因工作致死、致病的准确人数一直不得而知。自从 1976 年美国劳工部根据各州的“工人补偿”（workers' compensation）记录而建立“补充数据系统”（supplementary data system）以来，因工作致死、致病人数得以记录和评估。根据美国 11 个州 1979—1986 年死亡人数作为样本的估计，这一时期美国全国平均每年的致命性职业病伤害人数超过 5 000 人（Leigh，1995：25）。美国劳工部的官方资料显示，1992 年每万名全职就业者中患非致命性职业病的人数为 305 人，其中暴露于有害物质和环境的人数为 15 人①。考虑到庞大的就业人口，暴露于有害物质和环境的工人总量为数不少，电子制造业是工人有害物质暴露的高发区域，相关数据见表 1（Byster and Smith，2006）。

表 1　美国电子及半导体等相关制造业职业病情况表（1997—2001 年）

	所有制造业		电子元件及配件业		半导体及相关器件业	
	工作损失职业病占比	有害物质职业病占比	工作损失职业病占比	有害物质职业病占比	工作损失职业病占比	有害物质职业病占比
1997 年	6.1	2.6	8.4	5.1	12.3	8.4
1998 年	5.9	2.5	7.5	7.3	9.2	8.6
1999 年	6.1	2.2	10.0	6.0	14.9	9.7
2000 年	6.1	2.2	8.3	7.6	9.9	7.7
2001 年	6.3	2.4	9.1	6.2	15.4	8.5

石油、化工、核电场、钢铁厂、煤矿、皮革等高环境风险行业往往也是暴露型职业病高发的行业。此外，随着新技术和新材料的广泛应用，新的职业病危害因素不断出

① 参见：美国劳工部网站，https：//www. bls. gov/iif/.

现。由于工作场所、化学物质等信息资料的不全，加之“有害物质暴露—疾病”之间关系认定的困难，还有部分疾病难以被明确认定与有害物质暴露存在因果关系。美国学界普遍认为，与工作场所有害物质暴露相关的死亡和疾病的官方统计数据并不充分。工作场所有害物质暴露问题及其后果不仅是物理或化学问题、经济问题，也是社会问题。受害人员多是脆弱和边缘群体，有害物质暴露引起了诸多美国社会学者的注意，他们从环境正义、有害物质暴露的社会差异、职业健康与安全运动等视角对工作场所环境问题进行研究，积累了较为可观的研究成果，但这些成果至今尚未引起国内学界的足够重视。

作为发展中国家，中国的产业结构和职业结构决定了高环境健康风险的产业和工作种类在短时期内仍占有较高的比例（Burgard and Lin，2013）。同时，由于相关的职业安全法律的执行和工作场所污染的技术治理能力相对不足，因此有害物质暴露的控制力度有待进一步提升（Cifuentes，2007）。国家卫生部门每年公布的全国职业病报告显示，近年来中国每年新增尘肺病例在 20 000 例以上，每年职业性耳鼻喉口腔疾病、化学中毒、皮肤病等新增职业病数量也有数千人。目前中国学界对暴露型职业病研究多从自然科学的角度探讨，如煤矿工人尘肺发病（韩磊，2016），垃圾焚烧厂区二噁英污染及工人呼吸暴露评估（杜国勇 等，2017）等。在社会科学领域，一些法学、经济学的研究关注到暴露型职业病，但是社会学特别是以关注环境平等为核心的环境社会学，对此研究极为缺乏。工作场所环境问题是环境社会学、健康社会学、职业社会学等社会学分支学科的交叉领域，值得深入研究。本文将通过梳理相关文献，介绍美国社会学者对工作场所环境健康问题的研究，以期为中国环境社会学研究议题的扩展提供借鉴。

二、市场失灵与工作场所有害物质暴露的应对困境

（一）蓝领工人与农业从业者：暴露型职业病的主要受害人群

乌尔里希·贝克（2018）的“风险社会”理论认为包括环境风险在内的多种风险最终会消解阶级社会，“回旋镖效应”会造成一种去阶级化的环境平等。然而，从工作场所污染来说，受害人群的阶级划分仍然是重要的分析维度。培罗总结了高技术事故的 4 种受害者类型：第一类是工厂的操作工；第二类是产品的提供者或使用者；第三类是无辜的旁观者；第四类是胎儿或者下一代。一线的操作工人无疑是工作场所有害物质暴露的首要受害人群。在美国，工作场所的非正义（workplace injustice）（Okechukwu et al.，2014）问题较为突出，工作场所有害物质暴露主要受影响人群是在社会分层体系中处于较低层次的蓝领工人以及一些经常接触化学品的农业从业者。从纵向看，由于环境问题治理及相关预防措施的实施，暴露型职业病总体呈下降的趋势；从横向看，大企业防护措施相对规范，中小企业由于条件相对“简陋”，往往成为有害物质暴露问题的高

发场所。一些研究发现，工人群体健康状况受环境影响的程度具有内部差异，在工厂中的职位高低、是否为移民、工作期限长短、是否少数族裔等对工人的健康状况都有影响（Quinn et al.，2007）。蓝领工人与农业从业者中的有色人种、外来移民、农场职工等，由于受教育水平相对较低，工作技能不高，在就业市场中的选择机会不多，为了工作不得不忍受恶劣的工作环境，此外，他们职业健康风险防范的意识和应对能力较弱，更有可能成为工作场所有害物质暴露的受害者。

一些典型案例研究证实了以上论断。佩罗（2002）等在《梦幻硅谷：环境正义、移民工人和高科技全球经济》一书中对加州硅谷电子工厂进行了深入研究，他们指出，工厂的大部分管理岗位是由白人担任的，但70%～80%有风险的生产性工作的从业者是外来移民、妇女和有色人种，更准确地说是“有色女性外来移民”，这些工人在找工作中时刻面临着隐性的歧视，被主流就业市场排斥，不得不从事这些高风险行业。半导体芯片的生产过程需要使用1 000余种化学和金属物质，接触这些物质对工人的身体健康造成了严重的影响。蒂里克森在《“地狱之门”：非裔美国炼焦工人，种族歧视和对职业性癌症的斗争》一文中关注了美国炼焦工人的健康状况。20世纪以来，大量非裔美国人从南方农村移民到北方城市，很多人在炼焦产业中就业，这些工人的工作环境非常恶劣，在炼焦炉附近工作除了容易造成外伤外，还会由于长期吸入排放的烟尘而患严重的肺部疾病，甚至是恶性肿瘤（Derickson，2016）。哈里森（2011）在《农药漂移和追求环境正义》一书中指出，加利福尼亚州商品农业从业者中有90%是墨西哥移民，他们不仅生活贫困，并且很多人没有合法的居留权，在政治和经济方面非常脆弱。移民没有能力选择工作，农场农民是他们可以选择的最好的职业，但是，在农药喷洒的过程中，他们成为了农药漂移最主要的受害人群。

（二）高危补偿的市场失灵与受害者的应对困境

在一些经济学家看来，高污染-高收入的工作本质上是类似于契约的自愿交易。现代经济学之父亚当·斯密（2010）就认为，在市场经济中，高风险与高收入是相匹配的，高工资可以对高风险进行补偿。美国已经实施的补偿性工资差别（compensating wage differential）、高危工作津贴（hazard-pay premium）就是在这种思路指导下实施的工资政策，但是，这种劳动力市场自身的调节有其缺陷。吊诡的是，现实中很多高风险行业却是低收入行业（Shrader，2001）。在工作危害补偿方面，存在着严重的市场失灵。工人受制于知识水平、风险判断以及疾病的潜伏期等，加之信息不对称，无法做出理性选择。由于主观感受的风险和实际风险不同，工人无法准确计算出一个合理的工资与风险的可接受匹配点，所以，他们往往无法获得充分的收入补偿。另外，经济学家的观点还受到严重的价值层面的批判，在他们看来，决定何种风险“可接受”是由经济因素决定，而非由工人的健康因素决定。一些批评者尖锐地指出，支付费用让人们在高风险下工作无异于光明正大地“谋杀”（Ashford，1976）。

具体到工作场所有害物质暴露问题上，受雇佣者的“自愿”选择往往是一种无奈。首先，很多工人并不知道工作的危险性，很多高风险的工作，企业主没有主动告知或者刻意隐瞒工作可能导致的健康后果，工人面临严重的信息不对称。在美国，只有5%～20%的工人被告知需要关注职业健康和风险问题（Leigh，1995），而环境健康风险需要工人自身去判断。由于工人没有相关的环境与健康知识，他们很难对暴露性危害做出准确的评估，特别是在一些新技术领域，风险的识别超出了工人的认知范畴，很多工人把污染物质仅仅视为“脏”，而没有将其作为一个致病因素看待，一些工人甚至把疾病问题归咎于自身原因。其次，拥有选择权的前提是工人有很多工作可以作为备选，但是底层工人不具备这种条件，工人在工作和健康之间被迫做出选择，他们不得不为了工作而忍受有害物质带来的伤害。

当工作场所有害物质暴露发生时，工人面临严重的应对弱势，多数情况下，他们都是“沉默的少数”（silent minority）（Shrader，2001），不仅是因为暴露型职业病群体占全部工人人数的比例较少，更主要的是因为他们常未察觉危害，即使察觉，也因难以发出强有力的声音而“沉默”了。工人不仅要接受有害物质的暴露，在应对有害物质暴露方面也处于不利地位，很多外在因素限制了他们报告污染暴露、得到医疗救治以及寻求法律保护（Harrison，2011：30）。工作场所有害物质暴露问题往往与其他社会问题纠缠在一起，如贫困问题、社会不平等问题等。受害群体应对的困境主要与以下因素密切相关：

第一，“有害物质暴露—疾病”因果关系难证实。对于特定类型的疾病，如尘肺病，与有害物质（工作场所中的粉尘）的关系是容易确认的，但是对于一些其他类型的疾病，如癌症，受制于病理的复杂性，很难将工作中接触的有害物质确定为唯一致病因素。在美国，暴露型职业病的认定难度很大，很多疾病被排除在职业病的范围外（Leigh，1995：18）。工人无法掌握复杂的科学知识，有害物质信息的收集、“有害物质暴露—疾病”的因果关系证明等都需要科学家参与。科学证据不足加之暴露型疾病的确定困难造成受害群体应对的“合法性”不足。

第二，地位弱势阻碍受害群体的抗争行为。很多时候，尽管工人知道工作场所有害物质暴露的危害，但他们担心遭受企业主的报复，进而失去就业机会，不敢向相关部门报告其所遭受的危险或疾病。此外，绝大多数的职业健康标准、污染物排放标准是由政府相关部门和科学家制定的，但是受影响的主体——工人却没有参与其中，处于缺席状态。从业者生病后，由于工厂并未为受害者购买健康保险加之他们收入较低，往往难以负担高昂的医疗费用。

第三，受害群体的弱组织性限制了集体抗争行为。大部分受工作场所有害物质暴露影响的蓝领工人和农业从业者群体都处于社会分层中的底层。在美国硅谷，有30%的工人是临时工人，还有大量在家工作的计件制工人，这些非正规经济中的就业工人随时都有失业的风险。很大比例的工人无法加入工会，更没法有效组织起来维护自身的权益(Pellow and Park，2002)。在加州农场案例中，农场工人们缺乏农药漂移事件的应对经验，社区公共机构中精通西班牙语的工作人员有限，诊所工作人员农药暴露的健康知识不足（Harrison，2011：30)，这些因素都减弱了农场工人的应对能力。

三、工作场所有害物质暴露治理的多维困境

工作场所有害物质暴露与企业的短期经济理性关系密切，很多工厂从自身经济收益出发，在较弱的外部监管情况下，所能提供的工人健康保障明显低于实际应有水平，工厂应承担的健康成本未完全内部化。爱德曼（1990）研究指出，很多微电子企业并不提供防护服和呼吸器，在非工业真空中缺乏足够的内部密封，常规工业真空吸尘器被用于去除灰尘，会产生潜在的空气污染。减少工作场所有害物质是此类问题最根本的治理措施。美国第一届“全国有色人种环境领袖会议”（First National People of Color Environmental Leadership Summit）在1991年10月就通过了一份“环境正义基本原则”，“安全及健康工作环境”被列为17个基本原则之一，但是在美国，工作场所有害物质暴露治理阻力很大，面临较为严重的困境。

（一）困境一：政府的“旋转门”角色

政府是工作场所有害物质暴露治理的重要力量，但是，政府在治理中也面临难题。例如，在农药治理方面，美国农业部身兼双重角色，农药监管处于“旋转门”（revolving door）中：一方面，美国农业部需要对农药使用造成的危害进行规制；另一方面，美国农业部也需要促进农业的发展，提升农业的经济效益，化学品制造商强大的实力也让其监管手段的实施大打折扣（Wedel，2009）。哈里森发现，很多化学品制造商资金实力雄厚，他们通过游说、向联邦机构和政党候选人提供竞选捐款、资助对其有利的投票表决和消解威胁到其利益的投票表决等方式影响政府监督和立法决定。尽管环保组织也试图采取此类策略，但微薄的预算让他们力不从心。此外，很多化学品制造商大量雇佣曾有政府工作经历的工作人员，这使得企业和政府部门间保持着一种特殊的关系，这种关系让政府负责人在产业和监管机构之间左右摇摆，并且通过以“提供内部知情人和友好关系的方式扭曲规则并利用漏洞”（Harrison，2011：60-61）。

（二）困境二：“增长联盟”的利益捆绑

美国学者注意到了工作场所有害物质暴露背后的制度性根源，工业化的快速推进和

暴露型职业病的高发与整个社会的发展模式有密切的联系。人类进入现代社会以来，社会主导的观念发生了深刻的转变，对自然的统治理念、对现代科技的过度崇拜、对以发展生产解决社会问题的迷思等观念一度占据主流，现代政府把持续增长作为首要的发展目标并以此稳固其合法性。施耐博格的生产跑步机（treadmill of production）理论指出，在现代资本主义的生产体系下，政府、资本和劳动者合力促成了一个不断扩张的生产系统，系统的正常运转可以实现多方的利益诉求，形成共赢格局。生产跑步机背后多方主体的利益诉求与环境保护理念常常背道而驰，这是环境问题不断加剧的制度性根源（Schnaiberg，1980）。由此衍生出的"毒素跑步机"（toxic treadmill）这一用于解释工作场所有害物质治理困境的概念与生产跑步机的本质逻辑是一致的：一些产业尽管对工人健康有害，但由于对政府、企业、工人都有经济利益，具有强大的内在动力维持其运行（Burgard and Lin，2013）。

（三）困境三：反环境运动的强力回击

工作场所有害物质暴露问题的治理涉及工作与环境（jobs versus the environment）之争论，这是一个在美国学界和现实中长久以来一直争论不休的话题。墨菲根据韦伯阶层划分中"生活机会"这一标准，将环境作为分层的分析维度，提出"环境阶层"的概念，不同环境阶层的差别体现在：①在操控自然的权力以及由此操控带来的利益分配上的差异；②在遭受这种操控的负面后果上的差异。墨菲区分了两种环境阶层：受压榨的环境阶层（exploited environmental classes），主要包括当地居民、污染和环境事件的受害者；绝对特权环境阶层（positively privileged environmental classes），主要是通过环境衰退来成就事业、获取权力和积累财富的群体（Obach，1999）。前者是环境衰退的主要受害者，后者是环境衰退的主要受益者。但是，作为"受压榨环境阶层"的工人也能从环境衰退中获益，这让他们的态度常常左右摇摆，绝对特权环境阶层则构成反环境运动的主力。工作场所有害物质暴露问题遭遇了反环境运动的巨大挑战，因为相关的环境治理措施将损害这一群体的既得利益。一些研究发现，环境保护会造成局部性的失业，很多自然资源行业的工人甚至反对环境保护（Pellow and Park，2002）。环境治理嵌入经济社会发展之中，人们所处的阶层不同，生计依赖的手段不同，对环境保护所持的观点也会有所差异。环保主义者批评企业污染了环境，损害了人的健康，将经济利益置于公共利益之上，但是，企业则批评环保主义者忽视企业的利益，忽视普通民众和政府对工作和发展的需求，甚至将动物的权利凌驾于人类之上。在美国，工人的抗争和抵制运动常受到"工作恐吓"（job blackmail）（Kazis and Grossman，1982），特别在经济萧条或高失业率爆发时，"工作恐吓"是企业主消解工人抗争的一种策略，一些企业主甚至威胁将工厂迁移国外以消解工会的对抗活动。

四、 美国工作场所有害物质暴露及其危害的社会应对

如前文所述，美国工作场所有害物质暴露的治理面临着严重的市场失灵与政府失灵。工作场所有害物质暴露问题是一个典型的环境非正义问题，需要多方力量合力以消除不平等。尽管面临诸多不利条件，但是随着受害群体自身意识的觉醒以及外部力量的支持，以经济补偿、改善环境、消除不公等为目标的职业健康与安全运动（occupational health and safety movement）开始涌现。在职业健康与安全运动中，针对工作场所有害物质暴露问题，各种社会力量介入，组织了一系列的有针对性的抗争活动，并且取得了较为明显的效果，比较有代表性的是煤矿、电子装配厂、农场等领域的从业者群体参与的职业健康与安全运动。美国职业健康与安全运动试图联合各方力量形成合力，其参与主体包括积极分子、科学家、NGO、政治家、受害群体、媒体等，表现出一些自身的特点：

第一，组织化程度较高。职业健康与安全运动的大部分抗争群体都成立了自己的组织，这些组织通常具有明确的章程和目标，便于统一采取行动。在硅谷电子厂工人抗争事件中，硅谷毒物联盟（silicon valley toxics coalition）应运而生。在加州农药漂移事件的应对中，参与抗争者成立了一个名为“农药行动网络”（pesticide action network）的组织，他们运用漂移捕捉器将农药浓度与标准做比较并开展生物监测。

第二，注重邀请科学家参与。由于暴露型职业疾病涉及诸多科学知识和专业领域，与科学家合作对职业健康与安全运动至关重要，因此很多运动中都有科学家的介入。

第三，注重发挥普通工人和社区居民的作用。赋权工人和普通社区居民参与有害物质的记录、观察自身身体状况、收集原始资料等。

第四，积极利用媒体发声。报纸、杂志等媒体作为重要的信息发布方，构成了职业健康与安全运动的重要主体。在蒂里克森的研究案例中，《芝加哥太阳时报》（*Chicago Sun-Times*）就对炼焦工人维权进行了大量的报道。

除了以上特点外，美国职业健康与安全运动还与环境保护运动联合，这是该运动较为鲜明的特色。传统上，环境保护运动主要是中产阶级及以上阶层群体参加的运动，而工作场所健康运动多是底层蓝领工人或者农业从业者群体参与，两种运动的主要参与人群有明显的差异。美国的蓝绿联盟（Blue-Green Coalition）是一个具有跨阶级性的运动联盟。为何本是不同阶层的运动会出现联盟的趋势呢？研究发现，资源稀缺可以解释跨阶级运动联盟的形成。由于缺乏必要的资源，加之自身力量弱小，单打独斗难以对抗强大的企业以及与之具有高度利益关联的政府，每个组织都被驱使与非传统盟友合作（Clawson，2003）。很多环境保护者认识到工人与企业主对待环境问题的态度是不同的，

他们希望联合工人组织一起参与治理工作场所的有害环境。蓝绿联盟具有互惠性质，健康是联盟重要的集体身份和组织间重要的沟通桥梁，通过改变联盟的核心使命和价值观，将文化价值观从劳工运动融入环境运动中来改变联盟的目标，实现新的集体认同（Mayer，2009），也为职业健康与安全运动创造了新的机会（见表2）。

表2　美国三种“蓝绿联盟”的参与群体（Mayer，2009）

组织类型	未来健康同盟	新泽西“工作环境委员会”	硅谷反毒素联盟
劳工参与组织	职业安全与健康委员会工会 劳动委员会 美国劳工联合会-产业工会联合会	工会 劳动委员会	职业安全与健康委员会 工会 劳动委员会 工人协会
环境参与组织	反毒素组织 主流环境组织	反毒素组织 主流环境组织 环境正义组织	反毒素组织 环境正义组织
其他参与组织	公共利益研究组 社会正义组织 宗教组织 公共健康组织 科学组织	公共利益研究组 社会正义组织 宗教组织	社会正义组织 移民权利组织 国际组织 科学组织

美国的职业健康与安全运动的主要行动方向在以下方面：

第一，揭露行业危害与争取知情权。工作场所的环境健康风险隐藏在不同的行业中，社会对行业健康风险的认知也有差异。在一些高危险性行业，社会对这些行业的健康风险已有一定的认识，但是，一些大量采用新技术、新设备的高科技行业的健康风险却不为外界所知，具有相当的隐蔽性。在美国，硅谷毒物联盟通过职业安全与健康中心项目，揭露高科技行业的地下水污染、化学品使用等状况，让外界知晓该行业对工人健康具有的潜在威胁，同时促成政府和企业的污染信息公开。在很长的一段时间内，民众认为工作场所环境状况是雇主的保密特权，随着蕾切尔·卡逊《寂静的春天》一书的广泛传播，民众开始意识到，他们对其生活和工作中面对的有害物质享有知情权（right to know）是理所应当的。通过社会力量的持续斗争，知情权已经在美国联邦政府和一些州政府的法律中得以具体化，主要包括社区知情权和工作场所知情权（ashford and caldart，1985）。

第二，挑战主导的流行病学。科学为健康运动提供了重要的证据。职业健康与安全运动中需要处理疾病与科学的关系。在一些研究中，研究者既学习和利用科学知识，同时也批评甚至挑战自然科学。工厂流行病学有自身的缺陷，如健康工人效应（health worker effect）就是其缺陷的一种表现，这一效应指出，由于工作性质的要求，许多对接触有害物质不适应者已调离此类工种，或者由于招工中的限定，经过筛选的工人健康水平本身较高，在分析结果中会发现接触有害物质工人的死亡率或某些疾病的发病率甚至低于不接触有害物质的工人，因而得出该有害物质对人体无害的错误结论，受到很多批评。主导的流行病学（dominant epidemiological paradigm）在疾病的致因过程中过于强调个人因素，而忽略了环境和社会因素，由此在疾病的应对上更加强调对个体行为的调节，而非改变社会制度、生产过程以及政府管理。Brown 以乳腺癌为例对主导的流行病学的个人主义模式进行挑战（Brown，2007）。

第三，推进危害源头的治理。一些激进的环保主义者坚持预防原则（precautionary principle），试图从源头上阻止环境污染问题的产生，他们反对风险评估，认为通过风险评估，确定有害物质的可接受风险（acceptable risk）会造成工作场所环境危害的合法化（O'Brien，2000），但是，完全杜绝有害物质的零风险目标几无可能。在一些职业健康与安全运动中，运动参与者采取了更为务实的态度，他们积极争取参与制定标准，推进源头治理，而以往的标准是由毒理学家、工业卫生学家、经济学家等科学和技术专家制定的。在蒂里克森（2016）的研究案例中，炼焦工人们积极参与维权，通过争取，使得每立方米空气中所有颗粒物质的苯溶性值大幅下降到 0.15 毫克。职业健康与安全运动一定程度上推动了有害物质的源头治理，同时也实现了一些新治理技术的运用。

五、 美国工作场所有害物质暴露问题研究对中国的启示

美国工作场所有害物质暴露问题的产生根源及围绕职业健康与安全展开的社会运动深度嵌入美国社会结构之中，其所展现出的形态与美国社会特有的社会结构、发达的社会组织和工会等有着紧密的关系。工作场所有害物质暴露问题是典型的环境不平等问题。作为“世界工厂”的中国有着数量巨大的工人群体，其中工作于高危险性环境中的工人不在少数，他们大多数经济社会地位较低（Schoolman and Ma，2012）。随着工人健康和安全意识的提升以及相关法律制度的完善，工作场所工人有害物质暴露问题将会受到越来越多的重视。美国学界的相关研究对中国环境社会学研究方向和研究路径具有重要的启示意义。以往中国的环境社会学研究过于关注“外”部，忽略了工厂“内”部。实际上，工厂内部工人的有害物质暴露问题同样受不平等的社会结构和权力结构的影响，这些外部结构性因素造成了不平等的再生产。因为工人所处的位置，他们更多地考虑工作收入，往往处于“失语”状态，即使有少量工人“发声”，他们也会发现自己面对极为强大的对手，面临极大的维权困境。

对工作场所有害物质暴露健康后果的研究有利于扩展中国环境社会学的研究领域，丰富环境社会学研究的议题，同时，探索推动环境社会学、健康社会学、职业社会学等社会学不同分支学科之间的合作与交流，打破分支学科间的日益孤立和学科“碎片化”

状态。针对在中国开展工作场所有害物质暴露健康议题的研究，笔者从研究路径和研究议题两个方面分别提出设想。

（一）在研究路径上，遵循“认知—解释—对策”的研究路径

首先，需要积极消化和吸收涉及此议题的国外已有研究成果，为学界开展研究提供思想和理论资源。其次，立足于中国现实，进行扎实的田野调查，特别是发挥社会学在经验研究和资料收集方面的优势，对相关的政府部门、企业、产业工人等不同主体展开深入调查，在这方面，环境社会学可以与相关社会学分支学科加强合作，借鉴国外社会学学者研究此问题的方法与介入方式，可以先以一些影响较大的工作场所有害物质暴露和受害工人维权事件为切入点，深入了解受害群体的“生活世界”和各个不同主体在其中的态度和行为，再逐渐探索“常态化”状态下的研究。在此基础上，强化解释性研究，着重探讨中国当前工作场所有害物质暴露及其健康后果的形成原因和治理困境。最后，在掌握理论和经验资料的基础上，进行工作场所有害物质暴露相关的对策研究，使研究既能丰富和发展社会学对此问题的认知，也能服务于现实，减少发展代价，提升工人福祉。

（二）在研究议题上，重点关注工作场所有害物质暴露的现实状况、学理阐释以及治理建议

第一，中国工作场所有害物质暴露及其健康后果的现实状况。本议题主要解决是什么（what）的问题，可能涉及：①工作场所有害物质暴露的受害人群社会特征、健康风险认知、工作中的自我保护策略等；②工作场所有害物质暴露受害群体的“影响链”研究，除了对个人健康损害外，可能还会对其劳动能力与收入水平、人际与家庭关系、所在社区声誉等产生影响；③工作场所有害物质暴露的人群差异性研究，如不同企业工人之间的差异、企业内部管理者和普通工人的差异等。

第二，中国工作场所有害物质暴露及其健康后果相关议题的学理阐释。本议题主要解决为什么（why）的问题，可能涉及：①工作场所环境问题中的“政治-经济”关系模式对环境治理产生的影响，如普遍存在的“增长联盟”（growth coalition）对环境治理的影响；②工作场所有害物质暴露健康损害的维权困境解释，如工人知情权-企业保密权平衡问题、工人维权的制度壁垒问题、工会作用范围和功能定位等；③工作场所有害物质暴露受害群体有组织抗争/维权中的资源动员、斗争策略及其运作机理等。中国的工作场所有害物质暴露受害群体（如暴露型工伤、“尘肺工人”等）的维权行为值得深入研究。

第三，中国工作场所有害物质暴露及其健康后果的政策建议。本议题主要解决怎么样（how）的问题，可能涉及：①政府层面如何完善工作场所有害物质暴露及其治理的相关政策供给和制度设计；②企业层面如何推动企业工作场所有害物质暴露影响健康的相关信息公开、工人健康防护培训以及生产技术和过程的“去害化”等；③社会和从业者层面，推动环境健康、有害物质、疾病等方面的教育和知识普及。

参考文献

贝克，2018，《风险社会》，张文杰等译，南京：译林出版社。

杜国勇等，2017，《垃圾焚烧厂区二封英污染及厂区工人呼吸暴露评估》，《环境科学》第6期。

韩磊，2016，《华东某煤矿粉尘污染变化趋势、煤工尘肺发病特征及其预测研究》，博士学位论文，南京医科大学。

亚当·斯密，2011，《国富论》，孙善春、李春长译，北京：中国华侨出版社。

Ashford N A. 1976. *Crisis in the Workplace: Occupational Disease and Injury*. Mit Press.

Ashford N A, Caldart C C. 1985. “The ‘Right to Know’: Toxics Information Transfer in the Workplace.” *Annual Review of Public Health* 6 (1): 383-401.

Brown P. 2007. *Toxic Exposures: Contested Illnesses and the Environmental Health Movement*. New York: Columbia University Press.

Burgard S A, Lin K Y. 2013. “Bad Jobs, Bad Health? How Work and Working Conditions Contribute to Health Disparities.” *American Behavioral Scientist* 57 (8): 1105-1127.

Byster L A, Smith T, Pellow D, et al. 2006. “The Electronics Production Life Cycle From Toxics to Sustainability: Getting off the Toxic Treadmill.” In *Challenging the Chip: Labor Rights and Environmental Justice in the Global Electronics Industry*. Temple University Press.

Clawson, Dan. 2003. *The Next Upsurge: Labor and the New Social Movements*. Ithaca, NY: Cornell University Press.

Cifuentes E, Frumkin H. 2007. “Environmental Injustice: Case Studies From the South.” *Environmental Research Letters* 2 (4): 045034.

Derickson A V. 2016. “ ‘Gateway to Hell’: African American Coking Workers, Racial Discrimination, and the Struggle Against Occupational Cancer.” *Journal of African American History* 101 (1-2): 126-149.

Edelman P. 1990. “Environmental and Workplace Contamination in the Semiconductor Industry: Implications for Future Health of the Workforce and Community.” *Environmental Health Perspectives* 86: 291.

Harrison, J. L. 2011. *Pesticide Drift and the Pursuit of Environmental Justice*. MIT Press, Cambridge, Mass.

Kazis, Richard , Richard L. Grossman. 1982. *Fear at Work: Job Blackmail, Labor, and the Envi-*

ronment, New York: Pilgrim Press.

Leigh, J. P. 1995. *Causes of Death in the Workplace*. Greenwood Publishing Group.

Mayer B. 2009. "Cross - Movement Coalition Formation: Bridging the Labor - Environment Divide." *Sociological Inquiry* 79 (2): 219-239.

Mayer B. 2009. *Blue-Green Coalitions*. ILT Press.

Mills S E. 2011. "Beyond the Blue and Green: the Need to Consider Aboriginal Peoples' Relationships to Resource Development in Labor-environment Campaigns." *Labor Studies Journal* 36 (1): 104-121.

Obach B. 1999. "The Wisconsin Labor-environmental Network: A Case Study of Coalition Formation Among Organized Labor and the Environmental Movement." *Organization & Environment* 12 (1): 45-74.

O'brien M. 2000. *Making Better Environmental Decisions: an Alternative to Risk Assessment*. MIT Press.

Okechukwu C A, Souza K, Davis K D, et al. 2014. "Discrimination, Harassment, Abuse, and Bullying in the Workplace: Contribution of Workplace Injustice to Occupational Health Disparities." *American Journal of Industrial Medicine* 57 (5): 573-586.

Pellow D N, Park L S H. 2002. *The Silicon Valley of Dreams: Environmental Injustice, Immigrant workers, and the High-tech Global Economy*. NYU Press.

Quinn MM, Sembajwe G, Stoddard A M, et al. 2010. "Social Disparities in the Burden of Occupational Exposures: Results of a Cross-sectional Study." *American Journal of Industrial Medicine* 50 (12): 861-875.

Schnaiberg A. 1980. *The Environment: From Surplus to Scarcity*. New York: Oxford University Press.

Schoolman E D, Ma C. 2012. "Migration, Class and Environmental Inequality: Exposure to Pollution in China's Jiangsu Province." *Ecological Economics* 75: 140-151.

Shrader-Frechette K. 2001. "Workplace Pollution: Nuclear Safety, Ethics, and the Exploitation-Avoidance Argument." Risk 12: 311.

Sheehan, Helen E., Richard P. Wedeen. 1993. *Toxic Circles: Environmental Hazards from the Workplace into the Community*. New Brunswick, NJ: Rutgers University Press.

Wedel, Janine R. 2009. *Shadow Elite: How the World's New Power Brokers Undermine Democracy, Government, and the Free Market*. New York: Basic Books.

附 录

2020—2021 年环境社会学方向部分博士、 硕士学位论文

（以学校名称和作者姓名拼音排序）

表 1　2020—2021 年环境社会学方向部分博士学位论文（共 10 篇）

作　者	论文题目	指导教师	学校	答辩年份
孙　莹	图示关联：环境关心的社会性别差异研究	洪大用	中国人民大学	2020
邓　玲	新时代乡村生态振兴的实现机制研究	王　芳	华东理工大学	2020
齐晓亮	多元主体参与环境治理研究	卢春天	西安交通大学	2020
邢一新	生态自觉的地方实践——虎河村案例研究	陈阿江	河海大学	2020
闫春华	农村生态治理的实践逻辑——科尔沁沙地河甸村案例研究	陈阿江	河海大学	2020
王　昭	环境治理压力下污染型乡镇企业的行为演变——安镇水泥产业案例研究	陈阿江	河海大学	2020
邦　博（Babul Hossain）	Responses, Relief and Rehabilitation in the Flood Disaster ——A Case Study in Gaibandha district, Bangladesh	陈阿江	河海大学	2020
曾文强	多重力量作用下的生计转型与生态环境变化——基于羊荞村的个案研究	包智明	云南民族大学	2020
李　宁	长三角区域生态共同体的构建研究	王　芳	华东理工大学	2021
王园妮	民间环保组织的转型研究——以绿色潇湘为例	曹海林	河海大学	2021

表 2　2020—2021 年环境社会学方向部分硕士学位论文（共 50 篇）

作　者	论文题目	指导教师	学校	答辩年份
李　宁	保护与发展：生态移民社区治理研究——基于内蒙古锡盟一个嘎查的实地调查	任国英	中央民族大学	2020
韩小杰	建构主义学习视角下儿童环境教育的社会工作介入——以北京市 A 社区环保项目为例	柴　玲	中央民族大学	2020
马溶擎	城市社区生活垃圾分类的社区社会工作介入——基于北京市两类社区的比较	柴　玲	中央民族大学	2020
李普娟	“资源诅咒”的社会机制研究——以山西省的三个采煤沉陷村为个案	张玉林	南京大学	2020
周晓颖	采煤沉陷区农民利益表达的困境——以山西省六个村庄为中心的社会学研究	张玉林	南京大学	2020
孙菲菲	党建引领上海社区环境治理的路径优化研究	王　芳	华东理工大学	2020
梅　楠	超大城市郊区的乡村环境治理研究	杨发祥	华东理工大学	2020
李佳莹	赋权与增能：环保社会组织推进社区垃圾分类的行动过程研究	石超艺	华东理工大学	2020
胡　琳	中国参与联合国气候治理的社会学分析	王书明	中国海洋大学	2020
王　玥	技术灾难系统论视角下化工事故的社会学研究	王书明	中国海洋大学	2020
王丹梦	积极情感特质对亲环境行为的影响机制研究——以地方依恋为中介变量	赵宗金	中国海洋大学	2020
袁　建	社会经济地位对居民环境意识影响研究——基于 CGSS 数据的分析	赵宗金	中国海洋大学	2020
唐诗文	年龄与环境态度行为关系的实证分析	王　琰	南开大学	2020
李一飞	中国中间阶层环境行为探究——基于 2013 年中国综合社会调查数据	卢春天	西安交通大学	2020
袁淑雅	居民雾霾健康风险感知及其影响因素研究	彭远春	中南大学	2020
周　姣	协调公益与营利：环保企业的困境与发展研究	颜　敏	中南大学	2020
高琳娜	俄罗斯民间环保团体发展研究——以全俄自然保护协会为例	颜　敏	中南大学	2020
肖　双	农村人居环境治理研究：基于行动者困境分析——以萍乡市 L 镇为例	杨成胜	中南大学	2020
洪美芬	中央生态环保督察对地方环境监督执法的影响研究——以 F 省 F 市为例	梁　丹	厦门大学	2020
靳淑雅	厦门居民垃圾分类自觉持续行为形成机制的扎根研究	陈　芳	厦门大学	2020
黄佳钰	食出未来：可持续食物消费行为的意义建构	周志家	厦门大学	2020
余　静	从共享到区隔：楼村村企关系的演变逻辑	陈阿江	河海大学	2020
王上青	草原产权制度变迁与草牧场治理研究——基于翁牛特旗其甘嘎查的田野调查	施国庆	河海大学	2020

（续表）

作　者	论文题目	指导教师	学校	答辩年份
赵　微	农村社区生活污水治理中的村民参与研究——以浙江省X村为例	陈绍军	河海大学	2020
杨　倩	环境治理升级下乡镇工业的发展——基于港桥镇纺织产业的案例研究	陈　涛	河海大学	2020
李鸿香	从草根探索到政府嵌入：基于一个“淘宝村”生命史的研究	陈　涛	河海大学	2020
孙艺维	“生”还是“死”？——环保风暴下乡村小企业行为策略研究	毛绵逵	河海大学	2020
贺胜楠	牧区旅游发展过程中的地权实践逻辑——以内蒙古赛罕嘎查为例	胡　亮	河海大学	2020
祁龙龙	多主体参与洱海生态环境治理的行动策略研究	包智明	云南民族大学	2020
董佩兰	环保社会组织与政府互动关系及其困境研究——以滇池治理中的LK组织为例	文艺花	云南民族大学	2020
佟泽南	城市垃圾分类的低分类率问题及其产生机制——北京市A社区的个案研究	陆益龙	中国人民大学	2021
周　驰	农村生活污水治理中的生态伦理与责任逻辑——来自苏北地区丁家村的经验	陆益龙	中国人民大学	2021
刘梦薇	实践论视野下电动汽车的社会推广研究——以山西省太原市为例	范叶超	中央民族大学	2021
苏亚青	自然灾害背景下的农村社区韧性研究——以四川省绵竹市Y村为例	柴　玲	中央民族大学	2021
从锡峰	采煤沉陷村“保护人”的边缘化——以柳林县三村为中心的社会学研究	张玉林	南京大学	2021
于　坤	黄土高原上的能源开发与村庄解体——以柳林县田家坡村为主的社会学研究	张玉林	南京大学	2021
王甘雨	蓝碳社会构建的全球化视野与中国化路径研究	王书明	中国海洋大学	2021
刘娅男	环境承诺与亲环境行为的关系研究	赵宗金	中国海洋大学	2021
秦　杰	政策驱动、市场需求与利益博弈：海洋生态捕捞实践的社会逻辑分析	张　一	中国海洋大学	2021
蒋　静	绿色社会工作与社会资本——长沙X环保组织水源地保护项目研究	颜　敏	中南大学	2021
杨　康	社会信任对农村居民环境参与行为的影响——自我效能感与社区归属感的中介效应	龚文娟	厦门大学	2021
郑适远	公众参与水资源保护意愿、行为及其影响因素研究——以九龙江九溪为例	聂安祥	厦门大学	2021
马超群	河道环境治理何以难以成功——基于西村的案例研究	陈阿江	河海大学	2021
陶　候	信任视域下农村污水治理项目何以可能——以浙西F村为例	陈绍军	河海大学	2021

（续表）

作　者	论文题目	指导教师	学校	答辩年份
朱晨铭	农村社区垃圾分类奖励机制研究——基于黄山市S县生态美超市的个案研究	陈绍军	河海大学	2021
安瑛楠	民间环保组织的环境治理行动演变及其成效研究——以M协会为例	陈　涛	河海大学	2021
聂钱玉	从“独角戏”到“大合唱”：垃圾治理行动主体的互动逻辑——T市Y小区个案研究	石德生	河海大学	2021
卞维维	湿地产权界定的多重与流变——以一个湿地资源型村庄为例	胡　亮	河海大学	2021
李　玲	生计与环境保护的矛盾调适研究——以滇池流域H村为例	文艺花	云南民族大学	2021
张兆祺	环境意识与环境行为的社会性差异研究——基于2018年云南省少数民族地区综合社会调查数据	包智明	云南民族大学	2021